普通高等院校应用型本科计算机基础系列教材

# 大学计算机基础

### （第二版）

主　编　吕明辉

副主编　白　玲　蒋世华　熊守丽　陈井霞

参　编　（以姓氏笔画为序）

万正兵　王　腾　郑　静　张立新　董　琦

U0216077

重庆大学出版社

# 内容提要

本书根据大学计算机基础课程教学改革的目标和特点,结合高校计算机基础教学实际编写,力求做到精练实用、条理清晰、逻辑性强。全书共 8 章:第 1 章计算机基础知识;第 2 章 Windows 7 操作系统;第 3 章文字处理软件 Word 2010;第 4 章电子表格处理软件 Excel 2010;第 5 章演示文稿制作软件 PowerPoint 2010;第 6 章计算机网络与 Internet 基础;第 7 章多媒体技术及应用基础;第 8 章数据库技术基础。

本书可供普通高等院校用作计算机基础公共课教材,也可供广大计算机爱好者自学。

## 图书在版编目(CIP)数据

大学计算机基础/呙明辉主编.—重庆:重庆大
学出版社,2015.8(2021.8 重印)
普通高等院校应用型本科计算机基础系列教材
ISBN 978-7-5624-9276-4

Ⅰ.①大… Ⅱ.①呙… Ⅲ.①电子计算机—高等学校
—教材 Ⅳ.①TP3

中国版本图书馆 CIP 数据核字(2015)第 148893 号

普通高等院校应用型本科计算机基础系列教材

## 大学计算机基础

(第二版)

主编 呙明辉

责任编辑:章 可 版式设计:章 可
责任校对:关德强 责任印制:赵 晟

\*

重庆大学出版社出版发行
出版人:饶帮华
社址:重庆市沙坪坝区大学城西路 21 号
邮编:401331
电话:(023) 88617190 88617185(中小学)
传真:(023) 88617186 88617166
网址:http://www.cqup.com.cn
邮箱:fxk@ cqup.com.cn (营销中心)
全国新华书店经销
中雅(重庆)彩色印刷有限公司印刷

\*

开本:787mm×1092mm 1/16 印张:20 字数:450 千
2015 年 8 月第 1 版 2017 年 8 月第 2 版 2021 年 8 月第 10 次印刷
ISBN 978-7-5624-9276-4 定价:39.00 元

# 前　言

　　随着互联网时代的到来,当今社会对大众的信息化水平提出了更高的要求,计算机基础应用是每个大学生必须掌握的技能之一。2010 年以来,"教育部高等学校非计算机专业计算机基础课程教学指导分委员会"针对"大学计算机基础"教学改革召开了一系列的会议,这些会议都强调了提高学生的计算思维能力,全面提高学生的信息素养。

　　本书根据大学计算机基础课程教学改革的目标和特点,结合高校计算机基础教学实际,参考许多同类教材,对内容进行了精心的设计,力求做到精练适用、条理清晰、逻辑性强。本书共 8 章,系统介绍了计算机应用的实用技术。第 1 章介绍了计算机基础知识;第 2 章介绍了 Windows 7 操作系统;第 3 章介绍了文字处理软件 Word 2010;第 4 章介绍了电子表格处理软件 Excel 2010;第 5 章介绍了演示文稿制作软件 PowerPoint 2010;第 6 章介绍了计算机网络与 Internet 基础;第 7 章介绍了多媒体技术及应用基础;第 8 章介绍了数据库技术基础。

　　本书由呙明辉任主编,蒋世华、熊守丽任副主编。第 1 章由张立新、王腾编写,第 2 章由万正兵、白玲编写,第 3 章由熊守丽、白玲编写,第 4 章由呙明辉、陈井霞编写,第 5 章由蒋世华、董琦编写,第 6 章由呙明辉、郑静编写,第 7 章由张立新、陈井霞编写,第 8 章由蒋世华编写。全书由呙明辉统稿。

　　由于编者水平有限,书中难免存在疏漏和不足,敬请读者批评指正。

编　者
2017 年 5 月

# 目　录

# 第1章

# 计算机基础知识

电子计算机(俗称电脑)是 20 世纪最伟大的发明之一,计算机科学经历了半个多世纪的发展,在社会、经济、文化、军事等多个领域得到了广泛的应用,极大地推动了世界经济的发展和人类的进步。计算机已成为人们不可缺少的现代化工具。计算机文化教育也成为人类文化教育(尤其是高等教育)的重要组成部分。

## 1.1 计算机发展概述

现在大众所说的计算机,其全称是通用电子数字计算机,"通用"是指计算机可服务于多种用途,"电子"是指计算机是一种电子设备,"数字"是指在计算机内部一切信息均用"0"和"1"的编码来表示。20 世纪以来,计算机的广泛应用极大地促进了生产力的发展。

### 1.1.1 早期计算工具的发展

在漫长的人类进化和社会发展过程中,人的大脑逐渐具有了一种"把直观变成抽象、形象变成数字的抽象思维活动"的特殊本领。正是由于能够在"形象"与"数字"之间进行互相转换,人类才真正具有了认识世界的能力。同时,在此基础上,数的计算也就随着数的概念的产生而出现,然而数的计算往往需要借助一定的工具来完成,因而计算工具也就随着人类社会活动的日益扩大及计算程度的逐渐复杂而不断更新发展。

人们用绳子、石子等作为工具来延长手指的计算能力,如中国古书中记载的"上古结绳而治",拉丁文中"Calculus"(本意是用于计算的小石子)都是人类实现计算的佐证。

最原始的人造计算工具是算筹,我国古代劳动人民最先创造和使用了这种简单的计算工具。算筹最早出现在何时,现在已经无法考证,但在春秋战国时期,算筹的使用已经非常普遍。根据史书的记载,算筹是一根根相同长短和粗细的小棍子,一般长为 13 ~ 14 cm,直径 0.2 ~ 0.3 cm,多用竹子制成,也有用木头、兽骨、象牙、金属等材料制成的,如图 1-1 所示。算筹采用十进制记数法,有纵式和横式两种摆法,这两种摆法都可以表示 1、2、3、4、5、6、7、8、9 九个数字,数字 0 用空位表示,如图 1-2 所示。算筹的记数方法为:个位用纵式,十位用横式,百位用纵式,千位用横式……这样从右到左,纵横相间,就可以表示任意大的自然数。

图 1-1 算筹

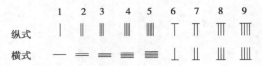

图 1-2 算筹的摆法

图 1-3 算盘

计算工具发展史上的第一次重大改革是算盘,也是我国古代劳动人民首先创造和使用的,如图 1-3 所示。算盘由算筹演变而来,并且和算筹并存竞争了一个时期,终于在元代后期取代了算筹。算盘轻巧灵活、携带方便,应用极为广泛,先后流传到日本、朝鲜和东南亚等国家,后来又传入西方。算盘采用十进制记数法并有一整套计算口诀,例如"三下五除二"、"四去六进一"等,这是最早的体系化算法。算盘能够进行基本的算术运算,是公认的最早使用的计算工具之一。

1617 年,英国数学家约翰·纳皮尔(John Napier)发明了 Napier 乘除器,也称 Napier 算筹。Napier 算筹由十根长条状的木棍组成,每根木棍的表面雕刻着一位数字的乘法表,右边第一根木棍是固定的,其余木棍可以根据计算的需要进行拼合和调换位置。Napier 算筹可以用加法和 1 位数乘法代替多位数乘法,也可以用除数为一位数的除法和减法代替多位数除法,从而大大简化了数值计算过程。

1621 年,英国数学家威廉·奥特雷德(William Oughtred)根据对数原理发明了圆形计算尺,也称对数计算尺。对数计算尺在两个圆盘的边缘标注对数刻度,然后让它们相对转动,就可以基于对数原理用加减运算来实现乘除运算。17 世纪中期,对数计算尺改进为尺座和在尺座内部移动的滑尺。18 世纪末,发明蒸汽机的瓦特独具匠心,在尺座上添置了一个滑标,用来存储计算的中间结果。对数计算尺不仅能进行加、减、乘、除、乘方、开方运算,甚至可以计算三角函数、指数函数和对数函数。它一直使用到袖珍电子计算器面世,在 20 世纪 60 年代,对数计算尺仍然是理工科大学生必须掌握的基本功,是工程师身份的一种象征,图 1-4 所示是对数计算尺。

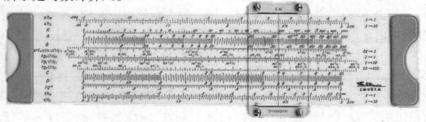

图 1-4 对数计算尺

### 1.1.2　早期计算机的发展

计算机的发展经历了机械式计算机、机电式计算机和电子式计算机3个阶段。

17世纪,欧洲出现了利用齿轮技术的计算工具。1642年,法国数学家帕斯卡(Blaise Pascal)发明了帕斯卡加法器。这是人类历史上第一台机械式计算工具,其原理对后来的计算工具产生了持久的影响,如图1-5所示。

1673年,德国数学家莱布尼茨(G. W. Leibnitz)研制了一台能进行四则运算的机械式计算器,称为莱布尼茨四则运算器,如图1-6所示。这台机器在进行乘法运算时采用进位-加(shift-add)的方法,后来演化为二进制,被现代计算机采用。

图1-5　帕斯卡加法器

图1-6　莱布尼茨四则运算器

19世纪初,英国数学家查尔斯·巴贝奇(Charles Babbage),历时10年研制成功了差分机,如图1-7所示。这是最早采用寄存器来存储数据的计算工具,体现了早期程序设计思想的萌芽,使计算工具从手动机械跃入自动机械的新时代。

图1-7　巴贝奇差分机

1886 年，美国统计学家赫尔曼·霍勒瑞斯（Herman Hollerith）借鉴了雅各织布机的穿孔卡原理，用穿孔卡片存储数据，采用机电技术取代了纯机械装置，制造了第一台可以自动进行加减四则运算、累计存档、制作报表的制表机，如图 1-8 所示。这台制表机参与了美国 1890 年的人口普查工作，使预计需要 10 年的统计工作仅用 19 个月就完成了，是人类历史上第一次利用计算机进行大规模的数据处理。

1938 年，德国工程师朱斯（K. Zuse）研制出 Z-1 计算机，这是第一台采用二进制的计算机，如图 1-9 所示。

图 1-8　制表机用于美国人口普查　　　　图 1-9　Z 系列计算机

1944 年，美国哈佛大学应用数学教授霍华德·艾肯（Howard Aiken）研制成功了机电式计算机 Mark-I，如图 1-10 所示。

1939 年，美国依阿华州大学数学物理学教授约翰·阿塔纳索夫（John Atanasoff）和他的研究生贝利（Clifford Berry）一起研制了一台名为 ABC（Atanasoff Berry Computer）的电子计算机，如图 1-11 所示。

图 1-10　Mark-I　　　　　　图 1-11　ABC 电子计算机

第二次世界大战中，美国宾夕法尼亚大学物理学教授约翰·莫克利（John Mauchly）和他的研究生普雷斯帕.埃克特（Presper Eckert）受军械部的委托，为计算弹道和射击表启动了研制 ENIAC（Electronic Numerical Integrator and Computer）的计划，1946 年 2 月 15 日，这台标志人类计算工具历史性变革的巨型机器宣告竣工，如图 1-12 所示。ENIAC 是一个庞然大物，共使用了 18 000 多个电子管、1 500 多个继电器、10 000 多个电容和 7 000 多个电阻，占地 167 $m^2$，重达 30 t。ENIAC 的最大特点就是采用电子器件代替机械齿轮或电动机械来执行算术运算、逻辑运算和存储信息，因此，与以往的计算机相比，ENIAC 最突出的优点就是高速。ENIAC 每秒能完成 5 000 次加法,300 多次乘法,比当时最快的计算工具快 1 000多倍。ENIAC 是世界上第一台能真正运转的大型电子计算机,ENIAC 的出现,标志着电子计算机(以下称计算机)时代的到来。

图 1-12　ENIAC

## 1.1.3　计算机的应用领域

计算机的应用领域已渗透到社会的各行各业,正在改变着传统的工作、学习和生活方式,推动着社会的发展。计算机的主要应用领域如下:

1)科学计算

科学计算也称为数值计算,这是计算机最早期的应用,第一台电子计算机 ENIAC 最初是用来计算弹道轨迹的,现在仍经常使用计算机来完成科学研究和工程技术中遇到的数学问题的计算,如天气预报、地震预测等都涉及大量的计算。在现代科学技术工作中,科学计算问题是大量的和复杂的。利用计算机的高速计算、大存储容量和连续运算的能力,可以实现人工无法解决的各种科学计算问题。

2)数据处理

数据处理是指对各种数据进行收集、存储、整理、分类、统计、加工、利用、传播等一系列活动的总和。据统计,80% 以上的计算机主要用于数据处理,这类工作工作量大,涉及面广,是计算机应用的主导方向之一。数据处理从简单到复杂,已经历了 3 个发展阶段:

第一阶段:电子数据处理(Electronic Data Processing),它是以文件系统为基础,实现一个部门内的单项管理。

第二阶段:管理信息系统(Management Information System),它是以数据库技术为基础,实现一个部门的全面管理,以提高工作效率。

第三阶段:决策支持系统(Decision Support System,DSS),它是以数据库、模型库和方法库为基础,帮助管理决策者提高决策水平,改善运营策略的正确性与有效性。

目前,数据处理已广泛地应用于办公自动化、企事业计算机辅助管理与决策、情报检索、图书管理、电影电视动画设计、会计电算化等各行各业。信息产业正在形成独立的产业,多媒体技术使信息展现在人们面前的不仅是数字和文字,也有声情并茂的声音、图像和视频信息。

3）计算机辅助系统

计算机辅助系统是利用计算机辅助完成不同类任务的系统的总称。

（1）计算机辅助设计（Computer Aided Design，CAD）

计算机辅助设计是利用计算机系统辅助设计人员进行工程或产品设计，以实现最佳设计效果的一种技术。它已广泛地应用在飞机、汽车、机械、电子、建筑和轻工等领域。例如，在电子计算机的设计过程中，利用 CAD 技术进行体系结构模拟、逻辑模拟、插件划分、自动布线等，从而大大提高了设计工作的自动化程度。

（2）计算机辅助制造（Computer Aided Manufacturing，CAM）

计算机辅助制造是利用计算机系统进行生产设备的管理、控制和操作的过程。例如，在产品的制造过程中，用计算机控制机器的运行，处理生产过程中所需的数据，控制和处理材料的流动以及对产品进行检测等。使用 CAM 技术可以提高产品质量，降低成本，缩短生产周期，提高生产率和改善劳动条件。

将 CAD 和 CAM 技术集成，实现设计生产自动化，这种技术被称为计算机集成制造系统（CIMS），它的实现将真正做到无人化工厂。

（3）计算机辅助教学（Computer Aided Instruction，CAI）

计算机辅助教学是使用课件来进行教学。课件可以用著作工具或高级语言来开发制作，它能引导学生循序渐进地学习，使学生轻松自如地从课件中学到所需要的知识。CAI 的主要特色是交互式教育、个别指导和因材施教。

4）过程控制

过程控制是利用计算机及时采集检测数据，按最优值迅速地对控制对象进行自动调节或自动控制。采用计算机进行过程控制，不仅可以大大提高控制的自动化水平，而且可以提高控制的及时性和准确性，从而改善劳动条件、提高产品质量及合格率。因此，计算机过程控制已在机械、冶金、石油、化工、纺织、水电、航天等部门得到广泛的应用。

5）人工智能

人工智能（Artificial Intelligence，AI）是计算机模拟人类的智能活动，诸如感知、判断、理解、学习、问题求解和图像识别等。现在人工智能的研究已取得不少成果，有些已开始走向实用阶段。例如，能模拟高水平医学专家进行疾病诊疗的专家系统，具有一定思维能力的智能机器人等。

6）网络应用

计算机技术与通信技术的结合构成了计算机网络。计算机网络的建立，不仅解决了不同地域计算机与计算机之间的通信，各种软、硬件资源的共享，也大大促进了国际间的文字、图像、视频和声音等各类数据的传输与处理。

## 1.1.4　现代计算机的发展

计算机系统由计算机硬件系统和计算机软件系统构成，计算机硬件系统是指构成计算机系统的所有物理器件（集成电路、电路板以及其他磁性元件和电子元件等）、部件和设备

（控制器、运算器、存储器、输入输出设备等）的集合，计算机软件系统是指用程序设计语言编写的程序，以及运行程序所需的文档、数据的集合。自计算机诞生之日起，人们探索的重点不仅在于制造运算速度更快、处理能力更强的计算机，而且在于开发能让人们更有效地使用这种计算设备的各种软件。

半个多世纪以来，计算机得到了长足的发展，无论是运行速度还是性能指标都发生了巨大的变化。按照计算机采用的逻辑元件分类，将计算机的发展划分为四个阶段：

1）第一代计算机（1946—1958）

第一代计算机以 1946 年 ENIAC 的研制成功为标志。这个时期的计算机都是建立在电子管基础上，这一阶段的计算机笨重而且产生大量热量，容易损坏；存储设备比较落后，最初使用延迟线和静电存储器，容量很小，后来采用磁鼓；输入设备是读卡机，可以读取穿孔卡片上的孔，输出设备是穿孔卡片机和行式打印机，速度很慢。在这个时代将要结束时，出现了磁带驱动器（磁带是顺序存储设备，也就是说，必须按线性顺序访问磁带上的数据），它比读卡机快得多。

这个时期的计算机非常昂贵，而且不易操作，只有一些大的机构，如政府和一些大型银行才买得起。

2）第二代计算机（1959—1964）

第二代计算机以 1959 年美国菲尔克公司研制成功的第一台大型通用晶体管计算机为标志。这个时期的计算机用晶体管取代了电子管，晶体管具有体积小、质量轻、发热少、耗电省、速度快、价格低、寿命长等一系列优点，使计算机的结构与性能都发生了很大改变。

3）第三代计算机（1965—1970）

第三代计算机以 IBM 公司研制成功的 360 系列计算机为标志。在第二代计算机中，晶体管和其他元件都是手工集成在印刷电路板上，第三代计算机的特征是集成电路。集成电路是将大量的晶体管和电子线路组合在一块硅片上，又称为芯片。

这个时期的内存储器用半导体存储器淘汰了磁芯存储器，使存储容量和存取速度有了大幅度的提高；输入设备出现了键盘，使用户可以直接访问计算机；输出设备出现了显示器，可以向用户提供立即响应。

为了满足中小企业与政府机构日益增多的计算机应用，第三代计算机出现了小型计算机。

4）第四代计算机（1971 至今）

第四代计算机以 Intel 公司研制的第一代微处理器 Intel 4004 为标志，这个时期的计算机最为显著的特征是使用了大规模集成电路和超大规模集成电路。所谓微处理器，是将 CPU 集成在一块芯片上，微处理器的发明使计算机在外观、处理能力、价格以及实用性等方面发生了深刻的变化。

微处理器和微型计算机的出现不仅深刻地影响着计算机技术本身的发展，同时也使计算机技术渗透到社会生活的各个方面，极大地推动了计算机的普及。尽管微型计算机对人类社会的影响深远,但是微型计算机并没有完全取代大型计算机,大型计算机也在发展。利用大规模集成电路制造出的多种逻辑芯片,组装出大型计算机、巨型计算机,使运算速度更快、存储容量更大、处理能力更强,这些企业级的计算机一般要放到可控制温度的机房里,因此很难被普通公众看到。

20世纪80年代,多用户大型机的概念被小型机器连接成的网络所代替,这些小型机器通过连网共享打印机、软件和数据等资源。计算机网络技术使计算机应用从单机走向网络,并逐渐从独立网络走向互联网络。

20世纪80年代末,出现了新的计算机体系结构——并行体系结构,一种典型的并行结构是所有处理器共享同一个内存。虽然把多个处理器组织在一台计算机中存在巨大的潜能,但是为这种并行计算机进行程序设计的难度也相当高。

由于计算机仍然在使用电路板、微处理器,没有突破冯·诺伊曼体系结构,所以用户不能为这一代计算机画上休止符。但是,生物计算机、量子计算机等新型计算机已经出现,我们将拭目以待第五代计算机的到来。

计算机发展史见表1-1。

**表1-1　计算机发展史**

| 阶　段 | 时　间 | 主要元件 | 速度(每秒) | 特点及应用领域 |
|---|---|---|---|---|
| 第一代 | 1946—1958 | 电子管 | 5千次~<br>1万次 | 计算机发展的初级阶段,体积巨大,运算速度慢,耗电量大,主要用于科学计算 |
| 第二代 | 1959—1964 | 晶体管 | 几万次~几十万次 | 体积减小,耗电较少,运行速度较高,价格下降,不仅仅用于科学计算,还用于数据处理和事务管理,并逐渐应用于工业 |
| 第三代 | 1965—1970 | 中小规模集成电路 | 几十万次~几百万次 | 体积和功耗进一步减少,提高了可靠性及速度,应用领域扩展到文字处理、企业管理、自动控制、城市交通等方面 |
| 第四代 | 1971至今 | 大规模和超大规模集成电路 | 几亿次 | 性能大幅度提高,价格大幅度下降,广泛于应用于社会各个领域 |

## 1.1.5　计算机的发展趋势

1)超级计算机

高速度、大容量、功能强大的超级计算机用于处理庞大而复杂的问题,例如航天工程、石油勘探、人类遗传基因等现代科学技术和国防尖端技术都需要具有更高速度和更大容量的超级计算机。研制超级计算机的技术水平体现了一个国家的综合国力,因此,超级计算机的研制是各国在高端技术领域竞争的热点。

2)微型计算机

微型化是大规模集成电路出现后发展最迅速的技术之一,计算机的微型化能更好地促进计算机的广泛应用。因此,发展体积小、功能强、价格低、可靠性高、适用范围广的微型计算机是计算机发展的一项重要内容。

3) 智能计算机

到目前为止,计算机在处理过程化的计算工作方面已达到相当高的水平,是人力所不能及的,但在智能性工作方面,计算机还远远不如人脑。如何让计算机具有人脑的智能,模拟人的推理、联想、思维等功能,甚至研制出具有某些情感和智力的计算机,是计算机技术的一个重要发展方向。

4) 普适计算机

20 世纪 70 年代末,词汇表中出现了个人计算机,人类开始进入"个人计算机时代"。许多研究人员认为,当下已经进入了"后个人计算机时代",计算机技术将融入到各种工具中并完成其功能。当计算机在人类的日常生活中无处不在时,用户就进入了"普适计算机时代",普适计算机将提供前所未有的便利和效率。

5) 网络计算机

由于互联网和万维网在世界各国已经不同程度地普及和接近成熟,人们关心互联网和万维网之后的发展趋势是什么,答案是网络。有关专家作了初步论证:互联网实现了计算机硬件的连通,万维网实现了网页的连通,而网络试图实现互联网上所有资源(包括计算资源、软件资源、信息资源、知识资源等)的连通。施乐 PARC 未来研究机构的负责人保罗·萨福预测了下一代网络:今天的网络是工程师做的,2050 年的网络是生长出来的。

6) 新型计算机

CPU 和大规模集成电路的发展正在接近理论极限,人们正在努力研究超越物理极限的新方法,新型计算机可能会打破计算机现有的体系结构。目前正在研制的新型计算机有:生物计算机——运用生物工程技术,用蛋白分子做芯片;光计算机——用光作为信息载体,通过对光的处理来完成对信息的处理;量子计算机——将计算机科学和物理科学联系到一起,采用量子特性使用一个两能级的量子体系来表示一位,等等。

一个新的计算机时代的开始并不意味着旧的计算机时代的终结。现在,用户生活在一个研究型计算机、个人计算机和网络计算机时代,并即将进入一个计算机无处不在的信息时代。

## 1.2　计算机的分类

1) 按信号类型划分

按照信号类型常将电子计算机分为数字计算机( Digital Computer )和模拟计算机( Analogue Computer )两大类。

①数字计算机。数字计算机通过电信号的有无来表示数据,可以进行算术运算、逻辑运算和其他运算。它具有运算速度快、精度高、灵活性大、便于存储等优点,因此适合于科学计算、信息处理、实时控制和人工智能等应用。用户通常所用的计算机,一般都是指的数字计算机。

②模拟计算机。模拟计算机通过电压的大小来表示数,即通过电的物理变化过程来进行数值计算的。其优点是速度快,适合于解高阶微分方程。它在模拟计算和控制系统中应用较多,但通用性不强,信息不易存储,且计算机的精度受到了设备的限制。因此,它不如数字计算机应用得普遍。

2)按用途划分

按照计算机的用途可将其划分为专用计算机(Special Purpose Computer)和通用计算机(General Purpose Computer)。

①专用计算机,具有单纯、使用面窄甚至专机专用的特点,它是为了解决一些专门的问题而设计制造的。因此,它可以增强某些特定的功能,而忽略一些次要功能,使得专用计算机能够达到高速度、高效率地解决某些特定的问题。一般地,模拟计算机通常都是专用计算机。在军事控制系统中,广泛地使用了专用计算机。

②通用计算机,具有功能多、配置全、用途广、通用性强等特点,用户通常所说的以及本书所介绍的就是指通用计算机。

3)按规模划分

人们又按照计算机的运算速度、字长、存储容量、软件配置等多方面的综合性能指标将计算机分为巨型机、大型机、小型机、工作站、微型机。分类的标准只是粗略划分,只能就某一时期而言。

(1)巨型机

研制巨型机是现代科学技术,尤其是国防尖端技术发展的需要。核武器、反导弹武器、空间技术、大范围天气预报、石油勘探等都要求计算机有很高的速度和很大的容量,一般大型通用机远远不能满足要求。很多国家竞相投入巨资开发速度更快、性能更强的超级计算机。巨型机的研制水平、生产能力及其应用程度已成为衡量一个国家经济实力和科技水平的重要标志。

目前,巨型机的运算速度可达每秒几百亿次运算。这种巨型机一秒内所做的计算量相当于一个人用袖珍计算器每秒做一次运算,连续不停地工作31 709年。

(2)大型机

"大型机"是对一类计算机的习惯称呼,本身并无十分准确的技术定义,具有通用性强、综合处理能力强、性能覆盖面广等特点,主要应用在公司、银行、政府部门、社会管理机构和制造厂家等,通常人们称大型机为"企业级"计算机。

在信息化社会里,随着信息资源的剧增,带来了信息通信、控制和管理等一系列问题,而这正是大型机的特长。未来将赋予大型机更多的使命,它将覆盖"企业"所有的应用领域,如大型事务处理、企业内部的信息管理与安全保护、大型科学与工程计算等。

(3)小型机

小型机机器规模小、结构简单、设计试制周期短,便于及时采用先进工艺。这类机器由于可靠性高,对运行环境要求低,易于操作且便于维护,用户使用机器不必经过长期的专门训练。因此小型机对广大用户更具有吸引力,加速了计算机的推广普及。

小型机应用范围广泛,如用在工业自动控制、大型分析仪器、测量仪器、医疗设备中的数据采集、分析计算等,也用作大型、巨型计算机系统的辅助机,并广泛运用于企业管理以及大学和研究所的科学计算等。

DEC 公司的 PDP-11 系列是 16 位小型机的早期代表。近年来,随着基础技术的进步,小型机的发展引人注目,特别是在体系结构上采用 RISC 技术,即计算机硬件只实现最常用的指令集,复杂指令用软件实现,从而使其具有更高的性价比。在系统结构上,小型机也经常像大型计算机一样采用多处理机系统,例如采用工业标准 Intel x86 微处理机芯片的多处理机系统。十多年前,人们一谈到采用 486、586 芯片的机器就认为是微型机,其实这是一种误解。486、586 等大规模集成电路微处理机芯片,既可以用于设计微型机,也可用来设计小型机,甚至大型机。

那种认为微型机和工作站已全面赶上和超过小型机,小型机将不复存在的看法是不全面的,它忽略了两类计算机技术发展的时间差。正确的说法是,今天的微型机和工作站的主要性能已全面赶上和超过十年前的小型机;同样,今天的小型机已全面赶上和超过十年前的大、中型机。

(4)工作站

工作站是一种高档的微机系统。它具有较高的运算速度,既具有大、中、小型机的多任务、多用户能力,又兼具微型机的操作便利和良好的人机界面。它可连接多种输入、输出设备,其最突出的特点是图形性能优越,具有很强的图形交互处理能力,因此在工程领域、特别是在计算机辅助设计(CAD)领域得到了广泛运用。人们通常认为工作站是专为工程师设计的机型。由于工作站出现得较晚,一般都带有网络接口,采用开放式系统结构,即将机器的软、硬件接口公开,并尽量遵守国际工业界流行标准,以鼓励其他厂商、用户围绕工作站开发软、硬件产品。目前,多媒体等各种新技术已普遍集成到工作站中,使其更具特色。它的应用领域也已从最初的计算机辅助设计扩展到商业、金融、办公领域,并频频充当网络服务器的角色。

(5)微型机(个人计算机)

1971 年,美国的 Intel 公司成功地在一个芯片上实现了中央处理器的功能,制成了世界上第一片 4 位微处理器 MPU(Micro Processing Unit),也称 Intel 4004,并由它组成了第一台微型计算机 MCS-4,由此揭开了微型计算机大普及的序幕。

美国 IBM 公司采用 Intel 微处理器芯片,自 1981 年推出 IBM PC(personal computer)微型个人机后,又推出 IBM PC XT、IBM PC、286、386 等一系列微型计算机,由于其功能齐全、软件丰富、价格便宜,很快便占据了微型计算机市场的主导地位。目前,在个人计算机领域,已经涌现了许多国内外厂商,同时随着工艺和新技术的不断出现,目前出现了各种智能设备,如智能手机、平板电脑,而且绝大多数人可能更青睐那种触动手指即可完成的办公娱乐方式。最近无论是在国内还是在国外,都有不少"专家"认为,在不久的将来,传统个人计算机会被更为便携的手机或者其他智能设备所取代。

## 1.3 计算机系统的组成和工作原理

### 1.3.1 计算机系统组成

一个完整的计算机系统包括硬件系统和软件系统,两种系统相互支持,缺一不可。

硬件是指计算机装置,即物理设备。硬件系统是构成计算机系统各个功能部件的设备实体,如 CPU、硬盘、显示器等,是计算机的物理基础。

软件是指实现算法的程序及其文档。软件系统是为运行、管理和维护计算机而编制的各种程序、数据和文档的总称。计算机系统基本组成如图 1-13 所示。

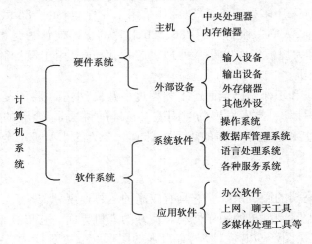

图 1-13　计算机系统的组成

## 1.3.2　计算机系统的工作原理

1)冯·诺伊曼计算机体系结构

20 世纪 40 年代,在研究计算机的过程中,数学家冯·诺伊曼提出了一个全新概念的通用电子计算机设计方案,该方案的主要设计思想如下:

①计算机采用二进制表示指令和数据。

②计算机采取"程序存储"和"程序控制"的方式运行。

③计算机由运算器、存储器、控制器、输入设备和输出设备 5 大部件组成。

它们之间的关系如图 1-14 所示。

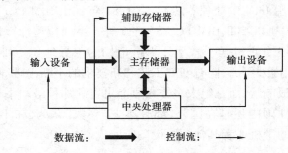

图 1-14　冯·诺伊曼体系工作示意图

2)用二进制形式表示指令和数据

计算机的工作就是顺序执行存放在内存储器中的一系列指令。

(1)指令

指令是指计算机完成某一种操作的命令,是一组二进制代码。通常一条指令包括两方面的内容:一是指机器执行什么操作,即给出操作要求;二是指出操作数在存储器或通用寄存器组中的地址,即给出操作数的地址。

在计算机中,操作要求和操作数地址都由二进制数码表示,分别称作操作码和地址码,如图 1-15 所示。整条指令以二进制编码的形式存放在存储器中。

(2)指令系统

指令系统是计算机硬件的语言系统,也叫机器语言,从系统结构的角度看,它是系统程序员看到的计算机的主要属性。因此指令系统表征了计算机的基本功能决定了机器所要求的能力,也决定了指令的格式和机器的结构。对不同的计算机在设计指令系统时,应对指令格式、类型及操作功能给予应有的重视。

3)计算机指令顺序执行的过程

计算机指令就是指挥机器工作的指示和命令,程序就是一系列按一定顺序排列的指令集合,执行程序的过程就是计算机的工作过程。指令的执行过程如下:

首先是取指令和分析指令。按照程序编写的顺序,从内存储器取出当前执行的指令,并送到控制器的指令寄存器中,对所取的指令进行分析,即根据指令中的操作码确定计算机应进行什么操作。

其次是执行指令。根据指令分析结果,由控制器发出完成操作所需的一系列控制电位,以便指挥计算机有关部件完成这一操作,同时,还为取下一条指令作好准备,其过程如图 1-16 所示。

图 1-15　指令　　　　　　　　　　　图 1-16　执行指令的过程

# 1.4　计算机硬件系统

计算机硬件系统主要由中央处理器、存储器、输入输出设备和各种外部设备组成。中央处理器是对信息进行高速运算处理的主要部件,其处理速度可达每秒几亿次以上。存储器用于存储程序、数据和文件,常由快速的主存储器和慢速海量辅助存储器组成。各种输入输出外部设备是人机间的信息转换器,由输入-输出控制系统管理外部设备与主存储器(中央处理器)之间的信息交换。一个完整的计算机硬件系统如图 1-17 所示。

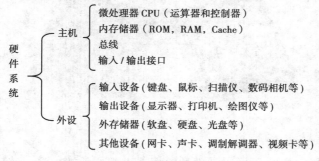

图 1-17　计算机硬件系统组成

### 1.4.1　主机

主机是指计算机硬件系统中用于放置主板及其他主要部件的容器。通常包括 CPU、内存、硬盘、光驱、电源以及其他输入\输出控制器和接口,如 USB 控制器、显卡、网卡、声卡等。普通台式机的主机如图 1-18 所示。通常,主机自身(装上软件后)已经是一台能够独立运行的计算机系统,服务器等有专门用途的计算机通常只有主机,没有其他外设。

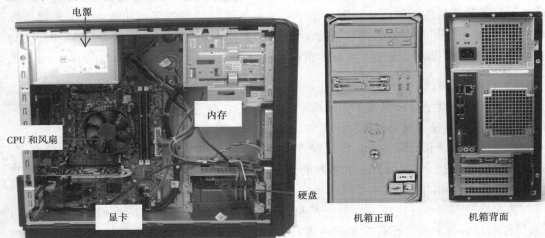

图 1-18　台式机的主机及其内部结构

1)微处理器

微处理器也称中央处理单元(CPU),主要由运算器和控制器组成,是任何微型计算机系统中必备的核心部件。它的主要功能是解释计算机指令以及处理计算机软件中的数据。

中央处理器主要包括运算器(算术逻辑运算单元,ALU,Arithmetic Logic Unit)和高速缓冲存储器(Cache)及实现它们之间联系的数据总线、地址总线和控制总线。它与内部存储器(Memory)和输入/输出(I/O)设备合称为电子计算机三大核心部件。在 CPU 市场上,Intel 公司一直是技术领头人,其他的 CPU 设计和生产厂商主要有 AMD 公司、IBM 公司、ARM 公司等。在图 1-19 中,左边为 Intel 公司的"Core"系列 i5 处理器,右边为 AMD 公司的速龙处理器。

图 1-19　CPU

微处理器主要性能指标:

①字长:字长越长,CPU 可同时处理的数据二进制位数就越多,运算能力就越强,计算精度就越高。

②外频:即CPU的外部时钟频率(外频),它直接影响CPU与内存之间的数据交换速度。

③主频:即CPU能够适应的时钟频率,是CPU的内核工作频率。主频越高,CPU的运算速度也就越快。

④倍频系数:CPU与外频之间的相对比例关系,在相同的外频下,倍频系数越高,主频也就越高。

⑤缓存:缓存的结构和大小对CPU的速度影响很大。

⑥内核:多核心CPU技术的出现大大提高了CPU的多任务处理能力。

2)主板

主板(Main Board)就是计算机中最主要、最大的一块电路板。主板一般由多层印刷线路板和连接在其上的集成电路芯片以及各种晶体管元器件组成,如图1-20所示。

图1-20 微型计算机系统主板

计算机通过主板将CPU等各种器件和外部设备有机地结合起来形成一套完整的系统。计算机在正常运行时对系统内存、存储设备和其他I/O设备的操控都必须通过主板来完成。

目前大部分主板都集成了显卡、声卡、网卡、调制解调器等接口。下面对主板的各个功能接口进行说明。

(1)CPU接口及插槽

CPU插槽是用来放置CPU的,由于世界两大CPU厂商Intel和AMD在个人计算机中使用的CPU的封装方式不同,所以生产出来的CPU接口也是不一样的,目前市面上主流的封装方式有两种。

①LGA封装:此类型接口为"触点式",接口类型有LGA1150、LGA1156、LGA1155、LGA 775等,Intel主要采用这种封装,如图1-21左边所示。

②PGA封装:此类型接口为"针脚式",接口类型有AM3、AM3+等,AMD主要采用这种封装,如图1-21右边所示。

触点式　　　　　　　　　针脚式

图 1-21　CPU 针脚

（2）芯片组

芯片组是一组共同工作的集成电路芯片,它通常指两个主要的主板芯片组,即南桥和北桥。

①北桥芯片（North Bridge Chipset）是被设计用来处理高速信号,如处理 CPU 和 RAM、PCI-E 端口的通信。考虑到北桥芯片与处理器之间的通信最密切,为了提高通信性能而缩短传输距离,北桥芯片一般放置在主板上离 CPU 最近的位置。北桥在计算机中起着主导的作用,所以又被称为主桥（Host Bridge）。

②南桥芯片（South Bridge Chipset）是主板芯片组的重要组成部分,主要用于处理低速信号,例如 USB、网卡、音频卡等。考虑到它所连接的 I/O 总线较多,所以南桥芯片一般位于主板上离 CPU 插槽较远的下方,PCI 插槽的附近,同时离处理器远也有利于电路板布线。相对于北桥芯片来说,其数据处理量并不算大,所以有些主板的南桥芯片没有覆盖散热片。南桥芯片不与处理器直接相连,而是通过一定的方式与北桥芯片相连。

（3）内存插槽

内存插槽是指主板上用来插内存条的插槽,如图 1-22 所示。主板所支持的内存种类和容量都由内存插槽来决定。内存插槽通常最少有两个,最多的为 4 个、6 个或者 8 个。由于内存所采用的不同的针脚数,内存插槽类型也各不相同。目前台式机系统有 SIMM（已淘汰）、DIMM 和 RIMM 3 种类型的内存插槽,而笔记本内存插槽则是在 SIMM 和 DIMM 插槽基础上发展而来,基本原理并没有变化,只是在针脚数上略有改变。

（4）扩展槽（I/O 插槽）

扩展槽是主板与外界扩展卡联系的桥梁,任何外部的扩展卡（如显示卡、声卡、网卡等）都要安装在扩展槽上才能正常工作,以扩展微型计算机的各种功能。任何插卡插入扩展槽后,都可以通过系统总线与 CPU 连接,在操作系统的支持下实现即插即用。

目前主板上常见的扩展槽有 2 种:PCI 扩展槽和 PCI-E 插槽（PCI-Express）。

（5）BIOS 芯片

BIOS 是一个固化在 ROM 芯片中的程序,也称为 ROM-BIOS。BIOS 芯片中存储着微机的基本输入输出程序、系统设置信息、开机自检程序和系统启动自检程序。主板上的 BIOS 芯片一般是一块 32 针的双排直插式芯片,采用 EEPROM,其外形如图 1-23 所示。

图1-22 内存插槽　　　　　　　　图1-23 BIOS芯片

（6）CMOS芯片

CMOS是主板上的一块可读写的ROM芯片，用来保存当前系统的硬件配置和一些用户设定的参数。用户可以利用CMOS对微机的系统参数进行设置。CMOS开机时由系统电源供电，关机时靠主板上的电池供电。

（7）各种接口

外设是通过主板上的一个个接口和主板相连的。

①硬盘接口：可分为IDE接口（Integrated Drive Electronics，集成设备电子部件）和SATA接口（Serial ATA，串行ATA），如图1-24所示。使用SATA接口的硬盘又称为串口硬盘，是现在PC机硬盘的主流。

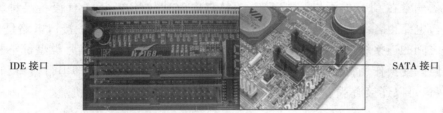

IDE接口　　　　　　　　　　　　　　　　SATA接口

图1-24 IDE接口和SATA接口

②串行接口（COM接口）：用来连接具有串行接口的外设，如Modem（调制解调器）、鼠标、串行打印机等。目前只是部分商用品牌机的主板还保留该接口。

③并行接口（LPT接口）：一般用来连接打印机等设备。在主板上一般为26针的双排插座。

④USB（通用串行总线）接口：是伴随着多媒体技术的发展而诞生的一种外设接口，最大特点是即插即用和热插拔。目前很多外设如打印机、扫描仪、鼠标、键盘等都使用USB接口。

3）系统总线

系统总线（System Bus）是连接微机中各个部件的一组物理信号线，用于各部件之间的信息传输。将一次传输信息的位数称为总线宽度。通常将CPU芯片内部的总线称为内部总线，而连接系统各部件间的总线称为外部总线，也称为系统总线。按照总线上传送信息类型的不同，可将总线分为数据总线、地址总线和控制总线，其结构如图1-25所示。

数据总线(DB):是 CPU 同各部件交换信息的通路,数据总线是双向的。

地址总线(AB):通常地址总线是单向的。地址总线的宽度即位数决定了 CPU 可直接寻址的内存空间大小。若地址总线为 $n$ 根,则可寻址空间为 $2^n$ 字节。

控制总线(CB):控制总线用来传送控制信号。

常用的总线标准有:ISA 总线、EISA 总线、VESA 总线、PCI 总线、AGP 总线。目前微机上采用的大多是 PCI 总线。

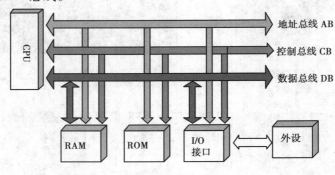

图 1-25　总线结构图

4)输入/输出接口

它是 CPU 和 I/O 设备之间交换信息的媒介和桥梁。CPU 与外部设备、存储器的连接和数据交换都需要通过接口设备来实现,前者被称为 I/O 接口,而后者则被称为存储器接口。存储器通常在 CPU 的同步控制下工作,接口电路比较简单;而 I/O 设备品种繁多,其相应的接口电路也各不相同,因此,习惯上说的接口只是指 I/O 接口。接口电路是 CPU 与外部设备之间的连接缓冲。CPU 与外部设备的工作方式、工作速度、信号类型都不相同,通过接口电路的变换作用,把二者匹配起来。微机的 I/O 接口有两种,即串行接口和并行接口,串行接口可以连接游戏手柄、绘图仪等,并行接口常用于连接打印机。

5)存储器

存储器(Memory)是计算机系统中的记忆设备,用来存放程序和数据。计算机中的全部信息,包括输入的原始数据、计算机程序、中间运行结果和最终运行结果都保存在存储器中。它根据控制器指定的位置存入和取出信息。

构成存储器的存储介质,目前主要采用半导体器件和磁性材料。存储器中最小的存储单位就是一个双稳态半导体电路或一个 CMOS 晶体管或磁性材料的存储元。多个存储元组成一个存储单元,然后再由多个存储单元组成一个存储器。计算机系统中存储系统的层次结构如图 1-26 所示。

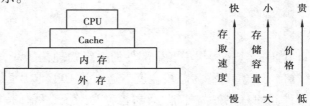

图 1-26　存储系统的层次结构

（1）内存储器

内存储器按其工作方式的不同，可以分为随机存取存储器（RAM）、只读存储器（ROM）和高速缓冲存储器（CACHE）。

RAM 是指在 CPU 运行期间既可读出信息也可写入信息的存储器，但断电后，写入的信息会丢失。ROM 是指只能读出信息而不能由用户写入信息的存储器，断电后，其中的信息也不会丢失。为了解决主存 RAM 与 CPU 之间工作速度不匹配的问题，在 CPU 和主存之间设置了高速缓冲存储器，它是高速度、小容量的存储器。

（2）外存储器

外存储器的主要作用是长期存放计算机工作所需要的系统文件、应用程序、用户程序、文档和数据等。外存中存储的程序和数据必须先送入内存，才能被计算机执行。主要外存储设备包括有固定式硬盘、移动硬盘、软盘、光盘和 U 盘等。

图 1-27　硬盘

①固定式硬盘存储器：一般置于主机箱内，如图 1-27 所示。使用新硬盘之前，必须对硬盘进行硬盘的低级格式化、硬盘分区和硬盘的高级格式化。由于它体积小、容量大、速度快、使用方便，已成为个人计算机的标准配置。

②光盘存储器：是利用光学原理进行信息读写的存储器。光盘存储器主要由光盘、光盘驱动器和光盘控制器组成。光盘驱动器是读取光盘的设备，通常固定在主机箱内，常用的光盘驱动器有 CD-ROM（已淘汰）和 DVD-ROM 等，如图 1-28 所示。

图 1-28　光盘驱动器

③USB 存储器：简称 U 盘，属于移动存储设备，用于备份数据。U 盘是闪存的一种，因此也叫闪盘。特点是小巧便于携带、存储容量大、价格便宜。一般的 U 盘容量有 8 G、16 G、32 G、64 G 等，如图 1-29 所示。

④移动硬盘：顾名思义是以硬盘为存储介质，计算机之间交换大容量数据，强调便携性的存储产品。移动硬盘多采用 USB、IEEE1394 等传输速度较快的接口，可以以较高的速度与系统进行数据传输，如图 1-30 所示。移动硬盘可以提供相当大的存储容量，是一种性价比很高的移动存储产品。

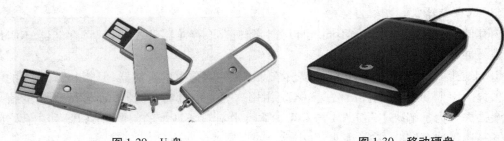

图 1-29　U 盘　　　　　　　　　　　图 1-30　移动硬盘

### 1.4.2　外设

1）输入设备

输入设备是用户和计算机系统之间进行信息交换的主要装置之一。键盘、鼠标、扫描仪、手写板、条形码扫描枪等都属于输入设备,如图 1-31 所示。

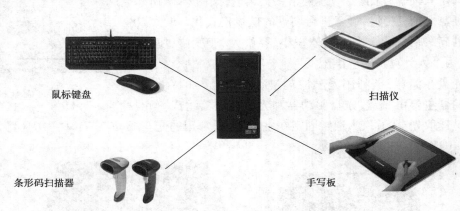

鼠标键盘　　　　　　　　　　　　　扫描仪

条形码扫描器　　　　　　　　　　　手写板

图 1-31　各种输入设备

（1）键盘

键盘是最常用也是最主要的输入设备,通过键盘可以将英文字母、数字、标点符号等输入计算机,从而向计算机发出命令、输入数据等。

（2）鼠标

鼠标是一种很常用的计算机输入设备,它可以对当前屏幕上的游标进行定位,并通过按键和滚轮装置对游标所经过位置的屏幕元素进行操作。

（3）扫描仪

扫描仪是利用光电技术和数字处理技术,以扫描方式将图形或图像信息转换为数字信号的装置。

（4）手写板

手写板是一种常见输入设备,其作用和键盘类似。在手写板的日常使用上,除用于文字、符号、图形等输入外,还可提供光标定位功能,故手写板可以同时替代键盘与鼠标,成为一种独立的输入工具。市场上常见的手写板通常使用 USB 接口。

（5）激光条形码扫描器

条码扫描器,又称为条码阅读器或条码扫描枪。它是用于读取条码所包含信息的阅读设备,利用光学原理,把条形码的内容解码后通过数据线传输到计算机或者其他设备。其广泛应用于超市、快递公司、图书馆等需要扫描商品或单据条码的地方。

（6）触摸屏

触摸屏是一种快速实现人机对话的工具,用户可直接用手指在屏幕上触摸控制和输入信息。触摸屏主要分为电容式和电阻式两种。

2）输出设备

输出设备是人与计算机交互的一种部件,用于数据的输出。它把各种计算结果数据或信息以数字、字符、图像、声音等形式表示出来。常见的输出设备有显示器、打印机、绘图仪、影像输出系统、语音输出系统、磁记录设备等,如图1-32所示。

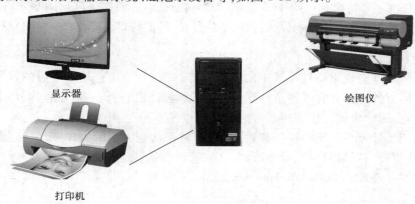

显示器

绘图仪

打印机

**图1-32　各种输出设备**

（1）显示器

显示器是微型计算机必需的输出设备。显示器分为阴极射线管（CRT）显示器和液晶显示器（LCD显示屏、LED显示屏）,目前CRT显示器已经淘汰。

（2）打印机

打印机是计算机的另一种输出设备,用于将计算机输出的信息（文字、图形）打印在相关载体（如纸张）上。根据采用的技术,打印机主要分为喷墨打印机、激光打印机、针式打印机等。

（3）绘图仪

绘图仪也是一种输出设备,主要绘制各种管理图表和统计图、大地测量图、建筑设计图、电路布线图、各种机械图与计算机辅助设计图等。

# 1.5　计算机软件系统

仅有硬件的计算机是不完整的,计算机硬件系统只有和软件系统密切配合,才能正常工作。计算机软件系统是整个计算机系统中的重要组成部分,通常软件分为系统软件和应用软件两大类,如图1-33所示。

## 1.5.1 系统软件

系统软件是指控制和协调计算机及外部设备，支持应用软件开发和运行的系统，是无须用户干预的各种程序的集合，主要功能是调度、监控和维护计算机系统；负责管理计算机系统中各种独立的硬件，使得它们可以协调工作。一般它由计算机软件生产厂商研制提供，主要包括操作系统、各种语言处理系统、数据库管理系统、系统辅助处理程序等。

图1-33　软件系统

系统软件的主要特征有：与硬件有很强的交互性；能对资源共享进行调度管理；能解决并发操作处理中存在的协调问题；其中的数据结构复杂，外部接口多样化，便于用户反复使用。

1）操作系统

在计算机软件中最重要且最基本的就是操作系统（OS）。它是最底层的软件，它控制所有计算机运行的程序并管理整个计算机的资源，是计算机裸机与应用程序及用户之间的桥梁。没有它，用户也就无法使用其他的软件或程序。

操作系统是计算机系统的控制和管理中心，对于功能完善的操作系统，通常包括处理器管理、作业管理、存储器管理、设备管理、文件管理5项管理功能。

常见的操作系统有 DOS、Windows、OS/2、Mac OS 等。

2）各种语言处理程序

计算机只能直接识别和执行机器语言，因此要计算机按照人（用户）的要求运行工作，就必须配备程序语言翻译程序。语言处理程序（通常称为程序设计语言）就是人与计算机交流的语言工具，程序设计语言通常分为3大类：机器语言、汇编语言和高级语言。

（1）机器语言

机器语言（Machine Language）是最低层次的计算机语言，是直接使用二进制代码表示的指令语言。与其他语言相比较，机器语言的优点是执行速度最快，效率最高，缺点是程序可读性差，非常难理解、记忆。

机器语言的二进制指令代码因 CPU 型号的不同而不同，因此机器语言程序在不同的计算机系统之间不能通用，可移植性差。

例如，某种16位的计算机中，机器指令：

$$0000\ 0010\ 0000\ 0001\quad 加法运算$$
$$0000\ 0011\ 0000\ 0001\quad 减法运算$$

（2）汇编语言

为了克服机器语言编程的缺点，出现了汇编语言（Assemble Language）。汇编语言是采用人们容易识别和记忆的缩写字母和符号（称为助记符）来表示机器语言中的指令和数据。例如，MOV 表示传送指令，ADD 表示加法指令等。因为汇编语言的语句和机器指令有对应的关系，所以汇编语言继承了机器语言执行速度快的优点，现在对于实时控制或者对响应速度有极高要求的场合仍然大量使用汇编语言。但是汇编语言对于同一问题编写的汇编语言程序在不同类型的机器上仍然不能通用，可移植性较差。

用汇编语言编写的程序(源程序)不能被计算机直接识别,需要用汇编程序将其翻译成机器指令才能执行。汇编语言程序的执行过程如图1-34所示。

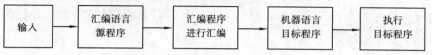

图1-34　汇编语言程序的执行过程

(3)高级语言

为解决机器语言和汇编语言编程技术复杂、编程效率低的缺点,20世纪50年代后期人们研制出高级语言。这样的语言与自然语言和数学公式相当接近,而且不依赖于计算机的类型。高级语言拥有的易用性、易读性、通用性强等特点使得程序员大大提高了编写程序的效率。

常用的高级程序语言有Basic、C/C++、Java、Python等。

用高级语言编写的程序(源程序)同样不能被计算机直接识别,需要翻译程序翻译成机器指令才能执行。根据翻译方式的不同,翻译程序一般分为"编译程序"和"解释程序"。

编译程序将利用高级语言编写的程序作为一个整体进行处理,编译后将与子程序链接后,形成一个完整的可执行程序。编译程序的执行过程如图1-35所示。

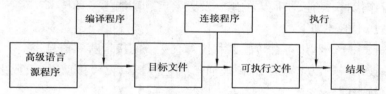

图1-35　编译程序的执行过程

解释程序是用解释程序将源程序逐句进行翻译,翻译一句执行一句,不产生目标程序,如BASIC、FoxBase。解释程序的执行过程如图1-36所示。

图1-36　解释程序的执行过程

3)数据库管理系统

数据库管理系统(Data Base Management System,DBMS)是一种操纵和管理数据库的大型软件,用于建立、使用、维护和管理数据库等,是数据库系统的核心软件,如Dbase、Access、SQL Server、DB2、Oracle等。

4)系统辅助处理程序

系统辅助处理程序也称为"软件研制开发工具"、"支持软件"、"软件工具",主要有编辑程序、调试程序、装备和连接程序、调试程序等功能。

## 1.5.2　应用软件

应用软件(Application Software)是在系统软件支持下,针对专门的应用目的设计编制的程序及相关文档。它是为满足用户不同领域、不同问题的应用需求而设计的软件。例如,财务软件(用友)、办公自动化软件(Office、WPS)、图像处理软件(PhotoShop、illustrator)等。

应用软件具有很强的实用性、专业性,正是由于应用软件的这些特点,才使得计算机的应用拓展到了各个领域。

## 1.6　计算机中的信息表示

计算机的主要功能是处理信息,如文字、图像、声音等。而这些信息在计算机中都是以二进制的编码表示的,各种数据都必须经过二进制的数字化编码后才能使用,所以必须理解和掌握计算机中二进制。

### 1.6.1　信息与信息技术概述

信息是客观世界中物质及其运动的属性及特征的反映,分为自然信息和社会信息,人们每时每刻都在自觉或不自觉地接收和传播信息。

信息技术是在信息的获取、整理、加工、传递、存储、利用过程中采取的技术和方法,信息技术也可看作代替、延伸、扩展人的感官及大脑信息功能的一种技术。

各项信息技术概述如下:

信息获取技术——利用各种传感器和仪器直接或间接地获取信息。

信息传输技术——以光缆通信、微波通信、卫星通信、无线移动通信、数字通信等高新技术作为通信技术的基础。

信息处理技术——通过计算机实现,其核心是计算机技术和计算机网络技术。

信息控制技术——利用信息传递和信息反馈来实现对目标系统控制的技术。

信息存储技术主要分为:直接存储、移动存储;网络附加存储(NAS)和存储区域网络(SAN)。

信息技术在全球的广泛使用,不仅深刻地影响着经济结构与经济效率,而且作为先进生产力的代表,对社会文化和精神文明也产生着深刻的影响。

### 1.6.2　数制及其转换

1)数制的概念

数制是用一组固定的数字和一套统一的规则来表示数的方法。用户常见的有十进制、八进制、十六进制。生活中人们一般采用十进制,但是计算机内部一律采用二进制,八进制和十六进制作为补充。这些按照进位方式计数的数制称为进位计数制。

2)基数

基数是指该进制中允许选用的基本数码的个数。每一种进制都有固定数目的计数符号。

3）计算机中的数制

（1）十进制

十进制：具有 10 个不同的数，基数为 10，10 个记数符号：0，1，2，…，9。十进制的进位规则是"逢十进一"。例如，十进制数$(1\ 234.56)_{10}$表示为：

$$(1\ 234.56)_{10} = 1 \times 10^3 + 2 \times 10^2 + 3 \times 10^1 + 4 \times 10^0 + 5 \times 10^{-1} + 6 \times 10^{-2}$$

（2）二进制

二进制：具有 2 个不同的数，基数为 2，2 个记数符号：0 和 1。二进制的进位规则是"逢二进一"。例如，二进制$(1\ 011.11)_2$表示为：

$$(1\ 011.11)_2 = 1 \times 2^3 + 0 \times 2^2 + 1 \times 2^1 + 1 \times 2^0 + 1 \times^{-1} + 1 \times 2^{-2}$$

（3）八进制

八进制：具有 8 个不同的数，基数为 8，8 个记数符号：0，1，2，…，7。八进制的进位规则是"逢八进一"。

$$(1\ 234.56)_8 = 1 \times 8^3 + 2 \times 8^2 + 3 \times 8^1 + 4 \times 8^0 + 5 \times 8^{-1} + 6 \times 8^{-2}$$

（4）十六进制

十六进制：具有 16 个不同的数，基数为 16，16 个记数符号：0～9，A，B，C，D，E，F。其中，A～F 对应十进制的 10～15。十六进制的进位规则是"逢十六进一"。例如，十六进制$(8D. B7)_{16}$表示为：

$$(8D. B7)_{16} = 8 \times 16^1 + 13 \times 16^0 + 11 \times 16^{-1} + 7 \times 16^{-2}$$

一个数码处在不同位置上所代表的值不同，如数字 8 在十位数位置上表示 80，在百位数上表示 800，而在小数点后 1 位表示 0.8，可见每个数码所表示的数值等于该数码乘以一个与数码所在位置相关的常数，这个常数称为位权。位权的大小是以基数为底、数码所在位置的序号为指数的整数次幂。

4）常用数制的表示方法

（1）在数字后面加写相应的英文字母作为标志

十进制数（Decimal number）用后缀 D 表示或无后缀，如 123 和 123D。

二进制数（Binary number）用后缀 B 表示，如 1101B 和 11.01B。

八进制数（Octal number）用后缀 O 表示，如 123.67O。

十六进制数（Hexadecimal number）用后缀 H 表示，如 10A2H 和 3B1.1H。

（2）常用数制的表示方法

在括号外面加数字下标。

十进制数（Decimal number），如$(123.123)_{10}$。

二进制数（Binary number），如$(10010.01)_2$。

八进制数（Octal number），如$(123.67)_8$。

十六进制数（Hexadecimal number），如$(A21. B)_{16}$。

5）不同进位计数制间的转换

（1）十进制转化为二进制、八进制、十六进制

十进制数转化为其他进制数时，需要将整数部分和小数部分分开转化。

十进制整数转化成二进制时，需要将十进制整数部分除以2，第一次得到的余数为最低位，然后再将得到的商反复除以2，直到商数为0，得到的余数位数依次升高。

[例1.1]　将十进制整数$(39)_{10}$转化成二进制整数。

解：根据计算可得$(39)_{10}=(100111)_2$

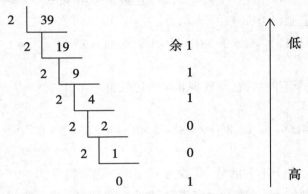

十进制小数转化成二进制小数时，需要将十进制小数部分乘以2，第一次得到的乘积的整数部分为最高位，然后再将得到的积反复乘以2，直到小数部分为0或者满足基本精度要求为止，最后一次得到的乘积的整数部分为最低位。

[例1.2]将一个十进制小数$(0.925)_{10}$转换为二进制小数。（不采用四舍五入精确到小数点后4位）

解：根据计算可得$(0.925)_{10}=(0.1110)_2$

```
        0.925
    ×     2
    1.850          取整
                    1        高
    ×     2
    1.700
                    1
    ×     2
    1.400
                    1
    ×     2
    0.8             0        低
```

注意：一个十进制小数不一定能准确地转换为二进制小数，如要求采用四舍五入且要求精确都小数点后3位，则连续乘2取3次整数，对第4位采用四舍五入的方法取舍。如果不需要四舍五入，则对最后一位采用只舍不入。

十进制整数转化成八进制时，需要将十进制整数部分除以8，第一次得到的余数为最低位，然后再将得到的商反复除以8，直到商数为0，得到的余数位数依次升高。十进制小数转化为八进制小数采用"乘8取整"方法，原理与二进制相同。

十进制整数转化成十六进制时，需要将十进制整数部分除以16，第一次得到的余数为

最低位,然后再将得到的商反复除以16,直到商数为0,得到的余数位数依次升高。十进制小数转化为十六进制小数采用"乘16取整"方法,原理与二进制相同。

[例1.3]将十进制数$(134.32)_{10}$转换为八进制。(不采用四舍五入精确到小数点后3位)

解:根据计算可得$(134.32)_{10} = (206.243)_8$

[例1.4]将$(3258.45)_{10}$转换为十六进制。(不采用四舍五入精确到小数点后3位)

解:根据计算可得$(3258.45)_{10} = (CBA.733)_{16}$

(2)二进制、八进制、十六进制转化为十进制

二进制、八进制、十六进制转化为十进制,采用按权相加法,以二进制为例,将二进制每位上的数乘以权,然后相加之和即是十进制数。

[例1.5]将$(11011.1101)_2$转换成十进制。

$$(11011.1101)_2 = 1 \times 2^4 + 1 \times 2^3 + 0 \times 2^2 + 1 \times 2^1 + 1 \times 2^0 + 1 \times 2^{-1} + 1 \times 2^{-2} + 0 \times 2^{-3} + 1 \times 2^{-4}$$
$$= (27.8125)_{10}$$

[例1.6]将$(4B.8)_{16}$转换成十进制。

$$(4B.8)_{16} = 4 \times 16^1 + 11 \times 16^0 + 8 \times 16^{-1}$$
$$= (75.5)_{10}$$

[例1.7]将$(41.4)_8$转换成十进制。

$$(41.4)_8 = 4 \times 8^1 + 1 \times 8^0 + 4 \times 8^{-1}$$
$$= (33.5)_{10}$$

(3)二进制和八进制相互转化

由于$2^3 = 8$,所以一位八进制数对应3位二进制数。那么对于二进制转八进制,则以小数为界限,分别向左和向右按每3个数为1但不足3位的整数部分前面补0,小数部分后面补0。

[例 1.8]将$(10110101.11011)_2$转换为八进制数。

根据计算得$(10110101.11011)_2 = (265.66)_8$

| 010 | 110 | 101 | . | 110 | 110 |
|---|---|---|---|---|---|
| ↓ | ↓ | ↓ | ↓ | ↓ | ↓ |
| 2 | 6 | 5 | . | 6 | 6 |

八进制转换为二进制则正好相反,将八进制的每一个数拆分为一个 3 位的二进制数。

[例 1.9]将$(345.66)_8$转换为八进制数。

根据计算得$(345.66)_8 = (11100101.11011)_2$

| 3 | 4 | 5 | . | 6 | 6 |
|---|---|---|---|---|---|
| ↓ | ↓ | ↓ | ↓ | ↓ | ↓ |
| 011 | 100 | 101 | . | 110 | 110 |

(4)二进制和十六进制相互转化

由于$2^4 = 16$,所以一位十六进制数对应 4 位二进制数。那么对于二进制转十六进制,则以小数为界限,分别向左和向右按每 4 个数为 1 组,不足 4 位的整数部分前面补 0,小数部分后面补 0。

[例 1.10]将$(10110101.11011)_2$转换为十六进制数。

根据计算得$(10110101.11011)_2 = (B5.D8)_{16}$

| 1011 | 0101 | . | 1101 | 1000 |
|---|---|---|---|---|
| ↓ | ↓ | ↓ | ↓ | ↓ |
| B | 5 | . | D | 8 |

十六进制转换为二进制则正好相反,将十六进制的每一个数拆分为一个 4 位的二进制数。

[例 1.11]将$(5CA.11)_{16}$转换为二进制数。

根据计算得$(5CA.11)_{16} = (10111001010.00010001)_2$

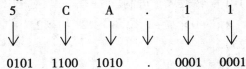

| 5 | C | A | . | 1 | 1 |
|---|---|---|---|---|---|
| ↓ | ↓ | ↓ | ↓ | ↓ | ↓ |
| 0101 | 1100 | 1010 | . | 0001 | 0001 |

### 1.6.3　计算机中的存储单位

1)位

位(bit)音译为"比特"。一位可以表示两种不同的状态,如电路中的高低电平。位是计算机中最小的数据单位。

2)字节

字节是用于表示存储器或者其他存储设备容量的基本单位,字节用大写字母 B 表示。通常一个 8 位的二进制数表示一个字节。一个英文字母(不区分大小写)占一个字节的空间,一个中文汉字占两个字节的空间。常用其他单位还有 KB、MB、GB、TB 等,它们之间的换算关系如下:

1B(byte,字节) = 8 bit；

1 KB(Kilobyte,千字节) = 1 024 B,其中 1024 = $2^{10}$。

1 MB(Mebibyte,兆字节,百万字节,简称"兆") = 1 024 KB = $2^{20}$B。

1 GB(Gigabyte,吉字节,十亿字节,又称"千兆") = 1 024 MB = $2^{30}$B。

1 TB(Terabyte,万亿字节,太字节) = 1 024 GB = $2^{40}$B。

1 PB(Petabyte,千万亿字节,帕字节) = 1 024 TB = $2^{50}$B。

3)字长

计算机的字长是指 CPU 在单位时间内一次可处理的二进制数字的数目。它的长度直接影响计算机的计算精度、运算速度,字长常用来衡量 CPU 的性能。一般情况下,字长越长,计算机精度越高,处理能力越强大。

注意字与字长的区别,字是单位,而字长是指标,指标需要用单位去衡量。正如生活中质量与千克的关系,千克是单位,质量是指标,质量需要用千克加以衡量。

4)内存地址

内存地址(Memory Address)指的是存储器中用于区分、识别各个存储单元的标识符。内存地址通常使用无符号的二进制整数标识。

## 1.6.4 信息编码

任何形式的信息(数字、字符、汉字、图像、声音、视频)进入计算机都必须转换为由 0 和 1 组成的二进制数,即进行二进制数形式的信息编码。数据编码主要有 BCD 码和 ASCII 码。

1)BCD 码(二—十进制编码)

BCD(Binary Coded Decimal)码是用若干个二进制数码来表示十进制数的编码,也称为"二—十进制编码",选用 0000—1001 来表示 0—9 这 10 个数字。这种编码比较直观、简单,对于多位数,只需要将它的每一位数字按表 1-2 中所列的对应关系用 BCD 码直接列出即可。

表 1-2 BCD 编码表

| 十进制 | BCD 码 | 十进制 | BCD 码 |
|---|---|---|---|
| 0 | 0000 | 5 | 0101 |
| 1 | 0001 | 6 | 0110 |
| 2 | 0010 | 7 | 0111 |
| 3 | 0011 | 8 | 1000 |
| 4 | 0100 | 9 | 1001 |

BCD 码的编码方法有很多种,最常用的是 8421 码。

例:$(11.25)_{10} = (00010001.00100101)_{8421} = (1011.01)_2$

注意:BCD 码与二进制之间的转换不是直接的,要先把 BCD 码表示的数转换成十进制数,再把十进制转换成二进制数。

2）ASCII 码

字符编码就是规定用怎样的二进制码来表示字符信息,以便计算机能够识别、存储、加工、处理。目前,最广泛使用的 ASCII 码(American Standard Code for Information Interchange,美国标准信息交换码),它已被国际标准化组织(ISO)认定为国际标准。ASCII 码有 7 位版本和 8 位版本两种。国际通用的 7 位 ASCII 码称为标准 ASCII 码,8 位 ASCII 码称为扩充 ASCII 码。

标准 ASCII 码用一个字节表示。它由 7 位二进制编码组成,即最高位为 0,它可以表示(0～127)共 128 个编码,其中包括控制字符、数字、英文字母、标点符号和专用字符。它是用不同的代码值代表键盘上的一个字符或一种操作功能。其中 0～31 为控制字符,32～127 为可显示字符。常用 ASCII 对照表详见附录。

例如:键盘上"0"的代码为 48;0～9 的编码是 48～57。"A"的编码为 65;A～Z 的编码是 65～90。"a"的编码为 97;a～z 的编码是 97～122。空格的编码为 32;编码 13 的功能为回车等。

3）汉字编码

主要是解决在汉字处理过程中的各个环节中汉字的编码问题。汉字编码常指汉字的国家标准信息码、汉字机内码、输入编码和字型编码。

（1）汉字交换码

①概念:汉字交换码是计算机与其他系统或设备间交换汉字信息的标准编码。

②1981 年 5 月,《信息交换用汉字编码字符集·基本集》(代号 GB 2312—80),该字符集共收录了 6 763 个汉字和 682 个图形符号。6 763 个汉字按其使用频率和用途,又可分为一级常用汉字 3 755 个,二级次常用汉字 3 008 个。其中,一级汉字按拼音字母顺序排列,二级汉字按偏旁部首排列。

采用两个字节对每个汉字进行编码,每个字节各取 7 位,这样可对 128 × 128 = 16 384 个字符进行编码。

③区位码:将汉字排列在一个 94 行 ×94 行的方阵(二维表格)中,在此正方形矩阵中,每一行称为"区",每一列称为"位",这样组成了一个共有 94 区,每个区有 94 位的字符集。由这个字符集矩阵表,引出了表示汉字的两种编码,一种称为区位码,另一种称为国标码。这两种编码都是由两个字节组成,高字节表示"区"的代码,低字节表示"位"的代码。

区位码是用十进制数表示一个汉字或图形符号在字符集中的位置。二维表中,每一行称为一个区,用汉字编码的第一个字节表示,称为区码。每个汉字在一行中的位置用第二个字节表示,称为位码。

例如,"国"字位于 25 区,90 位,则其区位码 2590。

国标码则通常用两位十六进制数码表示机内码的第一个字节和第二个字节。

（2）汉字输入码

概念:也称外码,是为了将汉字输入计算机而编制的代码,它是代表某一汉字的键盘符号。

汉字输入码的编码方法分为 4 种：数码、音码、形码、音形码。

数码：根据汉字的排列顺序形成汉字编码，如区位码、国标码、电报码等。

音码：根据汉字的"音"形成汉字编码，如全拼码、双拼码、简拼码等。

形码：根据汉字的"形"形成汉字编码，如王码五笔、郑码、大众码等。

音形码：根据汉字的"音"和"形"形成汉字编码，如表形码、钱码、智能 ABC 等。

不论是哪一种汉字输入方法，利用输入码将汉字输入计算机后，必须将其转换为汉字机内码才能进行相应的存储和处理。

（3）汉字机内码

概念：汉字机内码（内码）是计算机系统中用来存储和处理中、西方信息的代码。西文内码采用单字节的 ASCII 码，而汉字内码则是将区位码两个字节的最高位分别置为"1"，从而形成两个字节表示的汉字机内码。

汉字机内码＝汉字国标码＋8080H＝区位码＋A0A0H

汉字国标码＝区位码＋2020H

为了最终显示和打印汉字，还要由汉字的机内码来换取汉字的字形码。实际上，每一个汉字的机内码也就是指向该汉字字形码的地址。

（4）汉字输出码

输出码：汉字输出码又称汉字字形码或汉字字模，它是将汉字字形经过点阵数字化后形成的一串二进制数，用于汉字的显示和打印。

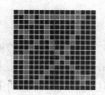

图 1-37　汉字点阵表示

点阵字型编码是一种最常见的字型编码，它用一位二进制码对应屏幕上的一个像素点，字形笔画所经过处的亮点用 1 表示，没有笔画的暗点用 0 表示。

例如，一个 16×16 的点阵汉字，如图 1-37 所示。

4）汉字字库

在计算机中输出汉字时必须要得到相应汉字的字形码，通常用点阵信息表示汉字的字形。所有汉字字形点阵信息的集合就称为汉字字库。

显示字库一般为 16×16 点阵字库，每个汉字的字形码占用 32 个字节的存储空间，打印字库一般为 24×24 点阵，每个汉字的字形码占用 72 个字节的存储空间。

常见的字库：由于输出的需要，人们设计了不同字体的字形，相应也有不同的字库。有宋体字库、楷体字库、隶书字库等。

5）汉字的输入

（1）汉字输入方法概述

目前常用的汉字输入方式有：键盘输入方式、语音输入方式、手写输入方式以及扫描识别方式等。

语音输入方式：是指人们对着话筒讲话，计算机自动在屏幕上显示出对应的语句。

手写输入方式：是借助于计算机连续的笔触感应板和智能应用软件，将手写的汉字输入计算机。

扫描识别方式：是通过扫描设备将书面资料输入计算机,它是将图文资料成批快速输入计算机的最佳手段。

(2)汉字输入的基本操作

各种汉字输入法:Windows 操作系统为用户提供了多种键盘输入方式,它们分别是微软拼音输入法、智能 ABC 输入法、全拼输入法、五笔输入法和区位输入法等。

汉字输入法之间的切换:Ctrl + Shift 键,系统将在各种输入法之间循环切换。

中英文输入的切换:Ctrl + Space 键可实现中英文输入的快速切换。

全角和半角输入状态切换:Shift + Space 键实现全角和半角输入的状态切换。

半角字符是指在存储和输出时占用一个标准字符位(即一个字节)的字符。ASCII 码表中的英文字母及符号都是半角字符。全角字符中存储和输出时要占用两个标准字符位,所有汉字和汉字国标码表中的符号都是全角字符。

汉字处理系统的工作流程如图 1-38 所示。

**图 1-38 汉字处理系统工作流程**

# 本章小结

本章介绍了计算机的发展简史、计算机的分类、计算机系统组成、计算机的计数制及各种进制的相互转换、信息在计算机中表示方法等内容,要求了解计算机的发展史和计算机系统组成,掌握数制间的相互转换及信息在计算机中的表示方法。

# 习 题

一、单项选择题

1.计算机系统是由( )组成的。

   A. 主机及外部设备                 B. 主机键盘显示器和打印机

   C. 系统软件和应用软件           D. 硬件系统和软件系统

2.电子计算机的工作原理可概括为( )。

   A. 程序设计                      B. 运算和控制

   C. 执行指令                      D. 存储程序和程序控制

3.按照冯·诺依曼思想,计算机的硬件系统是由( )构成的。

   A. 运算器、输入设备、输出设备和存储器

   B. 控制器、运算器、输入设备、输出设备和存储器

   C. 控制器、处理器、运算器和总线

   D. 输入设备、处理器和输出设备

4.计算机具有强大的功能,但它不可能( )。

   A. 高速准确地进行大量数值运算     B. 高速准确地进行大量逻辑运算

   C. 对事件作出决策分析           D. 取代人类的智力活动

5. 在软件方面,第一代计算机主要使用(　　)。

　　A. 机器语言　　　　　　　　　　　　B. 高级程序设计语言

　　C. 数据库管理系统　　　　　　　　　D. BASIC 和 FORTRAN

6. 计算机的发展阶段通常是按计算机所采用的(　　)来划分的。

　　A. 内存容量　　　　　　　　　　　　B. 逻辑元件

　　C. 程序设计语言　　　　　　　　　　D. 操作系统

7. 按使用器件划分计算机发展史,当前使用的微型计算机是(　　)。

　　A. 电子管　　　　　　　　　　　　　B. 晶体管

　　C. 集成电路　　　　　　　　　　　　D. 超大规模集成电路

8. 关于硬件系统和软件系统的概念,下列叙述不正确的是(　　)。

　　A. 计算机硬件系统的基本功能是接受计算机程序,并在程序控制下完成数据输入和数据输出任务

　　B. 软件系统建立在硬件系统的基础上,它使硬件功能得以充分发挥,并为用户提供一个操作方便、工作轻松的环境

　　C. 没有装配软件系统的计算机不能做任何工作,没有实际的使用价值

　　D. 一台计算机只要装入系统软件后,即可进行文字处理或数据处理工作

9. CPU 的中文含义是(　　)。

　　A. 中央处理器　　　B. 外存储器　　　C. 微机系统　　　D. 微处理器

10. 通常将运算器和(　　)合称为中央处理器,即 CPU。

　　A. 控制器　　　　　B. 存储器　　　　C. 输出设备　　　D. 输入设备

11. 以下关于 CPU,(　　)说法是错误的。

　　A. CPU 是中央处理单元的简称

　　B. CPU 能直接为用户解决各种实际问题

　　C. CPU 的档次可粗略地表示微机的规格

　　D. CPU 能高速、准确地执行人预先安排的指令

12. 计算机中,RAM 因断电而丢失的信息,待再通电后(　　)恢复。

　　A. 能全部　　　　　B. 不能全部　　　C. 能部分　　　　D. 不能

13. ROM 是指(　　)。

　　A. 存储器规范　　　B. 随机存储器　　C. 只读存储器　　D. 存储器内存

14. 下列关于指令、指令系统和程序的叙述中错误的是(　　)。

　　A. 指令是可被 CPU 直接执行的操作命令

　　B. 指令系统是 CPU 能直接执行的所有指令的集合

　　C. 可执行程序是为解决某个问题而编制的一个指令序列

　　D. 可执行程序与指令系统没有关系

15. 一般来说,机器指令由(　　)组成。

　　A. 国标码和机内码　　　　　　　　　B. 操作码和机内码

　　C. 操作码和操作数地址　　　　　　　D. ASCII 码和 BDC 码

16. 外存储器中的信息,必须首先调入(　　　),然后才能供 CPU 使用。

　　A. RAM　　　　　　　　B. 运算器　　　　　　　　C. 控制器　　　　　　　　D. ROM

17. 微型计算机的运算器、控制器及内存储器统称为(　　　)。

　　A. CPU　　　　　　　　B. ALU　　　　　　　　C. 主机　　　　　　　　D. GPU

18. 下面关于内存储器(也称为主存)的叙述中,正确的是(　　　)。

　　A. 内存储器和外存储器是统一编址的,字是存储器的基本编址单位

　　B. 内存储器与外存储器相比,存取速度慢、价格便宜

　　C. 内存储器与外存储器相比,存取速度快、价格贵

　　D. RAM 和 ROM 在断电后信息将全部丢失

19. 不是计算机的输出设备的是(　　　)。

　　A. 显示器　　　　　　　　B. 绘图仪　　　　　　　　C. 打印机　　　　　　　　D. 扫描仪

20. 微型计算机系统中,中央处理器、内存储器和外部设备之间传送信息的公用通道称为(　　　)。

　　A. 网络通道　　　　　　　　B. 程控线　　　　　　　　C. 总线　　　　　　　　D. 中继线

21. 计算机中既可作为输入设备又可作为输出设备的是(　　　)。

　　A. 打印机　　　　　　　　B. 显示器　　　　　　　　C. 鼠标　　　　　　　　D. 磁盘

22. 下列不属于微机总线的是(　　　)。

　　A. 地址总线　　　　　　　　B. 通信总线　　　　　　　　C. 控制总线　　　　　　　　D. 数据总线

23. 计算机性能主要取决于(　　　)。

　　A. 磁盘容量、显示器、打印机的分辨率　　　　　　　　B. 配置的语言、操作系统、外部设备

　　C. 操作系统、机器的价格、机器的型号　　　　　　　　D. 字长、运算速度、存储容量

24. 采用 PCI 的奔腾微机,其中的 PCI 是(　　　)。

　　A. 产品型号　　　　　　　　B. 总线标准

　　C. 微机系统名称　　　　　　　　D. 微处理器型号

25. 下列说法中正确的是(　　　)。

　　A. CD-ROM 是一种只读存储器

　　B. CD-ROM 驱动器是计算机的基本部分

　　C. 只有存放在 CD-ROM 盘上的数据才称为多媒体信息

　　D. CD-ROM 盘上最多能够存储大约 350 兆字节的信息

26. CD-ROM 是指(　　　)。

　　A. 只读型光盘　　　　　　　　B. 可擦写光盘

　　C. 一次性可写入光盘　　　　　　　　D. 具有磁盘性质的可擦写光盘

27. 微机中用来存放 BIOS 程序的存储器是(　　　)。

　　A. 硬盘　　　　　　　　B. 软盘　　　　　　　　C. ROM　　　　　　　　D. RAM

28. 输入设备是(　　　)。

　　A. 从磁盘上读取信息的电子线路　　　　　　　　B. 磁盘文件等

　　C. 键盘、鼠标器和打印机等　　　　　　　　D. 从计算机外部获取信息的设备

29. 计算机的软件系统分为(　　　)。

　　A. 程序和数据　　　　　　　　B. 工具软件和测试软件

C. 系统软件和应用软件　　　　　　　　　　D. 系统软件和测试软件

30. 下列软件中(　　)一定是系统软件。

A. 自编的一个 C 程序,功能是求解一个一元二次方程

B. Windows 操作系统

C. 办公软件

D. 管理信息系统

31. 存储容量是以(　　)为基本单位。

A. 位　　　　　　　B. 字节　　　　　　　C. 字符　　　　　　　D. 数

32. 使用得最多、最普通的是(　　)字符编码,即美国信息交换标准代码。

A. BCD 码　　　　　B. 输入码　　　　　　C. 校验码　　　　　　D. ASCII

33. 以下汉字输入码中,属于数字编码的是(　　)。

A. 自然码　　　　　B. 区位码　　　　　　C. 五笔字型　　　　　D. 微软拼音

34. 计算机中数据的表示形式是(　　)。

A. 八进制　　　　　B. 十进制　　　　　　C. 十六进制　　　　　D. 二进制

35. 用一个字节最多能编出(　　)不同的码。

A. 8 个　　　　　　B. 16 个　　　　　　C. 128 个　　　　　　D. 256 个

36. 在微型机汉字系统中,一个汉字的机内码占用的字节数为(　　)。

A. 1　　　　　　　B. 2　　　　　　　　C. 4　　　　　　　　D. 8

37. 下列关于"1 KB"准确的含义是(　　)。

A. 1 000 个二进制位　　　　　　　　　　B. 1 000 个字节

C. 1 024 个二进制位　　　　　　　　　　D. 1 024 个字节

38. 二进制数 10101 转换成十进制数为(　　)。

A. 10　　　　　　　B. 15　　　　　　　　C. 11　　　　　　　　D. 21

39. 二进制数 100110.101 转换为十进制数是(　　)。

A. 38.625　　　　　B. 46.5　　　　　　　C. 92.375　　　　　　D. 216.125

40. 下面 4 个数中最大的数是(　　)。

A. 260D　　　　　　B. 406O　　　　　　　C. 102H　　　　　　　D. 100000011B

二、填空题

1. 为解决某一特定问题而设计的指令序列称为_____。

2. 微型计算机硬件系统中最核心的部件是_____。

3. 微型计算机的主机由控制器、运算器和_____构成。

4. 计算机软件分为系统软件和_____,其中_____是最重要的系统软件。

5. 在微型计算机中,英文字符通常采用_____编码存储。

6. 计算机的指令由_____和操作数或地址码组成。

7. 十六进制数 3D8 用十进制数表示为_____。

8. 二进制数 110110.1 转换成十进制数是_____。

9. 各种输入法之间切换的快捷键是_____,中英文切换的快捷键是_____。

10. 存储 1000 个 16×16 点阵的汉字需要_____ KB。

三、简答题

1. 简述计算机的发展经历了几代,各代的特点是什么?

2. 简述冯·诺依曼体系结构计算机的设计思想。

3. 简述计算机的工作过程。

4. 衡量一个计算机的性能主要靠哪些指标? 在你所在的城市做一个计算机市场调查,设计一台学习型计算机的配置方案。

# 第2章

# Windows 7 操作系统

操作系统（Operating System，OS）是最重要的系统软件，它控制和管理着计算机系统软件和硬件资源，它为用户使用计算机提供了接口。目前个人计算机上常用的操作系统有微软公司的 Windows 系统、开源的 Linux 操作系统以及苹果公司的 Mac OS 系统，而微软公司的 Windows 系统是目前使用最为广泛的操作系统。

本章的主要内容包括操作系统的基本知识和概念，以及 Windows 7 操作系统的基本操作、文件管理和控制面板的使用等。

## 2.1　操作系统概述

### 2.1.1　操作系统的概念

操作系统是一组控制和管理计算机软、硬件资源，为用户提供便捷使用计算机的程序集合。操作系统在计算机系统中占据着非常重要的地位，在它的支持下，计算机才能运行其他的软件。从用户的角度看，操作系统加上计算机硬件系统形成了一台虚拟机，它为用户构建了一个方便、有效、友好的使用环境。

操作系统是用户和计算机之间的接口，是为用户和应用程序提供进入硬件的界面。图 2-1所示为计算机硬件、操作系统、其他系统软件、应用软件以及用户之间的层次关系。

图 2-1　计算机系统层次结构图

## 2.1.2　操作系统的分类

操作系统种类繁多,不同的计算机系统采用的操作系统往往是不一样的,也有不同的分类标准。从一般用户角度来看,操作系统可以简单分为以下 3 类。

1)单用户单任务操作系统

单用户单任务操作系统是指一台计算机同时只能有一个用户在使用,该用户一次只能提交一个作业,一个用户独自享用系统的全部硬件和软件资源。常见的单用户单任务操作系统有 MS-DOS、PC-DOS 等。

2)单用户多任务操作系统

单用户多任务操作系统是指在某一时间内可以同时执行多个任务。例如可以一边听音乐,一边编辑文档。常用的单用户多任务操作系统有 Windows 7/8 等,这类操作系统通常用在微型计算机系统中。

3)多用户多任务操作系统

多用户多任务操作系统是指某一时间可以有多个用户共享计算机资源。UNIX 操作系统、Windows NT 操作系统属于多用户多任务操作系统。

## 2.1.3　操作系统的功能

操作系统通过内部极其复杂的综合处理,为用户提供友好、便捷的操作界面,以便用户无需了解计算机硬件或系统软件的有关细节就能方便地使用计算机。

操作系统具有以下五大功能:CPU 管理、存储器管理、设备管理、文件管理和接口管理。

1)CPU 管理

CPU 管理也称为处理器管理,是操作系统资源管理的一个重要组成部分。CPU 管理的目的是要合理、有效地调度 CPU 资源,满足用户的需要,提高计算机的使用效率。处理器是计算机中宝贵的资源,能否提高处理器的利用率,改善系统性能,在很大程度上取决于调度算法的好坏,因此,进程调度是操作系统的核心。在操作系统中,负责进程调度的程序被称为"进程调度程序"。

2)存储器管理

计算机系统中的存储器可分为两大类:主存储器(简称主存、内存)和辅助存储器(简称辅存、外存)。存储器管理是计算机操作系统的主要功能之一,它负责管理计算机系统的主存(内存)。内存存放正在运行的程序及其数据。在现代计算机系统中,同时运行的程序越来越多,程序代码的规模也越来越大。尽管计算机系统的内存容量随着工艺水平的提高而不断扩大,从原来的 256 MB、512 MB,扩容到现在的 4 GB、8 GB,但合理分配和使用计算机的内存资源也是十分重要的。

内存的存储空间一般划分为两个部分:一部分是系统区,用于存放操作系统、其他系统程序和数据;另一部分是用户区,用于存放用户程序和数据。

存储器管理主要是对主存储器中的用户区进行管理。存储器管理的目的一方面是要方便用户使用计算机,努力避免内存容量不够的情况出现,避免用户的程序和数据受到破坏;另一方面是提高内存的使用效率,尽量发挥有限容量内存的作用。

3) 设备管理

操作系统的设备管理指的是操作系统对外部设备的管理。在计算机系统中,除了 CPU 和内存之外,其他大部分硬件设备都称为外设。

现代计算机系统输入/输出设备的品种、规格繁多,其工作方式、原理差异很大。操作系统设备管理的目的一方面是要充分合理地使用外设,提高它们的使用效率;另一方面,是为了计算机用户能够方便地使用外设。

4) 文件管理

文件管理的功能一般包括文件的存储和维护、方便用户使用文件、共享文件及保护文件安全等。文件系统为用户提供了一个简单、统一的访问文件的方法,因此它也被称为"用户与外存的接口"。

5) 接口管理

为了方便用户使用操作系统,操作系统又向用户提供了"用户与操作系统的接口"。该接口通常是以命令或系统调用的形式呈现在用户面前的,前者提供给用户在键盘终端上使用,后者提供给用户在编程时使用。

## 2.1.4　常用的操作系统

在计算机的发展过程中,出现过许多不同的操作系统,其中最为常用的有 DOS、Windows、UNIX、Linux、Mac OS 等。

DOS(Disk Operating System)是 Microsoft 公司研制的安装在 PC 机上的单用户命令行界面操作系统,曾经得到广泛应用和普及。其特点是简单易学、硬件要求低、但安全性、存储能力方面都非常有限。

Windows 是指 Microsoft 公司开发的"窗口"操作系统,是目前世界上使用用户最多的操作系统。其特点是图形用户界面、操作简便、生动形象。目前使用最多的版本有 Windows XP、Windows 7、Windows 8。

UNIX 是发展较早的操作系统。其优点是可移植性好,可运行于不同的计算机上,具有较高的可靠性和安全性,支持多用户、多任务,在网络管理和网络应用上有出色表现。其缺点是缺乏统一的标准,应用程序不够丰富,不易学习等,这些都限制了它的应用。

Linux 是开源的操作系统,即源代码为用户开放。用户可以通过 Internet 免费获取 Linux 源代码,然后进行修改,建立一个属于自己的 Linux 开发平台,在此基础上开发 Linux 软件。Linux 是从 UNIX 发展而来的,与 UNIX 兼容,继承了 UNIX 以网络为核心的设计思想,是一个性能稳定的多用户网络操作系统,支持多用户、多任务、多进程和多 CPU。

Mac OS 是运行在 Apple 公司的 Macintosh 系列计算机上的操作系统。它是首个在商用领域获得成功的图形用户界面操作系统。其优点是具有较强的图形处理能力,但与 Windows 等其他操作系统不能兼容,影响了它的普及。

## 2.2　Windows 7 的基本操作

作为一个全新的操作系统,Windows 7 和以前版本的 Windows 相比,基本元素仍由桌面、窗口、对话框和菜单等部分组成,但对于某些基本元素的组合做了精细、完美与人性化的调整,整个界面发生了较大的变化,使用户操作起来更加方便和快捷。

### 2.2.1　桌面与桌面图标

成功启动并进入 Windows 7 系统后,呈现在用户面前的屏幕区域称为桌面,桌面主要由桌面图标、桌面背景、"开始"按钮和任务栏四部分组成。在屏幕最下方的矩形区域称为任务栏,任务栏最左端的图标是"开始"按钮。所有的桌面组件、打开的应用程序窗口以及对话框都在桌面上显示。根据系统设置的不同,看到的桌面可能会有差异,如图 2-2 所示。

1)桌面图标及使用

桌面图标由图片和文字组成,它是代表文件、文件夹、程序和其他项目的软件标志,文字则用于描述图片所代表的对象,如图 2-3 所示。

图 2-2　桌面及桌面元素

计算机　　网络　　回收站　　宽带连接　　QQ 影音　　福昕阅读器　　控制面板

图 2-3　桌面图标示例

桌面图标有助于用户快速执行命令和打开程序文件。双击桌面图标,可以启动对应的应用程序或打开文档、文件夹;右击桌面图标,可以打开对象的属性操作菜单(快捷菜单)。

2）管理桌面图标

（1）添加/删除桌面图标

右键单击桌面空白处，在弹出的快捷菜单中选择"个性化"命令，在打开窗口的左侧窗格中单击"更改桌面图标"，打开"桌面图标设置"对话框，如图 2-4 所示，在该窗口中勾选要显示在桌面上的图标。单击"更改图标"按钮，还可以更改当前项目对应的图标。

图 2-4    "桌面图标设置"对话框

（2）向桌面添加快捷方式

找到要为其创建快捷方式的项目，右击该项目，选择"发送到"打开级联菜单，在级联菜单中选择"桌面快捷方式"命令，在桌面上便添加了该项目的快捷方式。

（3）删除桌面图标

右键单击要删除的图标，在快捷菜单中选择"删除"命令；或选择要删除的图标，按下"Delete"键。如果图标是快捷方式，只会删除该快捷方式，原始项目不会被删除。

（4）显示/隐藏桌面图标

如果要临时隐藏所有的桌面图标，而并不删除它们，可以右击桌面空白处，在快捷菜单中选择"查看"命令，清除或勾选"显示桌面图标"就可以隐藏或显示桌面图标。

（5）调整桌面图标的大小

右击桌面空白处，在快捷菜单中选择"查看"命令，通过选择"大图标"、"中等图标"或"小图标"来调整桌面图标的大小。

## 2.2.2    任务栏及其基本操作

任务栏是位于屏幕底部的水平区域。与桌面不同的是，桌面可以被打开的窗口覆盖，而任务栏几乎始终可见。任务栏提供了整理所有窗口的方式，每个窗口都可以在任务栏上具有相应的按钮。

1）任务栏的组成

任务栏由"开始"按钮、快速启动区、活动任务区、语言栏、系统通知区和"显示桌面"按钮组成，如图2-5所示。对任务栏的操作包括锁定任务栏、改变任务栏的大小、自动隐藏任务栏等。

图2-5　任务栏

（1）"开始"按钮

"开始"按钮位于任务栏最左端，单击该按钮可以打开"开始"菜单，用户可以从"开始"菜单中启动应用程序或选择所需要的菜单命令。

（2）快速启动区

用户可以将自己经常需要访问的程序的快捷方式拖入这个区域。如果用户想要删除快速启动区中的选项时，可右击对应的"图标"，在弹出的快捷菜单中选择"将此程序从任务栏解锁"命令。

（3）活动任务区

该区显示了当前所有运行中的应用程序和所有打开的文件夹窗口所对应的图标。需要注意的是，如果应用程序或文件夹窗口所对应的图标在"快速启动区"中出现，则其不在"活动任务区"中再出现。此外，为了使任务栏能够节省更多的空间，相同应用程序打开的所有文件只对应一个图标。为了方便用户快速地定位已经打开的目标文件或文件夹，Windows 7 还提供了强大的实时预览功能。

实时预览功能：使用该功能可以快速地定位已经打开的目标文件或文件夹。移动鼠标指向任务栏中打开程序所对应的图标，可以预览打开的多个窗口界面，如图2-6所示，单击预览的窗口界面，即可切换到该文件或文件夹。

图2-6　实时预览功能

（4）语言栏

"语言栏"主要用于输入法的切换。在 Windows 7 中，语言栏既可以脱离任务栏，也可以将其最小化融入任务栏中。

（5）系统通知区

系统通知区用于显示音量、时钟以及一些告知特定程序和计算机设置状态的图标，单击系统通知区的"显示隐藏的图标"按钮█，会弹出常驻内存的项目。

（6）"显示桌面"按钮。

单击该按钮，可以实现在当前窗口与桌面之间进行切换。当移动鼠标指向该按钮时可预览桌面，单击该按钮时则可显示桌面。

2）任务栏的设置

（1）锁定任务栏

锁定任务栏就是将任务栏锁定，使其不能移动和改变大小。锁定任务栏的操作步骤如下：

①右击任务栏的空白区域，在弹出的快捷菜单中选择"属性"命令。

②在打开的"任务栏和[开始]菜单属性"对话框中，单击"任务栏"选项卡，在"任务栏外观"组选中"锁定任务栏"复选框，如图2-7所示。

③单击"确定"或"应用"按钮。

图2-7　锁定任务栏

图2-8　改变任务栏大小和位置

（2）改变任务栏大小和设置

当打开很多程序时，任务栏将显得特别拥挤，此时可以通过调整任务栏的大小解决。方法是：在打开的"任务栏和[开始]菜单属性"对话框的"任务栏"选项卡中，清除"锁定任务栏"复选标记，然后将鼠标指向任务栏的边缘，当指针变为双箭头时，拖动边框将任务栏调整为所需大小即可。改变任务栏的位置，只需要在该对话框的"屏幕上任务栏位置"下拉列表框中选择某选项，如图2-8所示，或拖动任务栏到屏幕的四周均可。

（3）隐藏任务栏

在打开的"任务栏和[开始]菜单属性"对话框的"任务栏"选项卡中，选中"自动隐藏任务栏"复选框，单击"确定"或"应用"按钮即可。

### 2.2.3　Windows 7 的窗口

1）窗口的组成

每当运行程序、打开文件或文件夹时，都会在屏幕上显示一个带有边框的窗口。在 Windows 中窗口随处可见，虽然每个窗口的内容各不相同，但所有窗口都有一些共同点。一方面，窗口始终显示在桌面上；另一方面，大多数窗口都具有相同的基本部分。窗口一般由标题栏、菜单栏、窗口控制按钮（最小化、最大化、关闭按钮）、工作区和滚动条组成。图 2-9 所示为"记事本"程序的窗口。

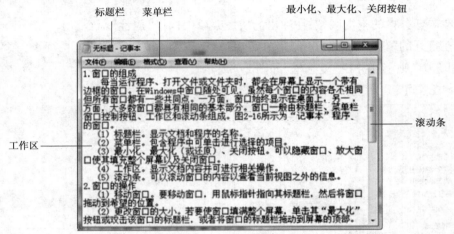

图 2-9　"记事本"程序的窗口

①标题栏：显示文档和程序的名称。

②菜单栏：包含程序中可单击进行选择的项目。

③最小化、最大化（或还原）、关闭按钮：可以隐藏窗口、放大窗口，使其填充整个屏幕以及关闭窗口。

④工作区：显示文档内容并可进行相关操作。

⑤滚动条：可以滚动窗口的内容以查看当前视图以外的信息。

2）窗口的操作

①移动窗口：要移动窗口，用鼠标指针指向其标题栏，然后将窗口拖动到目的位置。

②更改窗口的大小：若要使窗口填满整个屏幕，单击"最大化"按钮或双击该窗口的标题栏，或者将窗口的标题栏拖动到屏幕的顶部。

若要将最大化的窗口还原到以前大小，单击"还原"按钮，或者双击窗口的标题栏。

若要调整窗口的大小，指向窗口的边框或角。当鼠标指针变成双箭头时，拖动窗口的边框或角可以实现对窗口的缩放。

③隐藏窗口：单击窗口"最小化"按钮，该窗口会从桌面中消失但没有被关闭，只在任务栏上显示为按钮。

④关闭窗口：单击"关闭"按钮，窗口会将其从桌面和任务栏中删除。

⑤在窗口间切换：每个窗口都在任务栏上具有相应的按钮。若要切换到某个窗口，只

需要单击其任务栏按钮。该窗口将出现在所有其他窗口的前面,成为活动窗口。

此外,利用 Alt + Tab 或 Alt + Esc 组合键也可以在不同窗口之间进行切换。

⑥在桌面上排列窗口:Windows 7 提供了排列窗口的命令,可以使窗口在桌面上有序排列。右击任务栏的空白处,在弹出的快捷菜单中选择"层叠窗口"、"堆叠显示窗口"或"并排显示窗口"命令,可使窗口按要求进行有序排列。

### 2.2.4　Windows 7 的菜单

在 Windows 7 中常用的菜单类型主要包括三类,分别是"开始"菜单、系统菜单和快捷菜单。

1)"开始"菜单

"开始"菜单是应用程序运行的起始点,单击"开始"按钮便打开了该菜单组。在 Windows 7 中,"开始"菜单在原有"开始"菜单基础上进行了许多新的改进,其功能得到了进一步增强,用户打开经常使用的文件会更加方便。单击"开始"按钮打开左右两个列表项,分别以垂直排列方式显示。左列表项包括最近启动的程序、系统"所有程序"列表按钮和搜索框;右列表项包括"用户账户"按钮、Windows 文件夹、内置功能图标和系统关机及关机选项等。打开的"开始"菜单如图 2-10 所示。

图 2-10　"开始"菜单

(1)最近启动的程序区域

在"开始"菜单中,"最近启动的程序"区域中会显示用户最近打开运行的应用程序,将鼠标移至某个程序时,在列表右侧即可显示该程序最近打开的文档,切换快捷、查看方便。

(2)系统"所有程序"列表按钮

单击"开始菜单"中的"所有程序"列表按钮,可以将系统所有程序列表展开,再次单击程序列表折叠起来。

(3)搜索框

利用搜索框可十分方便地查找到想要的程序和文件。在搜索框中输入搜索关键词,系统便立即搜索相应的程序或文件,并显示于搜索框的上方。

（4）"用户账号"按钮

单击该按钮,可以快速打开用来设置账户的窗口。

（5）Windows 文件夹

Windows 文件夹包括个人文件夹、文档、图片、音乐、游戏和计算机等。

（6）内置功能图标

内置功能图标包括控制面板、设备和打印机、默认程序、帮助和支持等图标,单击某图标即可打开相应的窗口,用于查看或设置相应的内置功能。

（7）系统关机及关机选项

"开始"菜单提供了用于关闭计算机的按钮,单击右侧的"关机"按钮即可关闭"计算机",单击右侧的三角形按钮即可弹出"关机选项"菜单,包括注销、切换、锁定或重新启动计算机系统,也可以使系统处于休眠或睡眠状态。

2）系统菜单

文件夹窗口中的菜单栏被称为系统菜单。在 Windows 7 环境下该菜单栏默认不显示,为操作方便,用户可设置显示文件夹窗口中的菜单栏,方法是:在打开的任意一个文件夹窗口中单击"组织",在下拉菜单中选中"布局"级联菜单,然后再单击"菜单栏"选项,在"菜单栏"选项前打勾,即可添加该菜单栏。如果要使该菜单栏隐藏,采用上述类似方法,去掉"菜单栏"选项前的勾即可。该菜单栏主要包括"文件"、"编辑"、"查看"、"工具"和"帮助"。系统菜单如图 2-11 所示。

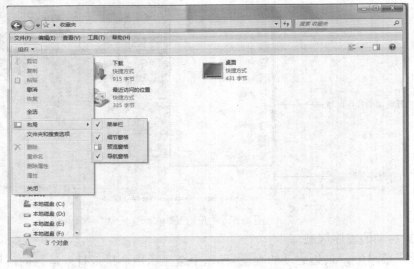

图 2-11　系统菜单

3）快捷菜单

用鼠标右击某个对象时,弹出的菜单称为快捷菜单。使用快捷菜单,用户可以方便地选择所需的命令,大大地缩短了选择命令的时间。

## 2.3　Windows 7 的文件管理

计算机中所有的程序、数据等都是以文件的形式存放在计算机中。在 Windows 7 操作系统中,"计算机"与"Windows 资源管理器"都是 Windows 提供的用于管理文件和文件夹的工具,二者的功能类似,都具有强大的文件管理功能。

### 2.3.1 文件管理的基本概念

文件和文件夹是文件管理中两个非常重要的对象,所以要首先介绍这两个基本概念。另外,在对文件的操作过程中,经常要对文件和文件夹进行复制、移动和删除等操作,因此这里还要涉及两个重要对象,即剪贴板和回收站。

1)文件

文件是操作系统用来存储和管理信息的基本单位。文件可以用来保存各种信息,如用文字处理软件制作的文档、用计算机编程语言编写的程序以及计算机中的各种多媒体信息,都是以文件的形式存放的。文件的物理存储介质通常是磁盘。在计算机中,文件用图标表示;这样便于通过查看其图标来识别其文件类型。

(1)文件命名

每个文件都必须有一个确定的名字,这样才能做到对文件按名存取的原则。通常文件名称由文件名和扩展名两部分组成,而文件名称可由最多达 255 个字符组成,文件名不能包含"\"、"/"、":"、"*"、">"、"<"、"|"、""""、"^"等字符。

计算机中所有的信息都是以文件的形式进行存储的,如程序、文档、图像、声音信息等。由于不同类型的信息有不同的存储格式与要求,相应地就会有多种不同的文件类型,这些不同的文件类型一般通过扩展名来标明。表 2-1 列出了常见文件的扩展名及其含义。

表 2-1　常见文件的扩展名及其含义

| 扩展名 | 含　义 | 扩展名 | 含　义 |
|---|---|---|---|
| . com | 系统命令文件 | . exe | 可执行文件 |
| . sys | 系统文件 | . rtf | 带格式的文本文件 |
| . docx | Word 文件 | . obj | 目标文件 |
| . txt | 文本文件 | . swf | Flash 动画发布文件 |
| . xlsx | Excel 文件 | . zip | ZIP 格式的压缩文件 |
| . pptx | 演示文稿 | . rar | RAR 格式的压缩文件 |
| . html | 网页文件 | . cpp | C ++ 语言源程序 |
| . bak | 备份文件 | . java | Java 语言源程序 |

(2)文件通配符

在文件操作中,有时需要一次处理多个文件,当需要成批处理文件时,有两个特殊的符号非常有用,它们就是文件通配符"*"和"?"。在文件操作中使用"*"代表任意多个字符。在文件操作中使用"?"代表任意一个字符。在文件搜索等操作中,通过灵活使用通配符,可以很快匹配出含有某些特征的多个文件或文件夹。

（3）文件属性

文件属性用于反映该文件的一些特征信息。常见的文件属性一般分为以下三类。

①时间属性：记录文件被创建、最近一次被修改、最近一次被访问的时间。

②空间属性：记录文件的位置、文件的大小、文件所占磁盘空间。

③操作属性：只读、隐藏、存档属性。

2）文件夹

为了便于对文件的管理，Windows 操作系统采用类似于图书馆管理图书的方法，按照一定的层次目录结构，对文件进行管理，称为树形目录结构。

所谓的树形目录结构，就像一棵倒立的树，树根在顶层，称为根目录。根目录下可包含若干个子目录或文件，在子目录下还可以有若干个子目录和文件，可以嵌套多级。

在 Windows 中，这些子目录称为文件夹，文件夹用于存放文件和子文件夹，可以根据需要，把文件分成不同的组并存放在不同的文件夹中。

在对文件夹中的文件进行操作时，系统应该明确文件所在的位置，即它在哪个磁盘的哪个文件夹中。对文件位置的描述称为路径，如"D:\Test\示例文档.docx"就指示了"示例文档.docx"文件的位置在 D 盘的 Test 文件夹中。

3）剪贴板

为了在应用程序之间交换信息，Windows 提供了剪贴板的机制。剪贴板是内存中的一个临时数据存储区。在进行剪贴板的操作时，总是通过"复制"或"剪切"命令将选定的对象送入剪贴板，然后在需要接收信息的窗口内通过"粘贴"命令从剪贴板中取出信息。

虽然"复制"和"剪切"命令都是将选定的对象送入剪贴板，但是这两个命令是有区别的，"复制"命令是将选定的对象复制到剪贴板，因此执行完"复制"命令后，原来的信息仍然保留，同时剪贴板中也具有该信息；"剪切"命令是将选定的对象移动到剪贴板，执行完"剪切"命令后，剪贴板中具有信息，而原来的信息将被删除。

如果进行多次的"复制"或"剪切"操作，剪贴板总是保留最后一次操作时送入的内容，但是，一旦向剪贴板中送入了信息，在下一次"复制"或"剪切"操作之前，剪贴板中的内容将保持不变。这也意味着可以反复使用"粘贴"命令，将剪贴板中的信息送至不同的程序或同一程序的不同地方。

4）回收站

回收站是硬盘上的一块存储区，被删除的对象往往先放入回收站，而并没有真正地删除。将所选择的文件删除到回收站是一个不完全的删除，如果下次还需要使用这个删除的文件时，可以从回收站"文件"菜单中选择"还原"命令将其恢复到原来的位置；当确定不再需要时，也可以在回收站中选定文件后使用"文件"菜单中的"删除"命令将其真正从回收站中删除；如需要将所有内容删除还可以使用"文件"菜单中的"清空回收站"命令。"回收站"窗口如图 2-12 所示。

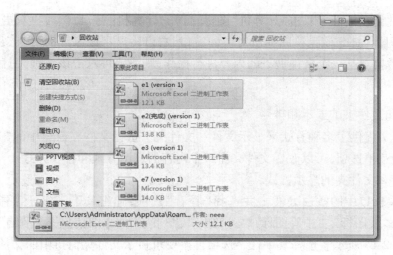

图 2-12　"回收站"窗口

回收站的存储空间是可以调整的。在"回收站"图标上右键单击,在弹出的快捷菜单中选择"属性"命令,打开如图 2-13 所示的"回收站属性"对话框,通过该对话框可以调整回收站的存储空间。

图 2-13　"回收站属性"对话框

## 2.3.2　文件和文件夹的管理

在 Windows 7 中,单击"开始"菜单,在打开的界面中单击"所有程序",然后再单击"附件"中的"Windows 资源管理器"选项,或右击"开始"按钮,从弹出的快捷菜单中选择"打开 Windows 资源管理器"命令,都可打开"Windows 资源管理器"窗口。在 Windows 7 中,既可以在文件夹窗口中操作文件和文件夹,也可以在"Windows 资源管理器"窗口中管理文件和文件夹。

1)打开文件夹

文件夹窗口可以让用户在一个独立的窗口中对文件夹中的内容进行操作。打开文件夹的方法通常是在桌面上双击"计算机"图标,打开"计算机"窗口,然后再双击窗口中要操作的盘符的图标,打开该盘符图标所对应的窗口,右窗格显示该盘区的所有文件或文件夹图标。如果需要对某一个文件夹下的内容进行操作,则需要再双击该文件夹打开相应的文件夹窗口。

2)文件和文件夹的显示和排序

Windows 7 提供了多种方式来显示文件和文件夹。选择文件夹窗口中的"查看"和"排序方式"快捷菜单选项,可以改变文件夹窗口中内容的显示方式和排序方式。

(1)文件和文件夹的显示方式

在文件夹窗口中的空白处右击并选择"查看"选项,弹出其下一级子菜单,主要包括"超大图标"、"大图标"、"中等图标"、"小图标"、"列表"、"详细信息"、"平铺"和"内容"8种方式,如图 2-14 所示。选择其中任一选项可按要求显示文件夹窗口中的文件和文件夹。

(2)文件和文件夹的排序方式

可以按照文件和文件夹的名称、类型、大小和修改日期,对文件夹窗口中的文件和文件夹进行排列显示,以方便对文件进行管理,如图 2-15 所示。

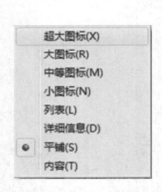

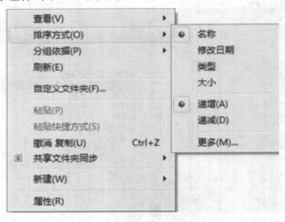

图 2-14　"查看"菜单　　　　　　　　图 2-15　"排序方式"菜单

3)文件和文件夹的显示与隐藏

(1)显示/隐藏文件和文件夹

在文件夹窗口下看到的可能并不是全部的内容,有些内容当前可能没有显示出来,这是因为 Windows 7 在默认情况下,会将某些文件隐藏起来。为了能够显示所有文件和文件夹,可进行如下设置:

单击工具栏中"组织"选项打开下拉菜单,在下拉菜单中选择"文件夹和搜索选项"命令或单击"工具"菜单栏的"文件夹选项"命令,弹出"文件夹选项"对话框。选择"查看"选项卡,在关于"隐藏文件和文件夹"下选中"显示隐藏的文件、文件夹和驱动器"单选按钮,如图 2-16 所示。

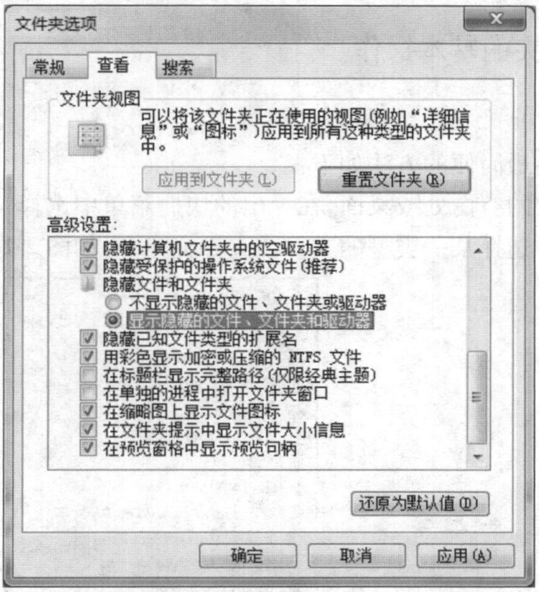

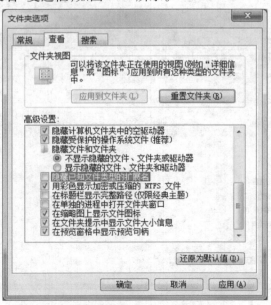

图 2-16　显示隐藏文件的设置

（2）显示/隐藏文件的扩展名

通常情况下,在文件夹窗口中看到的大部分文件只显示了文件名的信息,而其扩展名并没有显示。这是因为默认情况下,Windows 7 对于已在注册表中登记的文件,只显示文件名,而不显示扩展名。

如果想看到所有文件的扩展名,可以选择"组织"选项打开下拉菜单,在下拉菜单中单击"文件夹和搜索选项"命令,弹出"文件夹选项"对话框,然后在"查看"选项卡中取消"隐藏已知文件类型的扩展名"复选框,如图 2-17 所示。

图 2-17　显示已知文件类型的扩展名

### 2.3.3 文件和文件夹的基本操作

1）创建文件和文件夹

新建文件和文件夹最简便的方法如下：

①右击文件夹窗口的空白处或桌面，在弹出的快捷菜单中选择"新建"命令。

②在下一级选项中选择某一类型的文件或文件夹命令，如图 2-18 所示。

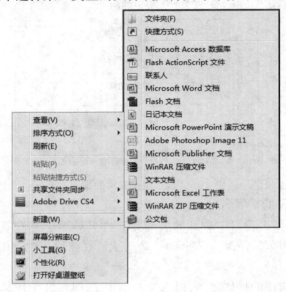

**图 2-18　新建文件夹**

③输入文件名或文件夹名。新建文件和文件夹的名字默认为"新建文件夹"，如图2-19所示。

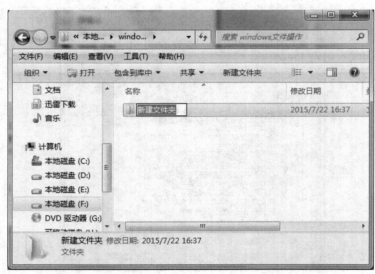

**图 2-19　新建文件夹结果**

2）选定文件和文件夹

在 Windows 中进行操作，首先必须选定对象，再对选定的对象进行操作。下面介绍选定对象的几种方法。

（1）选定单个对象

单击文件、文件夹或快捷方式图标，则选定被单击的对象。

（2）同时选定多个对象的操作

使用以下方法之一：

①按住 Ctrl 键后，依次单击要选定的对象，则这些对象均被选定。

②用鼠标左键拖动形成矩形区域，区域内对象均被选定。

③如果选定的对象连续排列，先单击第一个对象，然后按住 Shift 键的同时单击最后一个对象，则从第一个对象到最后一个对象之间的所有对象均被选定。

④在文件夹窗口中单击菜单"编辑"选择"全选"命令或按 Ctrl + A 组合键，则当前窗口中的所有对象均被选定。

3）打开文件或文件夹

（1）打开文件、文件夹及应用程序

通过双击就可以打开文件或文件夹。

如果双击的是文件夹，则系统打开该文件夹窗口，显示文件夹中的内容；如果双击的是应用程序文件，则会启动该应用程序；如果双击的是文档文件，则会启动与文档相关联的应用程序，并在应用程序窗口打开该文档。例如，双击某个 docx 文件，就会启动 Word 应用程序并在 Word 中打开该文档。

（2）更改文件打开方式

很多类型的文件可以被多个应用程序打开，可以通过定义文件打开方式来选择使用哪个应用程序打开文件。

具体操作方法如下：在"资源管理器"窗口选定某个文件，右击该文件，在快捷菜单中选择"打开方式"，在其级联菜单中选择某个程序或者单击"选择默认程序"，打开"打开方式"对话框，在"推荐程序"列表中或"其他程序"列表中选择一个程序。该文件将以选定的应用程序打开。若在对话框窗口中选定"始终使用选择的程序打开这种文件"复选框，则以后双击这种类型的文件时，就以该应用程序打开这种类型的文件。例如，将"第 5 章演示文稿软件 PowerPoint. docx"始终用 Microsoft Word 软件打开，如图 2-20 所示。

如果双击文件时看到一条消息，内容是"Windows 不能打开此文件"，则需要安装能够打开这种类型文件的程序。若要执行此操作，在该对话框中单击"使用 Web 服务查找正确的程序"单选按钮，然后单击"确定"按钮。如果服务识别该文件类型，则系统会建议要安装程序，如图 2-21 所示。

图 2-20　"打开方式"对话框

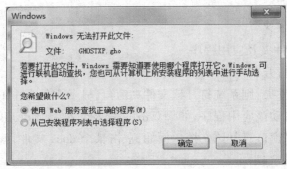

图 2-21　使用 Web 服务查找正确的程序

4）复制文件和文件夹

方法 1：利用工具栏按钮、快捷菜单或快捷键来复制文件或文件夹。

①在"资源管理器"窗口，选定要复制的文件或文件夹。

②单击工具栏中"组织"选项打开下拉菜单，在下拉菜单中选择"复制"命令；或者右击，在打开的快捷菜单中，选择"复制"命令；或者使用快捷键 Ctrl + C。

③打开目标文件夹。

④单击工具栏中"组织"选项打开下拉菜单，在下拉菜单中选择"粘贴"命令；或者右击浏览区域的空白处，在快捷菜单中选择"粘贴"命令；或者使用快捷键 Ctrl + V。

方法 2：利用鼠标拖放复制文件或文件夹。

在资源管理器右窗口选定要复制的文件或文件夹，并在左窗口使目标文件夹可见。如果被复制对象与目标文件夹不在同一驱动器，可直接拖动被复制对象至目标文件夹；如果在同一个驱动器，则必须先按住 Ctrl 键，再拖动被复制对象至目标文件夹。

5）移动文件或文件夹

移动指的是把选定的文件或文件夹转移到另外一个位置，而原位置不再保留选定的文件或文件夹。移动操作与复制操作相似。

方法 1：利用工具栏按钮、快捷菜单或快捷键来移动文件或文件夹。

①在"资源管理器"窗口，选定要移动的文件、文件夹。

②单击工具栏中"组织"选项打开下拉菜单，在下拉菜单中选择"剪切"命令；或者右击，在打开的快捷菜单中，选择"剪切"命令；或者使用快捷键 Ctrl + X。

③打开目标文件夹。

④单击工具栏中"组织"选项打开下拉菜单，在下拉菜单中选择"粘贴"命令；或者右击浏览区域的空白处，在打开的快捷菜单中，选择"粘贴"命令；或者使用快捷键 Ctrl + V。

方法 2：利用鼠标拖放移动文件和文件夹。

在资源管理器右窗口选定要移动的文件或文件夹，并在左窗口使目标文件夹可见。如果被移动对象与目标文件夹在同一驱动器，可直接拖动被移动的对象至目标文件夹，如果不在同一个驱动器，则必须先按住 Shift 键，再拖动被移动对象至目标文件夹。

6）重命名文件、文件夹

用户可以根据需要更改文件或文件夹的名称。

方法 1：使用重命名命令。

右击要改名的文件或文件夹，在快捷菜单中单击"重命名"命令，输入新的文件名称，按 Enter 键确定。

方法 2：直接更改。

选定要改名的文件或文件夹，再次单击已选定的文件或文件夹的名称，使对象名称呈反白显示状态，输入新的文件名称，按 Enter 键确定。

7）删除文件或文件夹。

右击要删除的文件或文件夹，在快捷菜单中单击"删除"命令；或者单击工具栏中单击"组织"选项打开下拉菜单，在下拉菜单中选择"删除"命令；或者按 Delete 键，均可删除选定的内容。

在默认情况下，当把存放在硬盘上的文件或文件夹删除时，系统会先把删除的内容放在回收站中。若要永久删除文件而不是先将其移至回收站，选择该文件，然后按 Shift + Delete 组合键。

8）查看文件、文件夹的属性

选定要查看属性的文件或文件夹，单击工具栏中的"组织"选项打开下拉菜单，在下拉菜单中选择"属性"命令或右击选定的对象，在快捷菜单中选择"属性"命令，系统弹出"属性"对话框。在"属性"对话框中，可以查看文件、文件夹的名称、位置、大小、创建时间、只读、隐藏和存档等属性，也可修改部分属性信息。

9）查找文件或文件夹

Windows 提供了查找文件和文件夹的多种方法。

方法 1：在文件夹或库中使用搜索框查找文件或文件夹。

如果知道要查找的文件位于某个特定文件夹或库中，可以在资源管理器的导航窗格选定该文件夹或库,在窗口右上角的搜索框中输入要查找的字词或字词的一部分。输入时,将筛选文件或库的内容。看到需要的文件后,即可停止输入。

方法 2:使用搜索筛选器查找文件。

如果要基于一个或多个属性搜索文件,则可以在搜索时使用搜索筛选器指定属性。在库或文件夹中单击搜索框,然后单击搜索框下的相应搜索筛选器,如图 2-22 所示。

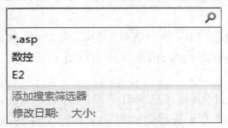

图 2-22　"计算机"搜索框

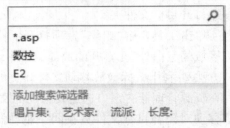

图 2-23　"音乐"搜索框

图 2-23 的搜索范围是计算机,我们可以看到"修改日期"和"大小"两项。对于 Windows 7 库中的文档、视频、图片等类型,筛选的条件会丰富很多。在音乐库中,有"唱片集"、"艺术家"、"流派"、"长度"等搜索筛选器,如图 2-23 所示。根据单击的搜索筛选器选择一个值。例如,如果单击"艺术家"搜索筛选器,则单击列表中的一位艺术家。可以重复执行这些步骤,建立基于多个属性的复杂搜索。每次单击搜索筛选器或值时,都会将相关字词自动添加到搜索框中。

方法 3:扩展特定库或文件夹之外的搜索。

如果在特定库或文件夹中无法找到要查找的内容,则可以扩展搜索,以便包括其他位置。方法如下:

①在搜索框中输入某个字词。

②滚动到搜索结果列表的底部。在"在以下内容中再次搜索"下,执行下列操作之一:

a. 单击"库"在每个库中进行搜索。

b. 单击"计算机"在整个计算机中进行搜索。这是搜索未建立索引的文件的方式。但是注意,搜索速度会比较慢。

c. 单击"自定义"搜索特定位置。

d. 单击 Internet,使用默认 Web 浏览器及默认搜索提供程序进行联机搜索。

方法 4:使用"开始"菜单上的搜索框查找程序和文件。

单击"开始"按钮,在"开始"菜单下方的搜索框中输入搜索的字词或字词的一部分,这时与所输入文本相匹配的项将出现在"开始"菜单上。

10)文件夹的共享

文件夹共享就是指计算机主动在网络上分享自己的文件夹。文件夹中的文件本身存在该计算机中,完成文件夹共享后,允许网络上的其他计算机访问该文件夹。

文件夹共享的操作步骤如下:

①以管理员身份登录 windows 7 系统,打开"控制面板",在"控制面板"中单击"网络和共享中心",然后再单击"更改高级共享设置"。在打开的界面中选中以下 4 项:"启用网络

发现"、"启用文件和打印机共享"、"启用公用文件夹共享"和"关闭密码保护共享"。建议也启用流媒体共享,在家庭或工作栏目下选中"允许 windows 管理家庭组连接"。

②右键单击需要共享的文件夹,打开"属性"对话框,如图 2-24 所示。在打开的对话框中选中"共享"选项卡,单击"高级共享"命令按钮,如图 2-25 所示。勾选"共享此文件夹",单击"应用"按钮,确定后关闭,如图 2-26 所示。(注:上一级文件夹如果已共享,其下面的子文件夹也同时被共享。)

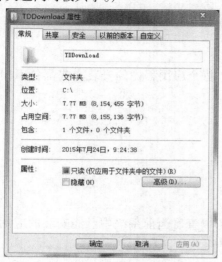

图 2-24 "属性"对话框

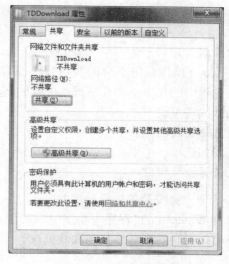

图 2-25 "共享"选项卡

③需要将文件夹的安全权限改为"允许任何人访问"。右键单击该共享文件夹,选择"属性"打开"属性"对话框,单击"高级共享"按钮,打开"高级共享"对话框。在打开的界面中单击其中的"权限"按钮,弹出"权限"对话框,如图 2-27 所示。然后再单击"添加"按钮,输入"Everyone",单击"确定"按钮。在权限框中选中要赋予的权限,如"完全控制"、"更改"和"读取"。

图 2-26 "高级共享"对话框

图 2-27 "权限"对话框

④由于系统自带的防火墙的默认设置为"允许文件和打印机共享的",如有第三方防火墙,还要确保其启用了文件和打印机共享,否则,会出现共享的文件夹别人无法访问的问题。

# 2.4 Windows 7 的系统设置与管理

## 2.4.1 应用程序的安装与管理

1)安装应用程序

Windows 操作系统平台的应用程序非常多,每个应用程序的安装方式都各不相同,但是安装过程中的几个基本环节都是一样的,包括:

①阅读许可协议。

②选择安装路径。

③附加选项。

④选择安装组件。

2)管理已经安装的应用程序

通过 Windows 的"程序与功能"窗口,用户可以查看当前系统中已经安装的应用程序,同时还可以对它们进行修复和卸载操作。

3)应用程序间的切换

Windows 7 是多任务操作系统,允许多个应用程序同时运行,同时很方便地在多个应用程序之间切换。应用程序之间的切换可以通过以下几种方法实现。

①每个运行的应用程序在任务栏上都有对应的应用程序按钮,单击任务栏上的应用程序按钮可以实现应用程序之间的切换。

②单击应用程序窗口的任何可见部分即可切换到该应用程序。

③按下 Alt + Tab 组合键,会显示当前正在运行的应用程序图标,选择要切换的应用程序。

## 2.4.2 磁盘管理

Windows 7 系统提供了多种磁盘维护工具,如"磁盘查错"、"磁盘清理"和"磁盘碎片整理"工具。用户通过使用它们,能及时方便地扫描硬盘、修复错误,对磁盘的存储空间进行清理和优化,使计算机的运行速度得到进一步提升。

1)查看磁盘属性

查看磁盘属性的操作如下:

①选定需要查看属性的磁盘驱动器并右击。

②在弹出的快捷菜单中选择"属性"命令,打开"磁盘属性"对话框,如图 2-28 所示。

③在该对话框的"常规"选项卡可查看磁盘卷标、已用空间和可用空间、设置压缩和索引属性、进行磁盘清理;在"工具"选项卡可以检查磁盘错误、整理磁盘碎片和备份;在"硬件"选项卡可以查看本机所配置的硬盘情况。

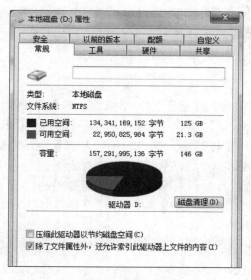

**图 2-28 "磁盘属性"对话框**

2）磁盘清理

在计算机操作过程中使用 IE 浏览器上网或下载安装某些软件之后，常常不可避免地会产生一些临时性文件、Internet 缓存文件和垃圾文件，随着时间的推移，它们不仅会占用大量的磁盘空间，而且会降低系统性能。因此，定期或不定期地进行磁盘清理工作，清除掉这些临时文件和垃圾文件，可以有效提高系统性能。磁盘清理的操作如下：

①右击需要进行磁盘清理的磁盘驱动器，在弹出的快捷菜单中选择"属性"命令，打开"磁盘属性"对话框，在"常规"选项卡中单击"磁盘清理"按钮，即出现扫描统计释放空间的提示框。

②在完成扫描统计等工作后，弹出"磁盘清理"对话框，如图 2-29 所示。对话框中的文

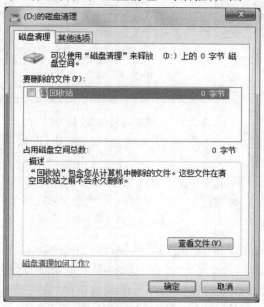

**图 2-29 "磁盘清理"对话框**

字说明通过磁盘清理可以获得的空余磁盘空间;在"要删除的文件"列表框中系统列出了指定驱动器上的所有可删除的文件类型。用户可通过这些文件前的复选框来选择是否删除该文件,选定要删除的文件后,单击"确定"按钮即可。

3)磁盘碎片整理

在计算机操作过程中,由于用户频繁地创建、修改和删除磁盘文件,因此不可避免地会在磁盘中产生很多磁盘碎片。这些磁盘碎片不仅会占用磁盘空间,而且会造成计算机访问数据效率的大大降低,系统整体性能下降。为确保系统稳定高效运行,需要定期或不定期地对磁盘进行碎片整理,通过整理可以重新排列碎片数据。磁盘碎片整理的操作步骤如下:

①右击需要进行磁盘碎片整理的磁盘驱动器,在弹出的快捷菜单中选择"属性"命令,打开"磁盘属性"对话框,在"工具"选项卡中单击"立即进行碎片整理"按钮,打开"磁盘碎片整理程序"窗口,如图 2-30 所示。

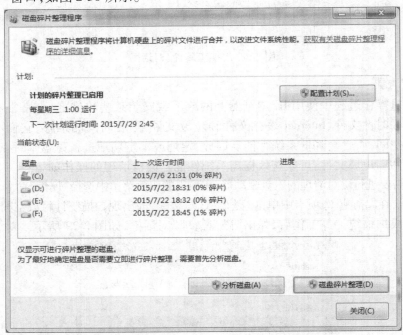

图 2-30 "磁盘碎片整理"程序

②在该窗口中选定逻辑驱动器,单击"分析磁盘"按钮,即可对磁盘进行碎片分析,稍等片刻后显示分析结果。

③单击"磁盘碎片整理"按钮,系统便开始整理磁盘碎片,并显示整理进度,如图 2-31 所示。稍等一段时间后,提示磁盘中的碎片为 0,完成磁盘碎片整理。

4)格式化磁盘

格式化磁盘就是对磁盘存储区进行划分,使计算机能够准确无误地在磁盘上存储或读取数据。对使用过的磁盘进行格式化将会删除磁盘上原有的全部数据,当然也包括病毒,故在格式化之前应确定磁盘上的数据是否有用或已备份,以免造成误删除使数据丢失,从而带来无法挽回的损失。如果确认磁盘上的数据无用或已备份,而磁盘又有病毒,那么在这种情况下对磁盘进行格式化则是清除病毒的最好方法。

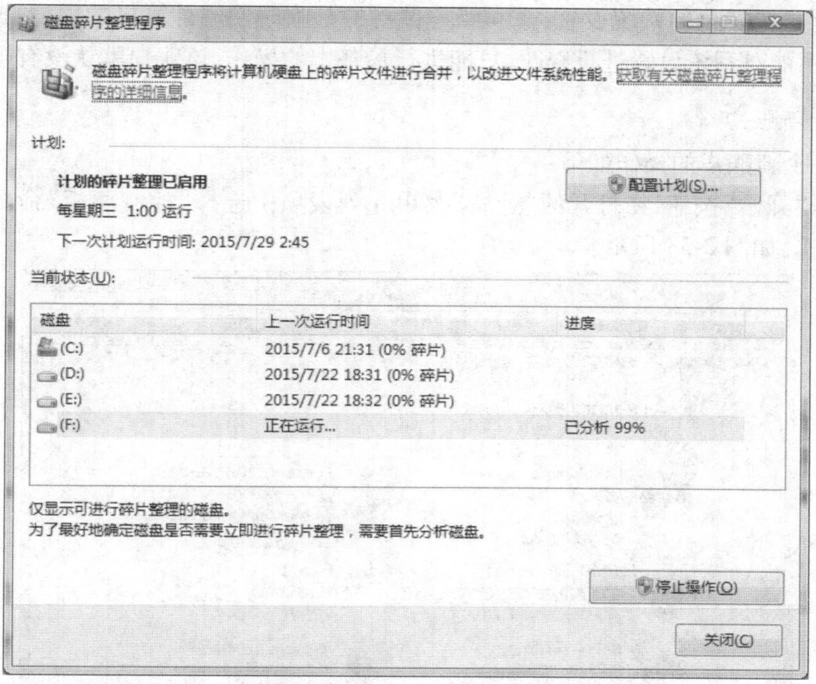

**图 2-31  开始磁盘碎片整理**

格式化磁盘的操作如下：

①选定要进行格式化的磁盘，如选择移动盘。

②右击鼠标，在弹出的快捷菜单中选择"格式化"命令，打开"格式化"对话框，如图 2-32 所示。

③选中"快速格式化"复选框，单击"开始"按钮。则弹出确认"格式化"的对话框。

④若单击"确定"按钮，系统便对磁盘进行格式化，并显示格式化进度，最后弹出格式化完成对话框；若单击"取消"按钮，系统便退出对磁盘的格式化操作。

### 2.4.3  账户设置

当多个用户同时使用一台计算机时，可以在系统中创建多个账户，不同用户可以在各自的账户下进行操作，这样更能保证各自文件的安全。Windows 7 系统支持多用户使用，只需为每个用户建立一个独立的账户，每个用户可以按照自

**图 2-32  格式化 U 盘**

己的喜好和习惯配置个人选项，每个用户可以用自己的账号登录系统，并且多个用户之间的系统设置可以是相对独立、互不影响的。

在 Windows 7 中，系统提供了 3 种不同类型的账户，分别为管理员账户、标准账户和来宾账户，不同账户的使用权限不同。管理员账户拥有最高的操作权限，有完全访问权，可以做任何需要的修改；标准账户可以执行管理员账户下几乎所有操作，但只能更改不影响其

他用户或计算机安全的系统设置；来宾账户针对的是临时使用计算机的用户，拥有最低的使用权限，不能对系统设置进行修改，只能进行最基本的操作，该账户默认没有被启用。

1）建立新账户

创建一个新账户的操作如下：

①单击"开始"按钮，在打开的"开始"菜单左列表项中选择"控制面板"命令，打开"控制面板"窗口，如图 2-33 所示。

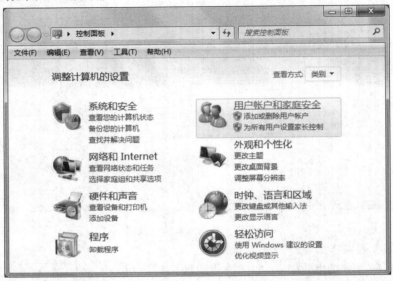

图 2-33 "控制面板"窗口

②在"控制面板"窗口中单击"用户账户和家庭安全"组，打开"用户账户和家庭安全"窗口。

③在"用户账户和家庭安全"窗口的"用户账户"组，打开"用户账户和家庭安全"窗口，如图 2-34 所示。窗口的上半部分显示的是系统中所有有用账户，当成功创建新用户账户后，新账户会在该窗口中显示。

图 2-34 "管理账户"窗口

④在"管理账户"窗口中单击"创建一个新账户"链接,打开如图 2-35 所示的"创建新账户"窗口,输入新账户名称"wlxy",单击"创建账户"按钮,完成一个新账户的创建。

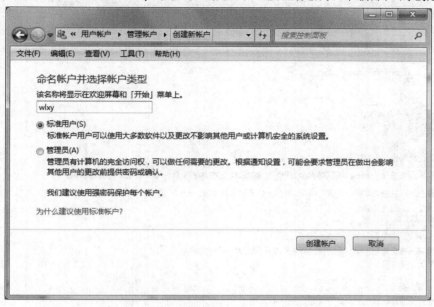

图 2-35　"创建新账户"窗口

2)设置账户

在"管理账户"窗口中,单击 wlxy 账户名,打开如图 2-36 所示的"更改账户"窗口,在其中可以完成更改账户名称,创建、修改或删除密码(若该用户已创建密码,则是修改、删除密码),更改图片,删除账户等操作。

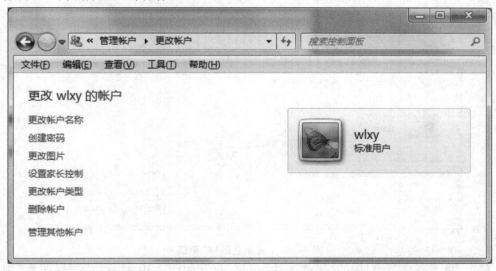

图 2-36　"更改账户"窗口

(1)创建密码

单击"更改账户"窗口中的"创建密码"链接,打开如图 2-37 所示的"创建密码"窗口,输入密码,然后单击"创建密码"按钮即可。

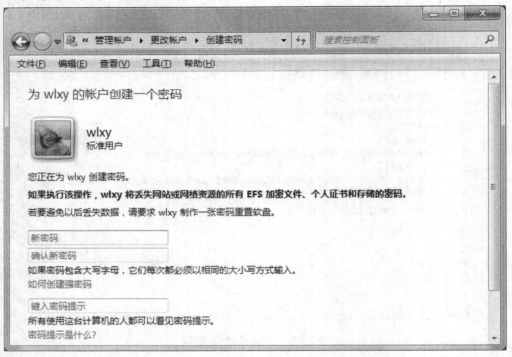

图 2-37　"创建密码"窗口

(2)更改账户名称和图片

单击"更改账户"窗口中的"更改账户名称"链接,打开如图 2-38 所示的"重命名账户"窗口,输入新账户名,然后单击"更改名称"按钮即可。

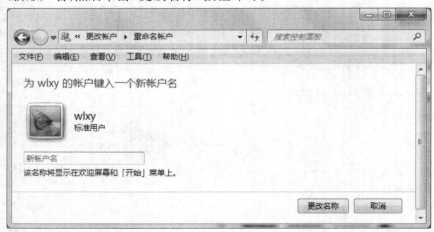

图 2-38　"重命名账户"窗口

单击"更改账户"窗口中的"更改图片"链接,打开如图 2-39 所示的"选择图片"窗口,选择要更改的图片,然后单击"更改图片"按钮即可。

图 2-39 "选择图片"窗口

（3）删除账户

在"管理账户"窗口中，选择要删除的账户名，在打开的"更改账户"窗口中单击"删除账户"链接，该账户将被删除。

3）"家长控制"功能

为了使家长更方便地控制孩子使用计算机，Windows 7 提供了"家长控制"功能，使用该功能，可对指定账户的使用时间及使用程序进行限定，还可以对孩子玩的游戏类型进行限定。

## 2.4.4　设置外观和主题

与之前版本的 Windows 相比，Windows 7 拥有更加绚丽的外观和主题。用户可以根据自己的喜好来更改默认的外观和主题样式，进行个性化的设置。

1）设置桌面主题

桌面主题可以包含风格、壁纸、屏保、鼠标指针、系统声音事件、图标等，除了风格是必需的之外，其他部分都是可选的。一个桌面主题里风格就决定了大家所看到的 Windows 的样子。通俗来说，桌面主题就是不同风格的桌面背景、操作窗口、系统按钮，以及活动窗口和自定义颜色、字体等的组合体。桌面主题可以是系统自带的，也可以通过第三方软件来实现。当用户对某个主题桌面厌倦时，可以下载新的主题文件到系统中更新。在 Windows 7 中设置桌面主题的方法是：右击桌面并在弹出的快捷菜单中选择"个性化"命令，弹出"个性化"窗口，选择"我的主题"或 Aero 主题，如图 2-40 所示，从中选择一个主题即可。

图 2-40　"个性化"窗口

2）设置屏幕保护程序

屏幕保护是指当一定时间内用户没有操作计算机时，Windows 7 会自动启动的屏幕保护程序。此时，工作屏幕内容被隐藏起来，而显示一些有趣的画面，当用户按键盘上的任意键或移动一下鼠标时，如果没有设置密码，屏幕就会恢复到以前的图像，回到原来的环境中。

［例 2-1］选择一组图片作为屏幕保护程序，幻灯片放映速度为"中速"，等待时间为一分钟。

操作步骤如下：

①在"个性化"窗口中，单击"屏幕保护程序"选项卡，打开"屏幕保护程序设置"对话框，在"屏幕保护程序"下拉列表框中选择"照片"选项，"等待"设置为一分钟，如图 2-41 所示。

图 2-41　"屏幕保护程序设置"对话框

②单击"设置"按钮,打开"照片屏幕保护程序设置"对话框,在"幻灯片放映速度"下拉列表框中选择"中速",如图 2-42 所示。

**图 2-42  "照片屏幕保护程序设置"对话框**

③单击"浏览"按钮,选择预先安排好的一组图片;单击"保存"按钮,返回到"屏幕保护程序设置"对话框,单击"确定"按钮。

注意:在设置 Windows 7 的屏幕保护程序时,如果同时选中"在恢复时显示登录屏幕"复选框,那么从屏幕保护程序回到 Windows 7 时,必须输入系统的登录密码,这样可以保证未经许可的用户不能进入系统。

3) 设置颜色和外观

在 Windows 7 中,用户可以随意设置窗口、菜单和任务栏的颜色和外观,还可以调整颜色浓度与透明效果。其操作方法如下:

①在桌面空白处右击,在弹出的快捷菜单中选择"个性化"命令。

②在弹出的"个性化"窗口中单击"窗口颜色"链接。

③在弹出的"窗口颜色和外观"窗口中选择一种方案,并选择是否"启用透明效果"和对"颜色浓度"进行调整,如图 2-43 所示。

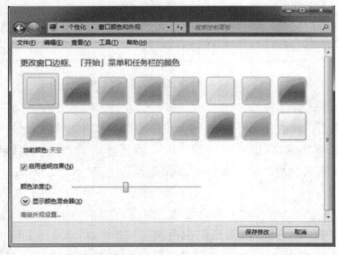

**图 2-43  "窗口颜色和外观"窗口**

④单击"保存修改"按钮完成操作。

4）设置显示器

在 Windows 7 中,显示器设置主要涉及显示器的分辨率、刷新频率和颜色等参数,适当的设置使得显示器的图像更加逼真,色彩更加丰富,同时降低屏幕闪烁给用户视力带来的影响。

（1）设置显示器的分辨率

分辨率是指显示器所能显示的像素的值,例如,分辨率为 1 280 * 800 表示屏幕上共有 1 280 * 800 个像素,分辨率越高,显示器可以显示的像素越多,画面越精细,屏幕上显示的项目越小,相对也增大了屏幕的显示空间,同样的区域内能显示的信息也就越多,故分辨率是个非常重要的性能指标。

通过桌面快捷菜单选择"屏幕分辨率"命令,打开"屏幕分辨率"窗口,在"分辨率"下拉列表框中进行调整设置即可,如图 2-44 所示。

图 2-44  "屏幕分辨率"窗口

（2）设置显示器刷新频率

屏幕刷新率是指图像在屏幕上更新的速度,即屏幕上的图像每秒钟出现的次数,单位为赫兹(Hz)。刷新频率越高,屏幕上图像的闪烁感就越小,稳定性也就越高,对视力的保护也就越好。一般阴极射线的显示器将刷新频率设置为 75 Hz 或 80 Hz,而液晶显示器的刷新频率为 60 Hz。

在"屏幕分辨率"窗口中单击"高级设置"链接,在打开的"通用即插即用监视器和 NVIDIA GeForce 8400 M GS 属性"对话框中再选择"监视器"选项卡,即可看到"监视器设置屏幕刷新频率",一般为 60 Hz,在"颜色"下拉列表框中可设置屏幕颜色为"真彩色(32 位)"或"增强色(16 位)"。

（3）设置屏幕显示模式

在 Windows 7 中,屏幕显示模式是将屏幕分辨率、颜色和屏幕刷新频率 3 种显示设置为一体的模式,只要选择一种模式,即可将 3 种显示设置进行同时更改。

在"通用即插即用监视器和 NVIDIA GeForce 8400M GS 属性"对话框(如图 2-45 所示)中,切换到"适配器"选项卡,如图 2-46 所示。单击"列出所有模式"按钮,弹出"列出所有模式"对话框,如图 2-47 所示;在"有效模式列表"列表框中选择所需要的显示模式,如选择"1 280 * 800,真彩色(32 位),60 赫兹",单击"确定"按钮即可。

图 2-45　"监视器属性"对话框

图 2-46　"适配器"选项卡

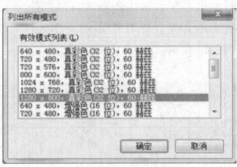
图 2-47　"列出所有模式"对话框

## 2.5　Windows 7 的附件

Windows 7 中附带了不少实用的小工具,如记事本、写字板、计算器、画图等,都位于"开始"菜单中。这些工具小巧、功能简单,但非常实用。

### 2.5.1　写字板、记事本与便笺

1）写字板

写字板是 Windows 7 自带的一款文字处理软件,它是一个使用简单,但功能强大的文

字处理程序,用户可以利用它进行日常工作中文件的编辑,如文档的输入、编辑、修改和删除,文本的查找和替换,文档字体、段落的设置,文档的页面设计等,而且也可以在文档中插入图片、声音、视频剪辑等多媒体资料。

### 2)记事本

记事本是 Windows 7 自带的一款文本编辑工具,它用于纯文本文档的编辑,功能没有写字板强大,适于编写一些篇幅短小的文件。例如,txt 文件通常是以记事本的形式打开的。

### 3)便笺

图 2-48　便笺

便笺是为了方便用户在使用计算机的过程中临时记录一些备忘信息而提供的工具,与现实生活中的便笺功能类似。用户可以使用便笺编写待办事项列表、快速记下电话号码或者任何可以用便笺纸记录的内容,如图 2-48 所示。

单击左上角的"＋"按钮,可以添加便笺;单击右上角的"×"按钮可以删除便笺;右击,在快捷菜单中可以更换便笺的背景颜色。

## 2.5.2　画图工具与截图工具

### 1)画图工具

画图工具是 Windows 7 自带的一款简单的图形绘制工具。它是一个位图编辑器,可以对各种位图格式的图画进行编辑。用户可以绘制各种简单的图形,也可以对扫描的图片进行简单的处理,包括裁剪、旋转图片及在图片中添加文字等。另外,通过画图工具,还可以方便地转换图片格式,如打开.bmp 格式的图片,然后另存为.jpg 格式。图 2-49 为用画图板绘制的工商银行标志。

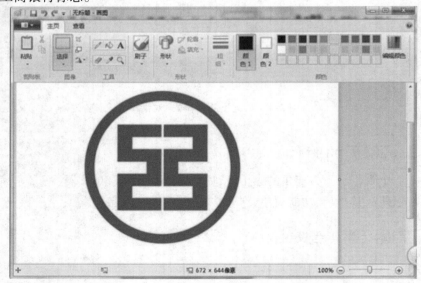

图 2-49　画图板

2) 截图工具

可以使用截图工具捕获屏幕上任何对象的屏幕快照或截图,然后对其添加注释、保存或共享该图像,如图 2-50 所示。

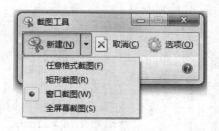

图 2-50　截图工具

### 2.5.3　其他工具

1) 计算器

利用 Windows 7 自带的计算器,除了可以进行简单的加、减、乘、除运算外,还可以进行各种复杂的函数与科学计算。这些计算对应于不同的计算模式,不同模式的转换是通过"计算器"窗口中的"查看"菜单进行的。Windows 7 的计算器如图 2-51 所示。

图 2-51　计算器

计算器有 4 种模式:

标准模式:标准模式与现实生活中的计算器的使用方法相同。

科学型模式:科学型模式提供了各种方程、函数与几何计算功能,用于各种较为复杂的公式计算。在科学型模式下,计算器会精确到 32 位小数。

程序员模式:程序员模式提供了程序代码的转换和计算功能,以及不同进制数字的快速计算功能。程序员模式只是整数模式,小数部分将被舍弃。

统计信息模式:使用统计信息模式时,可以同时显示要计算的数据、运算符及计算结果,便于用户直观地查看与核对,其他功能与标准型模式相同。

2) 放大镜

Windows 7 提供的放大镜工具,用于将计算机屏幕显示的内容放大若干倍,从而使用户更清晰地查看内容。选择"开始"菜单,单击"所有程序",在展开的程序中选择"附件",在展开的命令中选择"轻松访问"文件夹,然后再单击"放大镜"命令,打开"放大镜"窗口,如图 2-52 所示。同时当前屏幕内容会按放大镜的默认

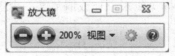

图 2-52　放大镜

设置倍数（200%）显示。在"放大镜"窗口中，可以对放大镜的倍率和放大区域进行设置。

3）录音机

录音机是 Windows 7 自带的用于数字录音的多媒体程序，它能够进行录音和简单的声音编辑，如插入声音、混音和添加回音等，如图 2-53 所示。

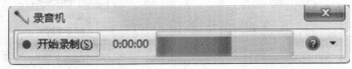

图 2-53　录音机

## 本章小结

本章主要介绍了操作系统的基本概念、Windows 7 操作系统的基本操作、文件管理、系统设置等内容。通过本章的学习，读者应学会 Windows 7 操作系统的启动和退出、Windows 7 的基本操作、文件操作以及 Windows 应用程序的安装和卸载等。能够根据个人需要对 Windows 7 操作系统进行一些个性化的设置，并且能够更改 Windows 7 操作系统的外观、主题以及账户等。

## 习　题

一、单项选择题

1. 在 Windows 7 中，当一个应用程序窗口被最小化后，该应用程序（　　）。
   A. 被转入后台执行　　　　　　　　　　B. 被暂停执行
   C. 被终止执行　　　　　　　　　　　　D. 继续在前台执行

2. 在 Windows 7 中删除某程序的快捷键方式图标，表示（　　）。
   A. 既删除了图标，又删除该程序
   B. 只删除了图标而没有删除该程序
   C. 隐藏了图标，删除了与该程序的联系
   D. 将图标存放在剪贴板上，同时删除了与该程序的联系

3. 当前窗口处于最大化状态，双击该窗口标题栏，则相当于单击（　　）。
   A. 最小化按钮　　　　　　　　　　　　B. 关闭按钮
   C. 还原按钮　　　　　　　　　　　　　D. 系统控制按钮

4. 在 Windows 7 中，选定多个连续的文件或文件夹，应首先选定第一个文件或文件夹，然后按（　　）键，单击最后一个文件或文件夹。
   A. Tab　　　　　　B. Alt　　　　　　C. Shift　　　　　　D. Ctrl

5. 在 Windows 7 中已经选定了若干文件和文件夹，用鼠标操作来添加或取消某一个选定，需配合的键为（　　）。
   A. Alt　　　　　　B. Esc　　　　　　C. Ctrl　　　　　　D. Shift

6. 按下（　　）键，可将整个桌面图案放入剪贴板。
   A. Tab　　　　　　B. PrtScn　　　　　C. Alt + PrtScn　　　　D. Insert

7. Windows 7 桌面上的任务栏中最左侧的一个按钮是(　　　)。

A. "打开" 按钮
B. "还原" 按钮
C. "开始" 按钮
D. "确定" 按钮

8. 当选定文件或文件夹后,按 Shift + Delete 键的结果是(　　　)。

A. 删除选定对象并放入回收站
B. 对选定的对象不产生任何影响
C. 选定对象不放入回收站而直接删除
D. 恢复被选定对象的副本

9. 在 Windows 7 中,被放入回收站中的文件仍然占用(　　　)。

A. 硬盘空间
B. 内存空间
C. 软件空间
D. 光盘空间

10. 在 Windows 7 中,获得联机帮助的热键是(　　　)。

A. F1
B. Alt
C. Esc
D. Home

11. 在 Windows 中,各应用程序之间的信息交换是通过(　　　)进行的。

A. 记事本
B. 剪贴板
C. 画图
D. 写字板

12. 利用 Windows 7 的"搜索"功能查找文件时,说法正确的是(　　　)。

A. 要求被查找的文件必须是文本文件
B. 根据日期查找时,必须输入文件的最后修改日期
C. 根据文件名查找时,至少需要输入文件名的一部分或通配符
D. 被用户设置为隐藏的文件,只要符合查找条件,在任何情况下都将被找出来

13. 在 Windows 7 中,可以移动窗口位置的操作是(　　　)。

A. 用鼠标拖动窗口的菜单栏
B. 用鼠标拖动窗口的标题栏
C. 用鼠标拖动窗口的边框
D. 用鼠标拖动窗口的工作区

14. 在 Windows 7 的资源管理器中,要把 C 盘上的某个文件夹或文件移到 D 盘上,用鼠标操作时应该(　　　)。

A. 直接拖动
B. 双击
C. Shift + 拖动
D. Ctrl + 拖动

15. 在 Windows 7 资源管理器中,下列关于新建文件夹的正确做法是:在右窗格的空白区域(　　　)。

A. 单击鼠标左键,在弹出的菜单中选择"新建"→"文件夹"
B. 单击鼠标右键,在弹出的菜单中选择"新建"→"文件夹"
C. 双击鼠标左键,在弹出的菜单中选择"新建"→"文件夹"
D. 三击鼠标左键,在弹出的菜单中选择"新建"→"文件夹"

16. 用户在运行某些应用程序时,若程序运行界面在屏幕上的显示不完整时,正确的做法是(　　　)。

A. 升级 CPU 或内存
B. 更改窗口的字体、大小、颜色
C. 升级硬盘

D. 更改系统显示属性，重新设置分辨率

17. 利用"控制面板"的"程序和功能"(　　　)。

    A. 可以删除 Windows 组件

    B. 可以删除 Windows 硬件驱动程序

    C. 可以删除 Word 文档模板

    D. 可以删除程序的快捷方式

18. 在 Windows 的窗口中，单击最小化按钮后(　　　)。

    A. 当前窗口将消失　　　　　　　　　B. 当前窗口被关闭

    C. 当前窗口缩小为图标　　　　　　　D. 打开控制菜单

19. 在 Windows 7 中，对系统文件进行维护的工具是(　　　)。

    A. 资源管理器　　　　　　　　　　　B. 系统文件检查器

    C. 磁盘扫描　　　　　　　　　　　　D. 磁盘碎片整理

20. 画图工具可以实现(　　　)。

    A. 编辑文档　　　　　　　　　　　　B. 查看和编辑图片

    C. 编辑超文本文件　　　　　　　　　D. 制作动画

二、填空题

1. 整个计算机系统由＿＿＿＿和＿＿＿＿两大部分组成。

2. 操作系统种类繁多，不同的计算机系统采用的操作系统往往是不一样的，也有不同的分类标准，从一般用户角度来分，可分为＿＿＿＿、＿＿＿＿和＿＿＿＿。

3. 操作系统具有以下五大功能，分别是＿＿＿＿、＿＿＿＿、＿＿＿＿、＿＿＿＿和＿＿＿＿。

4. 文件名一般由＿＿＿＿和＿＿＿＿两部分构成，其中＿＿＿＿是必选部分。

5. 在 Windows 7 中用鼠标左键将一个文件夹拖动到同一个磁盘的另一个文件夹，系统执行的是＿＿＿＿操作。

6. 若已经选定了所有文件，如果要取消其中几个文件的选定，则应在按住＿＿＿＿键的同时，再依次单击要取消选定的文件。

7. 复制操作的快捷键是＿＿＿＿，剪切操作的快捷键是＿＿＿＿，粘贴操作的快捷键是＿＿＿＿。

8. 要查找所有第一个字母为 W 并且文件扩展名为 docx 的文件，应在搜索框中输入＿＿＿＿。

9. Windows 7 提供了 3 种类型的用户账号：＿＿＿＿、＿＿＿＿和＿＿＿＿。

10. 在不同的运行着的应用程序间切换，可以利用快捷键＿＿＿＿。

三、简答题

1. 什么是操作系统？

2. 从资源管理的角度，操作系统有哪些基本功能？

# 第3章

# 文字处理软件 Word 2010

Microsoft Office 2010 是由微软公司开发的办公软件套装,是一个集文字处理(Word)、电子表格(Excel)、演示文稿(PowerPoint)、数据库管理(Access)、电子邮件(Outlook)等多种组件于一体的办公软件。本章主要介绍文字处理软件 Word 2010 的基本操作和使用方法。

## 3.1 Word 2010 的工作环境

与以往版本相比,Word 2010 在功能性和实用性方面得到了很大改进和提升。Word 2010 中采用了全新用户界面,操作更加方便、快捷,使用户能够更容易地使用软件,提高工作效率。利用新增的截图工具、背景移除工具、SmartArt 图形模板等,能实现灵活多样的图文混排;利用审阅、批注等功能,能帮助用户快速收集和管理来自多渠道的反馈信息等。

### 3.1.1 启动与退出 Word 2010

1)启动 Word 2010

启动 Word 2010 的方法如下:

①从 Windows 桌面左下角的"开始"按钮启动,即单击"开始"→"所有程序"→"Microsoft Office"→"Microsoft Word 2010"。

②双击桌面上的 Word 快捷方式图标。

③进入 Word 文件目录,双击 Winword. exe 程序文件。

④双击某个扩展名为 docx 的文件,系统会快速启动 Word 2010 并打开指定的 docx 文档。

2)退出 Word 2010

退出 Word 2010 的方法如下:

①单击 Word 窗口右上角的"关闭"按钮。

②单击"文件"选项卡,选择左边列表中的"退出"命令。

③单击窗口左上角的 Word 图标,在控制菜单中选择"关闭"命令。

④按快捷键 Alt + F4。

⑤双击标题栏左侧的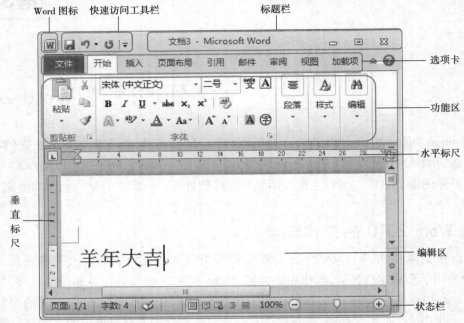图标。

### 3.1.2 Word 窗口界面

在 Word 2010 窗口界面中,选项卡和选项组取代了传统的菜单栏与工具栏。窗口主要包括了标题栏与快速访问工具栏、选项卡与功能区和编辑区等,如图 3-1 所示。

**图 3-1 word 2010 的工作窗口**

1)标题栏与快速访问工具栏

①Word 图标:单击该图标,将打开 Word 控制菜单,使用该菜单中的命令可改变窗口的大小、位置和关闭 Word 系统。

②标题栏:位于窗口最上方的一栏,显示当前正在编辑的文档名,右边显示 3 个控制按钮:"最小化"按钮、"最大化"按钮/"向下还原"按钮和"关闭"按钮,用于对文档窗口的大小和关闭进行相应控制。

③快速访问工具栏:包含一些常用的命令按钮,如"保存"、"撤销"、"新建"等。如需要自定义快速访问工具栏,单击右侧下拉按钮,选择或取消选择下拉列表中的命令即可;单击下拉列表中"在功能区下方显示"命令,可改变其显示位置。

2)选项卡与功能区

Word 2010 中,单击某选项卡,即显示出由多个选项组组成的功能区。单击选项卡区域右边的"功能区最小化"按钮 可以显示或隐藏功能区。

①"文件"选项卡:由 3 个区域组成,左边显示一组常用的文件操作命令,单击"信息"、"最近使用文件"、"打印"、"帮助"、"保存并发送"等命令时,中间区域将显示出下级操作选项,右边为预览区,方便用户查看当前文档的属性、版本、权限等信息及找到最近使用文件的

位置等。单击"选项"命令打开"Word 选项"窗口,在窗口中可以对 Word 相关参数进行设置。

②"开始"选项卡:主要包括剪贴板、字体、段落、样式、编辑选项组,用于文档编辑和格式设置。

③"插入"选项卡:包括页、表格、插图、链接、页眉和页脚、文本、符号选项组,用以插入表格、图片、公式、图表、文本框等对象,并通过相应的工具对这些对象进行编辑和格式化。

④"页面布局"选项卡:包括主题、页面设置、稿纸、页面背景、段落、排列选项组,用以文档的页面设置、页面背景等。

⑤"引用"选项卡:包括目录、脚注、引文与书目、题注、索引、引文目录选项组,用以创建文档目录,添加题注、脚注、尾注等。

⑥"邮件"选项卡:包括创建、开始邮件合并、编写和插入域、预览结果、完成选项组,用以创建信函与邮件合并。

⑦"审阅"选项卡:包括校对、语言、中文简繁转换、批注、修订、更改、比较、保护选项组,用以对文档进行修订和校对。

⑧"视图"选项卡:包括文档视图、显示、显示比例、窗口、宏选项组,用以文档显示和窗口切换。

3)编辑区

编辑区由文档编辑区、标尺、状态栏、滚动条等组成。

①文档编辑区:窗口中空白区域即文档编辑区,用户可以在这里输入和编辑文档,并设置文档格式。

②标尺:主要用于段落缩进、页边距、栏宽以及制表位的设置等,标尺分为水平标尺和垂直标尺。如果标尺隐藏起来,有两种方式可以显示标尺:一是单击编辑区右侧垂直滚动条上方的"标尺"按钮;二是选择"视图"选项卡,在"显示"选项组中选中"标尺"复选框。

注意:标尺默认的度量单位为"字符",若要改成厘米、毫米、磅等其他度量单位,单击"文件"选项卡的"选项"命令,打开"Word 选项"对话框。在左侧列表中选择"高级",在右侧"显示"区域中,单击"度量单位"右面的下拉列表按钮,选择所需要的单位,如图 3-2 所示。

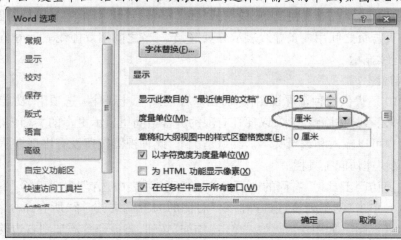

图 3-2　word 选项窗口

③状态栏：状态栏位于窗口的最下方。用于显示当前文档的页数、字数、使用语言、输入状态等信息。缩放标尺用于对编辑区的显示比例和缩放尺寸进行调整，缩放后，缩放标尺左侧会显示出缩放的具体数值。视图按钮显示了文档的不同显示方式。

4）Word 2010 的视图模式

Word 2010 提供了"页面视图"、"阅读版式视图"、"Web 版式视图"、"大纲视图"和"草稿视图"5 种视图模式，用户可以根据处理文档时的不同需要选择合适的视图。

（1）页面视图

页面视图下可以查看与实际打印效果相同的文档，具有"所见即所得"的效果，它是Word 默认的视图模式。在页面视图中，若要节省页面视图中的屏幕空间，方便用户阅读文档，可将鼠标指针移动到两页之间的灰色区域双击，则隐藏页边距；鼠标向分页标记线处双击，则恢复显示页边距。

（2）阅读版式视图

此视图模式的最大特点是便于用户阅读长篇文档。在阅读版式视图下，文档相邻两页显示在同一个版面上，用户感觉像在阅读书籍一样。标题栏左侧的工具栏按钮，可以方便用户随时以不同颜色突出显示文本和插入批注等。

（3）Web 版式视图

Web 版式视图用于显示文档在 Web 浏览器中的外观。在这种视图下，可以创建、编辑网页。

（4）大纲视图

大纲视图中可以折叠文档，只显示标题或者在需要时展开文档，这样可以更好地查看整个文档的结构。当切换到大纲视图时，自动增加"大纲"选项卡，通过"大纲工具"选项组可以方便地查看文档标题、移动标题、升降标题级别等。

注意：只有对文档设置了各级标题的级别，才可以在大纲视图中折叠或展开文档，查看各级标题。

（5）草稿视图

在草稿视图下，页面布局最简单，只显示字体、字号、字形、段落缩进以及行距等最基本的文本格式，页与页之间用一条虚线表示分页符，节与节之间用双虚线表示分节符，正文按照从上至下连续显示。

（6）全屏视图

Word 2010 还提供一种全屏视图模式，在这种模式下，标题栏、选项卡、功能区、状态栏以及其他屏幕元素都被隐藏起来，以便在有限的屏幕空间里显示更多的文档内容。在该视图模式中，用户可以输入和编辑文本。默认情况下，此种视图按钮没有出现在状态栏中，需要用户自定义快速访问工具栏。

单击"快速访问工具栏"右侧的向下箭头，在下拉列表中选择"其他命令"，打开"Word选项"对话框。单击"从下列位置选择命令"右侧的向下箭头，选择"所有命令"，在列表中找到"切换全屏视图"，如图 3-3 所示。单击"添加"按钮，将该命令添加到右边的列表中，再单击"确定"按钮。

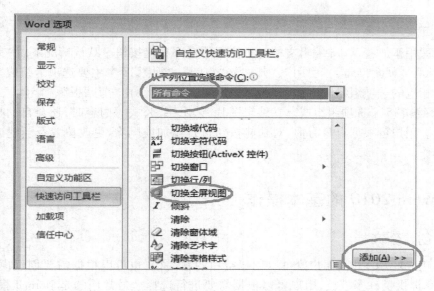

图 3-3　所有命令图

　　单击快速访问工具栏中的"切换全屏视图"按钮,当前文档可以全屏视图方式显示,按 Esc 键,则可退出全屏视图。

### 3.1.3　Word 2010 的工作界面设置

　　若用户想让经常使用的工具显示在自己所熟悉的区域中,用户可以对 Word 2010 的工作界面进行自定义设置,从而提高工作效率。

1)自定义快速访问工具栏

以添加"新建"按钮为例,操作步骤如下:

(1)单击快速访问工具栏右侧的下拉按钮,在展开的"自定义快速访问工具栏"下拉列表中,勾选要添加的按钮名称(如"新建"),如图 3-4 所示。

(2)返回文档后就可以在快速访问工具栏中看到添加的"新建"按钮,如图 3-5 所示。

注意:删除快速访问工具栏中的按钮时,在下拉列表中取消勾选要删除的按钮名称即可。

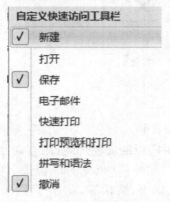

图 3-4　添加"新建"按钮　　　　　　图 3-5　添加"新建"按钮后的效果

2）自定义功能区

功能区用于放置 Word 编辑文档时所使用的全部功能按钮。默认情况下由"文件"、开始"、"插入"、"页面布局"、"引用"、"邮件"、"审阅"、"视图"8 个主要选项卡组成。每个选项卡都由相应的选项组组成。如"开始"选项卡默认情况下由"剪贴板"、"字体"、"段落"、"样式"、"编辑"5 个选项组组成。在编辑图片、艺术字、公式等内容时，还会自动显示相应的选项卡。用户可根据自身习惯，对功能按钮进行添加或删除、更改位置及新建或删除选项卡等操作。

## 3.2 Word 2010 的基本操作

### 3.2.1 创建新文档

在创建 word 文档时，用户既可以创建空白的新文档，也可以根据需要创建模板文档。Word 2010 提供了许多模板，用户可以根据需要进行选择。最常用的是 Normal 模板（Normal. doct），它是建立空白文档的基础。

创建新文档的方法如下：

①启动 Word 时将自动创建一个名为"文档 1"的空白文档。

②单击"快速访问工具栏"中的"新建"按钮，建立空白文档。

③选择"文件"选项卡中的"新建"命令，窗口中显示"可用模板"列表，如图 3-6 所示。选择"空白文档"选项，或者单击"样本模板"选项，在显示的列表中选择需要的模板类型，然后单击右侧预览区中的"创建"按钮。

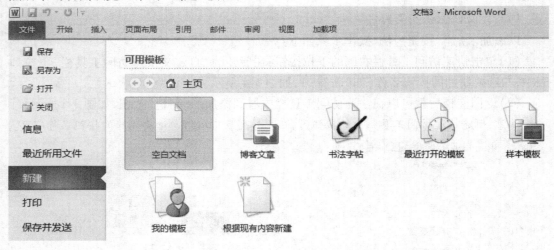

图 3-6　可用模板列表

当选定某个模板后，窗口右侧预览区会显示应用模板的文档外观，用直观的方式帮助用户选择合适的模板，节省时间又提高文档的质量。此外，"Office. com 模板"区域提供了许多精美的专业联机模板，如会议议程、贺卡、简历、证书、奖状等。用户只需单击"文件"选项卡下的"新建"命令，在打开的"可用模板"的"office 模板"下选择所需的模板类型进行下载即可。

### 3.2.2 输入文档内容

新建空白文档后,编辑区左上角中会出现一个闪动的光标,指示出用户输入字符的位置,即"插入点"的位置。在"页面视图"下,用户可以在文档空白区域的任意位置单击设置插入点,以便插入文本、表格或其他内容。此外,还可以使用键盘上的↑、↓、←、→、PgUp、PgDn、End、Home 等操作键实现光标在文档中的移动。

1)设置输入模式

Word 提供了"插入"和"改写"两种输入模式。

插入模式:此为默认设置,输入的字符会自动插入插入点的左边,而插入点右边的文本则随着字符的插入而不断向右移动。

改写模式:输入的字符将会覆盖插入点之后的文本。

输入模式转换的两种方法:单击 Insert 键转换,或者单击状态栏上的"插入/改写"按钮。

2)输入特殊符号

通常情况下,文档除了普通文字外,还要包括一些特殊符号,如✂、☎、▤等。可用以下方法输入:

(1)使用"符号"对话框输入

在文档中设置插入点,选择"插入"选项卡,在"符号"选项组中单击"符号"按钮,在下拉列表中显示出最近使用过的符号,选择需要的符号即可;或者在列表中选择"其他字符"命令,打开"符号"对话框,如图 3-7 所示。对话框中包含"符号"选项卡和"特殊符号"选项卡。选择某个符号后,单击"插入"按钮即可。

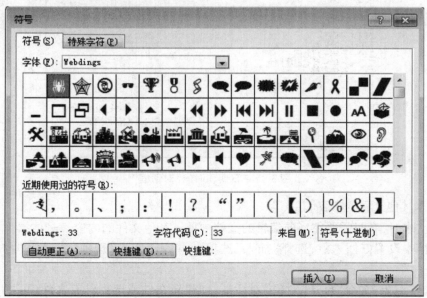

图 3-7 "符号"对话框

注意:在"符号"选项卡的"字体"下拉列表中,用户可选择各种字符集中的符号;如果经常使用到某些符号,可以单击"快捷键"按钮,打开"自定义键盘"对话框为其定义快捷键。

(2)使用输入法的软键盘输入

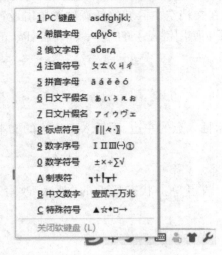

打开输入法,右击输入法状态栏上的小键盘按钮,如图3-8所示,在弹出的快捷菜单中选择一种符号的类别,如"特殊符号",在弹出的软键盘中单击所需的符号按钮即可。

3)插入日期和时间

选择"插入"选项卡,单击"文本"选项组中的"日期和时间"按钮,打开"日期和时间"对话框,如图3-9所示,选择需要的日期时间格式。如果在打印文档时需要自动更新日期和时间,选中"自动更新"复选框,否则,文档始终打印插入的日期时间,单击"确定"按钮。

也可以用组合键在文档中快速插入当前日期和时间。

**图3-8 软键盘的快捷菜单**

①按 Alt + Shift + D 组合键,插入当前日期。

②按 Alt + Shift + T 组合键,插入当前时间。

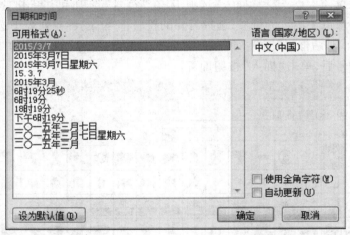

**图3-9 "日期和时间"对话框**

4)插入其他文件的内容

编辑文本时,有时需要在当前编辑的文档中插入其他文件的内容。具体操作方法是先在当前文档中设置好插入点,选择"插入"选项卡,单击"文本"选项组"对象"右边的向下箭头。

①选择"对象"命令,打开"对象"对话框,创建新文件或选择已有文件(可以是其他类型文件,如 Excel 图表),单击"确定"按钮将指定文件以嵌入式对象插入当前文档中。

②选择"文件中的文字"命令,将打开"插入文件"对话框,在列表中选定所需文件,单

击"插入"按钮,则将指定文档中的文本插入当前文档。

5)插入网络文字素材

有时在文档中需要引用从 Internet 上找到信息,这时,可以将网络文字素材复制到文档中。操作如下:

①首先在浏览器窗口中,选择所需文字右击,在弹出的快捷菜单中选择"复制"命令,将所选文字放入剪贴板。

②然后打开 Word 文档,定位光标,单击"开始"选项卡"剪贴板"组中的"粘贴"下拉按钮,在下拉菜单中选择"选择性粘贴"命令。

③在打开的"选择性粘贴"对话框中选择"无格式文本",如图 3-10 所示,将不带任何格式的文字插入文档中。

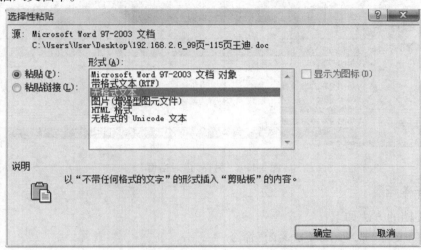

图 3-10 "选择性粘贴"对话框

## 3.2.3 保存与关闭文档

1)保存文档

在以下几种情况,需要对文档进行保存。

①新建的未命名文档:单击"快速访问工具栏"上的"保存"按钮,或选择"文件"选项卡中的"保存"命令,则系统将打开"另存为"对话框。在该对话框中指定保存位置和文件类型,并输入正式的文件名,然后单击"保存"按钮。

②打开并修改后的文档:单击"快速访问工具栏"上的"保存"按钮,或选择"文件"选项卡中的"保存"命令,Word 将当前正在编辑的文档按原文件名存盘。

③按新的文件名、类型或新的位置存盘:要将打开的文档在指定目录下作为副本保存,或者在对文档编辑修改后,要按新的文件名、新的类型或新位置保存,选择"文件"选项卡中的"另存为"命令,则系统将打开"另存为"对话框。图 3-11 所示是将当前文档另存为 PDF 格式文件。

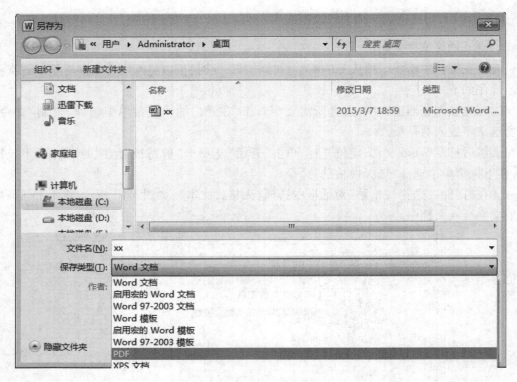

图 3-11 "另存为"对话框

2）关闭文档

关闭文档的方法如下：

①选择"文件"选项卡中的"关闭"命令。

②单击文档窗口右上角"关闭"按钮。

③按快捷键 Alt + F4。

如果要关闭的文档已做了修改但未进行保存，系统将提示是否保存对文档的修改。

### 3.2.4　打开已有文档

1）在"文件"对话框中打开文档

选择"文件"选项卡中的"打开"命令，或单击"快速访问工具栏"上的"打开"按钮，在"打开"对话框中找到希望打开的文件，双击其文件名或单击"打开"按钮。若选定了多个文档（方法是按住 Ctrl 键不放依次单击列表中各文档），则可以同时打开它们。

2）快速打开最近使用过的文档

选择"文件"选项卡中的"最近使用文件"命令，中间区域显示出"最近使用的文档"列表，右边区域显示"最近的位置"列表，单击其中的文件名或文件夹名，可打开该对象，单击右侧的图钉图标，可将选定的文件或文件夹显示在列表最前面。

"文件"选项卡左侧区域中，通常会显示最近打开过的文档列表，便于用户快速打开文档。文档列表数目默认为 4 个。若要增加或减少显示的文件数，在中间区域列表下方选中

"快速访问此数目的'最近使用文档'"复选框并改变原有的数值。

3）在"资源管理器"中打开文档

打开"资源管理器"窗口,找到所需的文档(扩展名为 docx 或 doc),双击其图标即可迅速打开该文档。

### 3.2.5 多文档间的切换

在 Word 中可以同时打开多个文档。如果要在当前文档和其他文档窗口之间进行切换,可采用下列方法之一:

①按住 Alt + Tab 键,当切换到所需文档名时释放按键。

②鼠标指向任务栏上 Word 图标按钮,在文档的预览窗口中单击选定文档。

③按 Ctrl + F6 组合键,文档窗口会按顺序切换。

④按 Alt + Esc 组合键切换到所需文档。

## 3.3 文档编辑与排版

### 3.3.1 文档编辑

在对文档进行复制、移动、删除、替换、拼写和语法检查等编辑操作前,需遵循的原则是"先选定,后操作",即需要先选定操作的文本对象。这些对象可以是一个字符、一行文本、一个段落、整个文档或是任意长度的文本,被选定的文本将以蓝色底纹显示。

1）选定文本

选定文本最基本的方法是拖曳鼠标,即单击要选定的文本起始点,按住鼠标左键拖动到选定范围的结束点即可。对于其他文本对象,可以使用表 3-1 中的方法进行快速选定。

表 3-1 选定文本的方法

| 选取范围 | 鼠标操作 |
| --- | --- |
| 字/词 | 双击要选定的字/词 |
| 句子 | 按住 Ctrl 键,单击该句子 |
| 行 | 单击该行的选定区 |
| 段落 | 双击该行的选定区;或在该段落的任何地方三击 |
| 垂直的一块文本 | 按住 Alt 键,同时拖动鼠标 |
| 连续的文本 | 单击需选定的文本起点,按住 Shift 键单击需选定的文本终点 |
| 不连续的文本 | 先选定第一个区域,然后按住 Ctrl 键的同时依次选定其他区域 |
| 全部内容 | 三击选定区 |

取消对文本的选定:在文档空白处单击。

2）移动和复制文本

（1）使用拖动鼠标的方法

拖动鼠标是短距离内移动选定文本的最简单的方法,用鼠标左键将选定的文本直接拖到目标位置,实现文本的移动,按住 Ctrl 键拖动则会实现文本的复制。

（2）利用剪贴板。

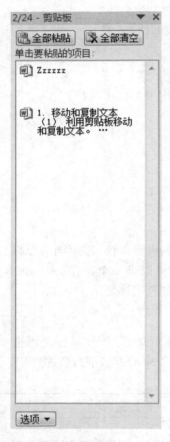

图 3-12 "剪贴板"任务窗格

Office2010 剪贴板可以同时存放多项（最多 24 项）剪切或复制的内容。选择"开始"选项卡,单击"剪贴板"组右下角对话框启动器按钮,打开"office 剪贴板"任务窗格,如图 3-12 所示。文档编辑区的左侧显示"Office 剪贴板"任务窗格,列表中显示出剪切或复制的内容,每次新复制的内容总是显示在列表最前面。选择列表中的某项内容,可以进行"粘贴"或"删除"操作,也可以清空剪贴板,单击任务窗格下方的"选项"按钮,可以对剪贴板进行设置。

利用剪贴板复制文本的步骤如下:

①选定要复制的文本。

②单击"剪贴板"选项组中的"复制"命令,或右击选定的文本并在弹出的快捷菜单中选择"复制"命令,或按快捷键 Ctrl + C。

③将插入点置于文档中的目标位置。

④单击"剪贴板"选项组的"粘贴"按钮。或按快捷键 Ctrl + V。移动文本操作类似,只需在第②步中,单击"剪切"按钮,或在快捷菜单中选择"剪切"命令,或按快捷键 Ctrl + X。

3）删除和恢复文本

删除文本:选定文本区域,按 Del 键,或者选择"开始"选项卡,单击"剪贴板"选项组的"剪切"按钮。

恢复文本:单击"快速访问工具栏"中的"撤销输入"按钮,或按快捷键 Ctrl + Z,即可撤销之前的错误操作。

4）查找和替换文本

查找和替换是文档处理中非常有用的功能,可以帮助用户迅速找到指定内容,也可以使用通配符"?"（代表一个字符）和" * "（代表多个字符）代替其他部分进行查找。实现批量替换,提高工作效率。

（1）查找文本

①简单查找:选择"开始"选项卡,单击"编辑"→"查找"命令,文档编辑区左侧显示"导航"任务窗格,在"搜索文档"区域中输入要查找的文本,按 Enter 键,查找到的文本将以黄色背景突出显示。

②高级查找:选择"开始"选项卡,单击"编辑"→"查找"命令右侧的向下箭头,选择"高级查找"命令,打开"查找和替换"对话框,单击"查找"选项卡,如图 3-13 所示。在"查找内

容"文本框中输入要查找的文本内容。如果查找的内容仅限于一部分,单击"更多"按钮,然后选中"使用通配符"复选框。单击"查找下一处"按钮,查找到的文本以黄色背景突出显示。再次单击"查找下一处"按钮,可以继续查找指定内容。

图 3-13　查找选项卡

(2)替换文本

[例 3-1]将文档中的"计算机"全部替换为"computer"。

①选择"开始"选项卡,单击"编辑"→"替换"命令,打开"查找和替换"对话框,单击"替换"选项卡,如图 3-14 所示。

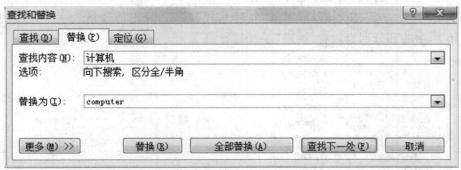

图 3-14　替换选项卡

②在"查找内容"文本框中输入要查找的文本内容(如"计算机"),在"替换为"文本框中输入要替换的新内容(如"computer"),单击"替换"按钮完成第一处替换。

③文档中符合条件的内容将黄色背景突出显示,单击"查找下一处"按钮可逐个确认是否替换,若要将文档中所有符合条件的文本全部替换,单击"全部替换"按钮。

(3)替换文本格式或特殊格式

[例 3-2]将文档中的"计算机"3 个字全部替换为红色加粗" *** "。

①单击"替换"选项卡中"更多"按钮,出现如图 3-15 所示的高级"查找和替换"对话框。

②在"查找内容"文本框中输入"计算机"。

③在"替换为"文本框中输入" *** ",单击"格式"按钮将其设置成红色、加粗,然后单击"全部替换"按钮。

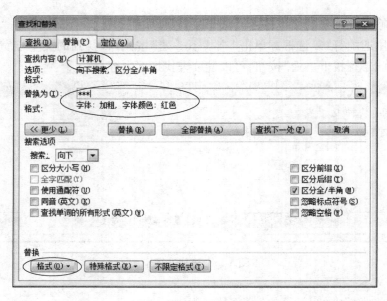

图 3-15　替换格式

[**例** 3-3]将文档中的手动换行符"↓"换成段落标记"↵"。

①单击"替换"选项卡中的"更多"按钮。

②单击"查找内容"文本框,再单击"特殊格式"按钮,弹出特殊格式字符组成的列表,如图 3-16 所示的部分列表内容,选定"手动换行符"。

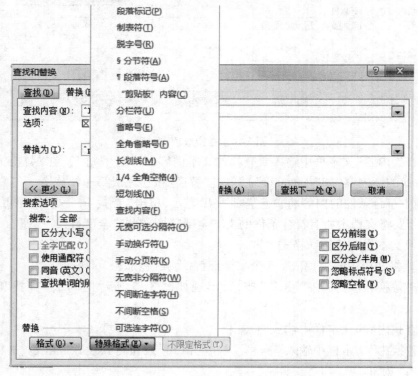

图 3-16　替换特殊格式

③单击"替换为"文本框,再单击"特殊格式"按钮,弹出特殊格式字符组成的列表,选定"段落标记",然后单击"全部替换"按钮。

注意:在"查找内容"和"替换为"文本框中,特殊字符以特定形式显示,如"手动换行符"和"段落标记"分别显示为"^l"和"^p"。

5)拼写和语法检查

文本在录入过程中,难免会存在拼写和语法上的错误。Word 2010 提供了自动拼写和语法检查功能。默认情况下,如果输入过程中,单词有拼写错误(如年 yaer),该单词下面会出现红色波浪线;如果句子中有语法错误,句子错误的部分会出现绿色波浪线。选择"审阅"选项卡,单击"校对"选项组"拼写和语法"按钮,可对全文档进行检查。对错误内容的改正方法有 3 种。

①选中错误的单词或句子右击,在弹出的快捷菜单中选择正确的内容,对于一些专用术语、缩写等特殊词汇,可选择快捷菜单中的"添加到词典"命令,以后再输入这些词汇时就不会出现拼写错误标记了。

②在错误的单词上右击,在弹出的快捷菜单中选择"拼写检查"命令,打开"拼写"对话框,在"建议"列表中选择正确的内容,单击"更改"按钮更改错误。

③若是句子错误,在错误的地方右击,在弹出的快捷菜单中选择"语法"命令,打开"语法"对话框修改即可。

注意:若拼写与语法检查功能没有开启,单击"文件"选项卡的"选项"命令,在"Word选项"对话框左边列表中单击"校对",在右边列表中选择"输入时检查拼写""输入时标记语法错误"等相关设置。

## 3.3.2 字符排版

字符是指作为文本输入的汉字、字母、数字、标点符号和特殊符号。字符排版有两种:字符格式化和中文版式。字符格式化包括字体、字号、加粗、倾斜、颜色以及字符的边框、底纹等。在用户未设置字符格式时,Word 使用默认格式,如中文字体为宋体、字号为五号字等。

1)字符格式化

(1)浮动工具栏

当文本选定后,鼠标箭头右上方会自动出现一个半透明的浮动工具栏,鼠标移向该工具栏时,它就会变清晰。浮动工具栏中包含了几个最常用的字符格式按钮以及"格式刷"按钮,可对选定文本快速设置字体、字号、颜色、加粗、倾斜、拼音等。

(2)"字体"选项组

先选定文本,然后选择"开始"选项卡,在"字体"选项组中直接单击加粗、下画线、删除线、倾斜、字符底纹、带圈字符、拼音指南等按钮,或单击某按钮右侧的向下箭头(如"字体"),打开下拉列表。此时选定文本的状态将随着鼠标在列表中的移动而变化,方便用户预览效果,找到满意效果后单击即可。

另外,"清除格式"按钮可以清除选定内容的所有形式,将文本恢复到初始状态(宋体,五号）。"以不同颜色突出显示文本"按钮可以将选定内容以不同颜色进行标记。

（3）"字体"对话框

有时，上述设置不能满足需求，比如要将选定文本的字符间距加宽20磅并加着重号，则必须使用"字体"对话框，单击"字体"选项组右下方对话框启动器按钮，打开"字体"对话框，如图3-17所示。

**图3-17　字体对话框**

①"字体"选项卡：可设置中文字体、西文字体、字形、字号、颜色、下画线线型、下画线颜色、着重号等，还可选中复选框设置上下标，双删除线，删除线等。设置效果在"预览"框中显示。

②"高级"选项卡：可设置字符间距（缩放、位置、间距）等。

注意：在Word中，字体大小有"号"和"磅"两种度量单位。以"号"为单位时，数字越小，字体越大；而以"磅"为单位时，磅值越小字体越小。1磅约为0.35毫米，五号字相当于10.5磅。

2）中文版式

纵横　混排　、　双行合一、　合并字符效果

**图3-18　中文版式效果图**

对于中文版式，Word 2010提供了中国特色的特殊格式，如纵横混排、合并字符、双行合一等，选择"开始"选项卡，单击"段落"选项组的"中文版式"按钮，打开下拉列表，打开相应对话框进行设置。中文版式设置效果如图3-18所示。

### 3.3.3 段落排版

段落由字符、其他对象和段落标记(↵,按 Enter 产生)组成。段落排版就是以段落为单位的格式设置,包括对齐方式、段落缩进、行间距、段间距、项目符号、编号和制表位等。

一般来说,段落格式的简单设置可以利用"开始"选项卡的"段落"选项组,如图 3-19 所示。单击"段落"对话框启动器按钮,打开"段落"对话框,在其中可以进行详细设置,如图 3-20 所示。

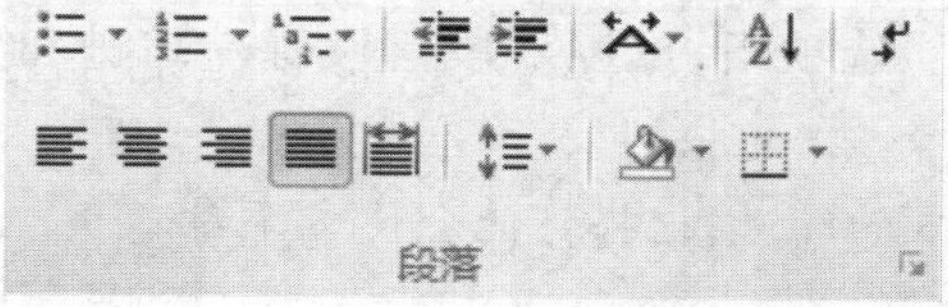

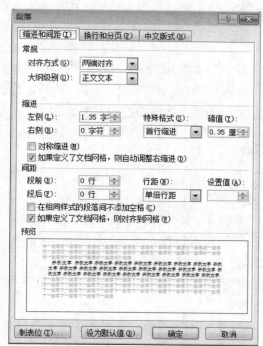

图 3-19 "段落"选项组

图 3-20 "段落"对话框

1)对齐方式

段落对齐方式有"左对齐"、"居中"、"右对齐"、"两端对齐"和"分散对齐"5 种方式。其中,"两端对齐"为默认方式,除最后一行左对齐外,其他行能自动调整词与词之间的宽度,使每行正文两边在左右页边距处对齐,这种方式可以防止英文文本中一个单词跨两行的情况,但对于中文,其效果等同于左对齐。

设置对齐方式的方法如下:

方法 1:在"段落"选项组中单击对齐方式按钮。

方法 2:选择"段落"对话框的"缩进与间距"选项卡,在"常规"区域单击"对齐方式"右侧的向下箭头,在下拉列表中选择所需方式。设置效果如图 3-21 所示。

2)段落缩进

段落缩进是指段落相对于左右页边距向页面内缩进一段距离。例如,中文段落的输入

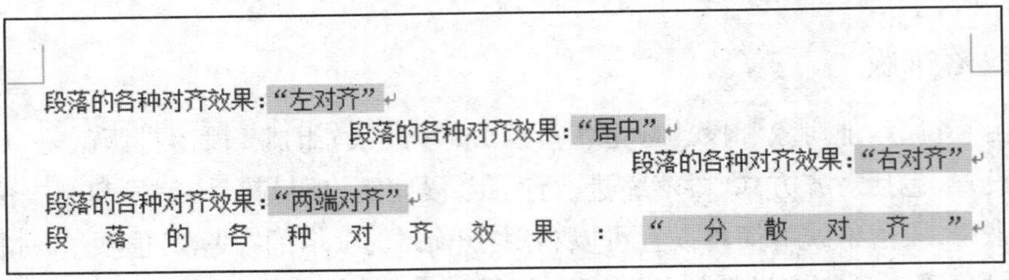

段落的各种对齐效果："左对齐"
段落的各种对齐效果："居中"
段落的各种对齐效果："右对齐"
段落的各种对齐效果："两端对齐"
段 落 的 各 种 对 齐 效 果 ： " 分 散 对 齐 "

图 3-21  "段落"的对齐效果

习惯是首行向右缩进两个字符。Word 中段落的缩进方式有 4 种。

①左缩进：整个段落中所有行的左边界向右缩进。

②右缩进：整个段落中所有行的右边界向左缩进。

③首行缩进：段落第一行第一个字符向右缩进，使之区别于前一个段落。

④悬挂缩进：除首行外，段落中的其他行左边界向右缩进。

常用的设置段落缩进的方法如下：

方法 1：在"开始"选项卡的"段落"选项组中，单击"增加缩进量"或"减少缩进量"按钮。

方法 2：单击"段落"对话框的"缩进与间距"选项卡，在"缩进"区域中选择缩进方式和设置缩进值。

方法 3：利用文本编辑区上方的水平标尺快速设置。方法是用鼠标左键按住相应的滑块拖到所需位置。如要显示标尺，需要在"视图"选项卡的"显示"组中选中"标尺"复选框。

方法 4：在"页面布局"选项卡中也有"段落"选项组，可以对段落设置左缩进和右缩进。

注意：最好不要用 Tab 键或空格键来设置文本的缩进，这样可能会使文章对不齐。段落缩进（分别缩进 8 字符）效果如图 3-22 所示。

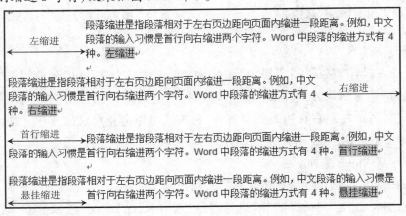

图 3-22  "段落"的缩进效果

3）行间距和段间距

行间距指段落中行与行之间的距离。默认行间距为一行，即 12 磅。段间距指两个相邻段落之间的距离,由前一个段落的段后距离和后一个段落的段前距离组成。

设置行间距和段间距的方法如下:

方法1:在"段落"选项组中单击"行和段落间距"按钮,在下列表中选择间距值以增加行间距,或选择增加段前、段后距离。

方法2:单击"段落"对话框的"缩进与间距"选项卡,在"间距"区域中设置。

方法3:在"页面布局"的"段落"选项组中也可以设置段间距。

注意:"段前"和"段后"的度量单位有"行"和"磅"两种,要在两者之间转换,单击"文件"选项卡的"选项"命令,打开"Word 选项"对话框,在"高级"选项卡的"显示"区中设置。一般情况下,如果度量单位选择为"厘米",而"以字符宽度为度量单位"复选框也被选中的话,默认的缩进单位为"字符",对应的段间距和行间距单位为"行";如果取消选中"以字符为度量单位"复选框,则缩进单位为"厘米",对应的段间距和行间距单位为"磅"。

4)项目符号和编号

在文档中,为了准确、清楚地表达某些内容之间的并列关系、顺序关系等,经常要用到项目符号和编号。

(1)项目符号

项目符号是相对于段落而言的。项目符号是在一些段落的前面加上完全相同的符号,Word 提供自动项目符号列表功能。操作如下:

①选定要添加项目符号的一个或多个段落。

②在"开始"选项卡的"段落"选项组中,单击"项目符号"按钮的向下箭头打开下拉列表,选择"项目符号库"中的项目符号。

③如果用户想使用"项目符号库"之外的符号或图片作为项目符,在列表中选择"定义新项目符号"命令,打开"定义新项目符号"对话框,单击"符号"按钮或"图片"按钮。在相应的对话框中选择字符符号或图片,单击"字体"按钮、打开"字体"对话框可对项目符号进行字体设置,最后单击"确定"按钮,如图3-23 所示。

(2)编号

编号是指段落前具有一定顺序的字符。选定要添加编号的段落,单击"编号"右侧的向下箭头,在下拉列表中选择编号样式即可。若用户想使用"编号库"之外的编号作为编号,则可以选择"定义新编号格式"命令,打开"定义新编号格式"对话框,如图3-24 所示。

(3)多级列表

多级列表就是按一定层次进行段落编号。输入文本时添加多级列表的操作如下:

①在"段落"选项组中,单击"多级列表"右侧向下箭头,在下拉列表中选择需要的列表样式。文本编辑区会出现第一个编号,在编号后面输入文本内容。

②按 Enter 键结束段落,下一段开始时自动出现第二个编号,此时按 Tab 键,生成下一级编号。

③要结束某级编号,在出现新编号时按两次 Enter 键。

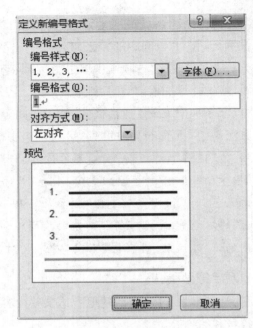

图 3-23　自定义项目符号　　　　　　　　图 3-24　自定义编号

　　取消项目符号、编号和多级列表,只需再次单击相应的按钮,在项目符号库、编号库、多级列表库中单击"无"按钮即可。

5）边框和底纹

　　边框和底纹主要起强调和美观的作用。选择段落,单击"开始"选项卡"段落"组中的"框线"按钮右边的下拉按钮,在下拉菜单中选择"边框和底纹"命令,打开"边框和底纹"的对话框,如图 3-25 所示,其中有"边框"、"页面边框"和"底纹"3 个选项卡。

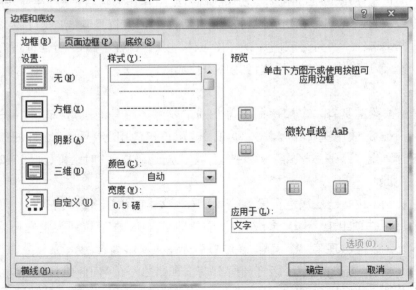

图 3-25　边框和底纹对话框

（1）"边框"选项卡

"边框"选项卡用于对选定的段落和文字加边框，可以选择边框的类别、样式、颜色和宽度等。如果只需对某些边设置边框线，则可以单击"预览"栏中的上、下、左、右边框按钮将不需要的边框线去掉。

（2）"页面边框"选项卡

"页面边框"选项卡用于对页面加边框。它的设置与"边框"选项卡类似，但增加了"艺术型"下拉列表框。

（3）"底纹"选项卡

"底纹"选项卡用于对选定的段落或文字加底纹。其中，"填充"列表框用于设置底纹的背景色；"样式"下拉列表框用于设置底纹的图案样式（如深色网格）；"颜色"下拉列表框用于设置底纹图案中点或线的颜色。

注意：在设置段落的边框和底纹时，要在"应用于"下拉列表框中选择"段落"；设置文字的边框和底纹时，要在"应用于"下拉列表框中选择"文字"。

6）制表位

制表位是段落格式的一部分，它决定了每按一次 Tab 键时插入点移动的距离。默认情况下，Word 每隔 0.74 厘米设置一个制位表。对某个段落设置的制表位，在按 Enter 键开始新的段落时，被自动复制到新段落中。

Word 提供的制表符有 5 种对齐方式，即左对齐、居中、右对齐、小数点对齐和竖线对齐。通过设置制表位可在文档中制作简易表格，对齐相关文本。

（1）利用"制表位"对话框精确设置制表位

①将插入点置于段落中。

②打开"段落"对话框，单击左下方的"制表位"按钮，打开"制表位"对话框，如图 3-26 所示。

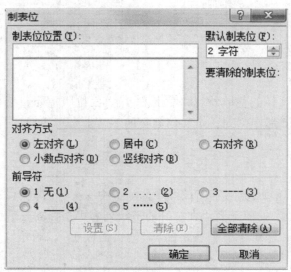

图 3-26　制表位对话框

③在"制表位位置"框中输入代表制表位位置的数值(单位为"厘米"或"字符"),在"对齐方式"区域选择对齐方式,选择前导符,然后单击"设置"按钮,将设置的制表位加入"制表位位置"列表中,完成一个制表位的设置。

④重复步骤③,设置其他制表位。最后单击"确定"按钮使设置生效。

(2)利用水平标尺粗略设置制表位

在水平标尺的最左端有一个制表位按钮,依次单击该按钮,可以在不同的制表符之间切换。设置时,只需单击制表符按钮确定所需的制表符类型,然后再单击水平标尺上需设置制表位的位置即可。

双击标尺上已经设置好的某个制表符,可打开"制表位"对话框进行精确设置,按住鼠标把制表位符号拖离标尺,即可删除该制表位。

制表位设置效果如图 3-27 所示。

图 3-27　制表位设置效果

### 3.3.4　页面排版

页面排版反映了文档的整体外观和输出效果,页面排版主要包括页面设置、页面背景、页眉和页脚等。页面排版是针对整个文档而言的。

1)页面设置

(1)简单设置

选择"页面布局"选项卡,在"页面设置"选项组中有文字方向、页边距、纸张方向、纸张大小等按钮,单击按钮旁的向下箭头在打开的下拉列表中选择需要的样式。如果要自定义纸张大小、页边距,可以单击下拉列表中的"其他页面大小"、"自定义边距"命令,打开"页面设置"对话框,按需设置即可。

(2)高级设置

单击"页面设置"对话框右下角的启动器按钮,打开"页面设置"对话框,包含"页边距"、"纸张"、"版式"和"文档网格"4 个选项卡,每个选项卡能为用户提供更加详细的页面设置内容。如"文档网格"选项卡中可以指定每行的字符数、每页的行数、文字排列方向,如图 3-28 所示。

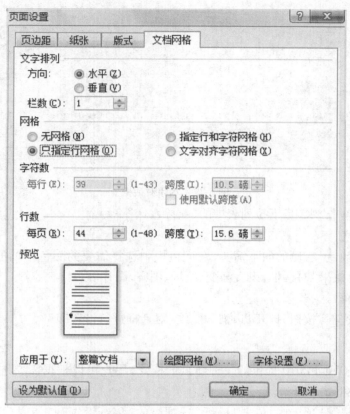

图 3-28　文档网格选项卡

"版式"选项卡中则可以设定"节的起始位置"、"页眉和页脚"(奇偶页不同、首页不同及页眉页脚距纸张边缘的距离)、"垂直对齐方式"等。

2)页面背景

在"页面布局"选项卡的"页面背景"选项组中,可以设置水印、页面颜色和页面边框。

(1)水印

水印是显示在文档文本后面的文字或图案,以实现鉴别文件真伪、版权保护等功能。单击"水印"按钮右侧的向下箭头,在下拉列表中选择水印样式。选择"自定义水印"命令,打开"水印"对话框,如图 3-29 所示。可选择一幅图作为水印,也可输入文字水印,并设置字体、字号、颜色、版式等。完成设置后,水印会显示在当前文档每一页的固定位置上。

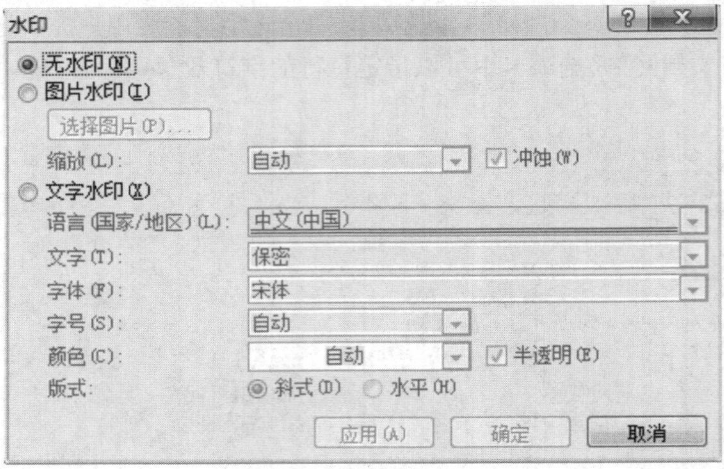

**图 3-29　水印对话框**

删除水印：单击"水印"下拉列表中的"删除水印"命令。

（2）页面颜色

单击"页面颜色"右侧的向下箭头，在调色板中选择需要的颜色。单击"填充效果"命令，可打开"填充效果"对话框，设置渐变、纹理、图案、图片等。

（3）页面边框

单击"页面边框"按钮，打开"边框和底纹"对话框进行设置即可。

3）稿纸

稿纸样式是 Word 2010 提供的一种新页面样式，用户可以根据需要选用方格式稿纸、行线式稿纸或外框式稿纸等。

在"页面布局"选项卡中，单击"稿纸"选项组的"稿纸设置"按钮，打开"稿纸设置"对话框，在"格式"列表中选择稿纸样式，设置行、列数、网格颜色等，单击"确认"按钮，系统自动生成稿纸。

4）分页与分节

（1）分页

通常情况下，用户在编辑 Word 文档时，系统会自动进行分页，但在一些特殊的情况下需要在上一页未写完时重新开始新的一页。这时就需要手工插入分页符来强制分页。

插入分页符的操作如下：

①将插入点置于要分页的位置。

②单击"页面布局"选项卡，在"页面设置"选项组中单击"分隔符"按钮。

③在打开的"分隔符"下拉列表中选择"分页符"。

更简单的手工分页方法：将插入点置于要分页的位置，按快捷键 Ctrl + Enter 即可。

删除分页符：在草稿视图下，分页符显示为单虚线。选中分页符后按 Del 键可将其删除。

（2）分节

默认情况下，将整个文档作为一个节来处理，对于长文档，有时需要对不同部分进行不同的格式设置,如为不同页面设置不同的页眉、页脚、页边距、页方向等,这时就要将文档分成多个节。

插入分节符的操作如下:

①将插入点置于选定位置。

②单击"页面布局"选项卡,在"页面设置"选项组中单击"分隔页"按钮。

③在打开的"分隔符"下拉列表的 4 种类型分节符中选择一种。

- "下一页":分节符后的文本从新的一页开始。
- "连续":新节与前面一节同处于当前页中。
- "偶数页":新节中的文本从下一偶数页开始。
- "奇数页":新节中的文本从下一奇数页开始。

删除分节符:分节符只在草稿视图下可见,显示为一条双虚线。选中分节符后按 Del 键即可删除。

5)页眉、页脚和页码

页眉是指每页文档顶部的文字或图形,页脚是每页文档底部的文字或图形。页眉和页脚一般用来显示文档的附加信息,如文档页码、打印日期、公司名称和徽标等。页眉和页脚只能在页面视图或打印预览视图中可见。

(1)插入页眉、页脚

①选择"插入"选项卡,在"页眉页脚"选项组中单击"页眉/页脚"按钮,在下拉列表中选择系统内置的页眉/页脚样式。

②进入页眉/页脚编辑状态。按页眉/页脚样式中的提示输入页眉/页脚文本。

③单击功能区最右边的"关闭页眉页脚"按钮,退出页眉/页脚编辑状态,也可在正文区域双击退出页眉/页脚区域。

④要取消已设置的页眉,选择"页眉/页脚"下拉列表中的"删除页眉/页脚"命令。

⑤要编辑已有的页眉/页脚,只需双击页眉/页脚区域即可进入编辑状态。

(2)首页不同的页眉页脚

对于书刊、信件、企划书或总结等 Word 文档,通常需要去掉首页的页眉页脚。这时,可以按以下步骤操作:

①进入页眉/页脚编辑状态,在"页眉和页脚工具—设计"选项卡的"选项"组中勾选"首页不同"复选框,如图 3-30 所示。

②按上述插入页眉/页脚的方法插入相应的页眉/页脚即可。

图 3-30 "页眉和页脚工具—设计"选项卡

(3)奇偶页不同的页眉/页脚

对于教材、论文,一般需要设置奇数页的页眉为书名,偶数页页眉为章节名,可以按以下步骤操作：

图 3-31　页码格式对话框

①进入页眉/页脚编辑状态，在"页眉和页脚工具—设计"选项卡的"选项"组中勾选"奇偶页不同"复选框。

②按上述插入页眉/页脚的方法分别插入奇数页和偶数页的页眉/页脚即可。

（4）页码

通常位于页眉或页脚区域，或者在左、右页边距内。选择"插入"选项卡，单击"页眉页脚"选项组的"页码"按钮，打开其下拉列表，按需要的位置选择页码样式，选择列表中"设置页码格式"命令，打开"页码"格式对话框，如图 3-31 所示，可设置页码编号格式和页码编号的起始值。

6）分栏

报刊和杂志在排版时，经常需要对文章内容进行分栏排版，使文章易于阅读，页面也更加生动美观。可以通过"页面布局"选项卡的"页面设置"组中的"分栏"按钮设置。

### 3.3.5　特殊格式设置

1）首字下沉

首字下沉是指一个段落的第一个字采用特殊的格式显示，目的是使段落醒目，吸引读者的注意力。设置方法如下：

①将插入点置于段落中。

②选择"插入"选项卡，在"文本"选项组中单击"首字下沉"按钮，在下拉列表中选择"下沉"或"悬挂"。

③若选择"首字下沉"命令，则打开"首字下沉"对话框，可以设置首字下沉的位置、下沉行数、距正文的距离等，单击"确定"按钮，如图 3-32 所示。

取消首字下沉效果：在下拉列表中选择"无"即可。

2）脚注和尾注

脚注和尾注用于给文档中的文本加以注释，如

图 3-32　首字下沉对话框

备注、说明、文档引用的文献等。不同之处在于，脚注位于页面底端而尾注位于文档结尾。

下面以脚注为例，说明插入、移动、删除脚注标记的操作。脚注包括两部分：脚注标记和脚注内容。脚注标记位于正文中，以上标标记字符的形式显示。一页中有多个脚注时，

可用带有数字的脚注标记表明脚注序号，插入脚注标记的操作如下：

①选中需要加注释的文本。

②选择“引用”选项卡，在“脚注”选项组中单击“插入脚注”按钮。在指定位置处将自动插入一个脚注标记（默认为数字 1）。

③插入点自动移到页面底端，用户可输入脚注内容并对其进行格式化。

④若用户要使用其他脚注标记，单击“脚注”对话框启动器按钮，打开“脚注和尾注”对话框，如图 3-33 所示。设置脚注位置，指定起始编号和编号方式，然后单击“插入”按钮。

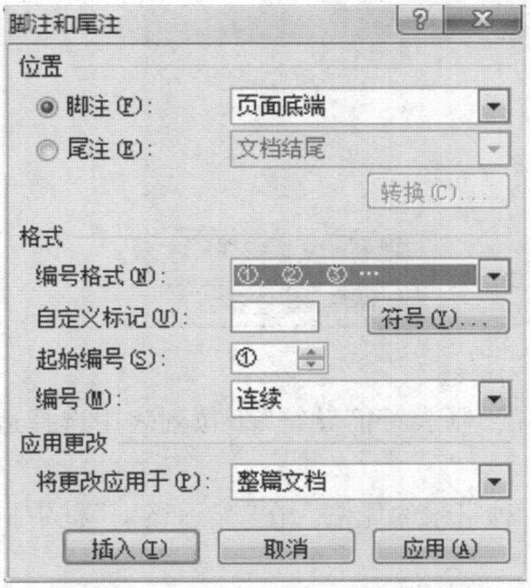
脚注和尾注
位置
脚注(F)：
页面底端
尾注(E)：
文档结尾
转换(C)...
格式
编号格式(N)：
①，②，③ …
自定义标记(U)：
符号(Y)...
起始编号(S)：
①
编号(M)：
连续
应用更改
将更改应用于(P)：
整篇文档
插入(I)
取消
应用(A)

图 3-33 “脚注和尾注”对话框

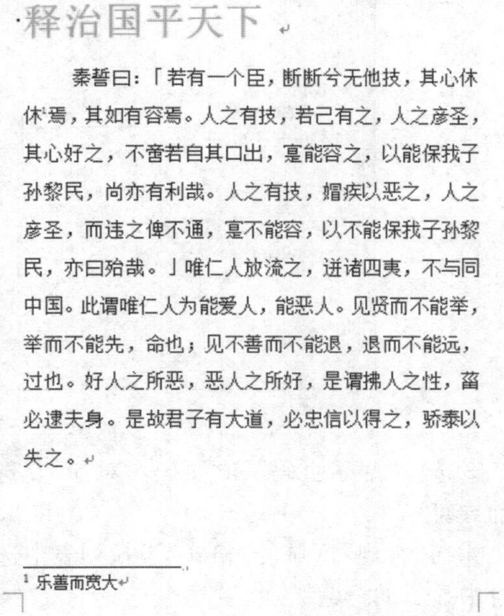
释治国平天下
秦誓曰：「若有一个臣，断断兮无他技，其心休休焉，其如有容焉。人之有技，若己有之，人之彦圣，其心好之，不啻若自其口出，寔能容之，以能保我子孙黎民，尚亦有利哉。人之有技，媢疾以恶之，人之彦圣，而违之俾不通，寔不能容，以不能保我子孙黎民，亦曰殆哉。」唯仁人放流之，迸诸四夷，不与同中国。此谓唯仁人为能爱人，能恶人。见贤而不能举，举而不能先，命也；见不善而不能退，退而不能远，过也。好人之所恶，恶人之所好，是谓拂人之性，菑必逮夫身。是故君子有大道，必忠信以得之，骄泰以失之。
1 乐善而宽大

图 3-34 脚注效果图

对于插入了脚注的文档，当鼠标指定某个脚注标记时，会在其上方出现提示框，显示该脚注内容，插入脚注的效果如图 3-34 所示。

移动脚注标记：首先选定脚注标记，然后用鼠标将其拖动到新位置。

删除脚注标记：选中该标记后按 Del 键。

另外，脚注和尾注可以相互转换，在“脚注和尾注”对话框中单击“转换”按钮，在“转换注释”对话框中选择需要的选项。

3）目录

书籍或长文档编写完后，需要为其制作目录，方便读者阅读和大概了解文档的层次结构及主要内容。除了手工输入目录外，Word 2010 还提供了自动生成目录的功能。

（1）创建自动目录

要自动生成目录，前提是将文档中的各级标题用快速样式库中的标题样式统一格式化。一般情况下，目录分为 3 级，可以使用相应的 3 级标题“标题 1”、“标题 2”、“标题 3”样式，也可以使用其他几级标题样式或者自己创建的标题样式来格式化。之后，只需按下面的步骤操作：

①将插入点置于文档中欲插入目录的地方,通常是文档的开头位置。

②选择"引用"选项卡,在"目录"选项组中单击"目录"按钮,在下拉列表中选择"插入目录"命令,打开"目录"对话框,如图3-35所示。

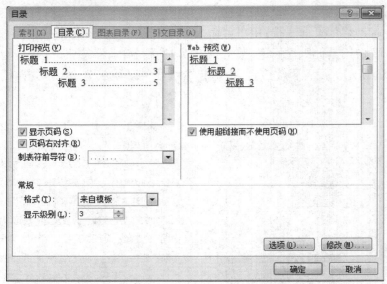

图3-35 "目录"对话框

③选中"显示页码"和"页码右对齐"复选框,在"制表符前导符"下拉列表中选择适当的前导符。

④在"常规"区域的"格式"下拉列表中选择一种目录的风格。在"显示级别"框中指定目录中显示的标题级别。

⑤"Web预览"区域中可以看到显示效果。最后,单击"确定"按钮。Word将搜索整个文档的标题及其对应页码,自动生成目录。

(2)创建手动目录

Word 2010还提供手动目录。在"目录"下拉列表中选择"手动目录"样式,插入点处会生成一段目录。用户可以根据自己的需要编辑标题和页码,不受文档内容影响。

(3)目录更新

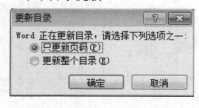

图3-36 "更新目录"对话框

如果文字内容在编制目录后发生了变化,Word 2010可以很方便地对目录进行更新。方法是:在目录中右击,选择"更新域",弹出"更新目录"对话框,如图3-36所示,选择"更新整个目录"单选按钮,单击"确定"按钮即可。也可以通过"引用"选项卡中"目录"组的"更新目录"按钮操作。

4)题注

题注是一种可以为文档中的图案、表格、公式或其他对象添加的编号标签。使用标注可以保证长文档中的图片、表格或图标等项目能够顺序地自动编号,而当移动、插入或删除带标注的项目时,Word会自动更新题注的编号。

添加题注的操作如下：

①选定要添加题注的对象。

②选择"引用"选项卡，在"题注"选项组中单击"插入题注"按钮，或在选定对象上右击，在快捷菜单中选择"插入题注"命令，打开"题注"对话框，如图 3-37 所示。

③在"标签"下拉列表中选择需要的标签样式。

④单击"新建标签"按钮，用户可以自定义标签。单击"编号"按钮可以自定义题注编号样式。最后，单击"确定"按钮完成题注设置。

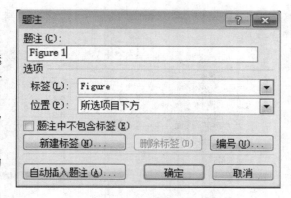

图 3-37　"题注"对话框

## 3.3.6　高效排版与修订

1）使用格式刷

使用格式刷可以快速复制格式，提高效率。格式刷的使用方法如下：

①选定要复制格式的文本或段落（如果是段落，在该段落的任意处单击即可）。

②单击"开始"选项卡的"剪贴板"组中的"格式刷"按钮。

③用鼠标拖曳经过要应用此格式的文本或段落（如果是段落，在该段落的任意处单击即可）。

如果同一格式要多次复制，可在第②步操作时，双击"格式刷"按钮。若需要退出多次复制操作，可再次单击"格式刷"按钮或按 Esc 键取消。

2）定义和使用样式

样式是用样式名表示的一组命名的字符和段落排版格式的组合。使用样式的优势在于：可以快速统一文档的格式；快速设置各级标题格式，有助于构建文档大纲和创建目录，特别是当修改了某样式后，Word 会自动将其应用到整篇文档中带有此样式的文本格式上。避免了一些重复性操作，大大提高了工作效率。

（1）使用已有样式

选定需要使用样式的段落，在"开始"选项卡的"样式"组中的快捷样式库中选择已有的样式。或单击"样式"组右下角的对话框启动器，打开"样式"任务窗格，在列表框中根据需要选择相应的样式。

（2）新建样式

当样式库提供的样式不能满足用户需要时，可以定义新的样式。操作如下：

①单击"样式"任务窗格左下角的"新建样式"按钮，打开"根据格式设置创建新样式"对话框。

②在该对话框中输入样式名（如 ys-1），选择样式类型、样式基准，设置该样式的格式，再选择"添加到快速样式列表"复选框，如图 3-38 所示。

③新样式建立后,新样式的名字将出现在"样式"列表中,此后用户可将其作为已有的样式使用。

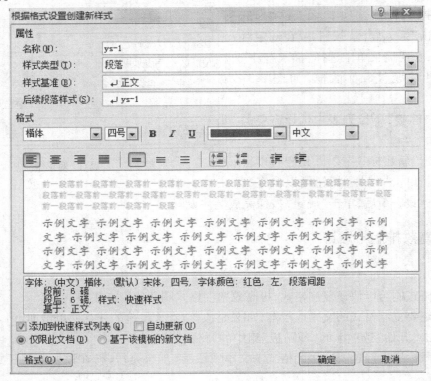

图3-38　新建样式

说明:在"根据格式设置创建新样式"对话框中设置样式格式时,可以通过"格式"栏中的相应按钮快速、简单地设置,也可以单击"格式"下拉按钮,在弹出的下拉菜单中选择相应的命令详细设置。

(3)修改和删除样式

在 Word 中,系统样式和自定义样式都可修改。样式修改后,所有应用该样式的对象格式都将随之改变。方法如下:

①打开"样式"任务窗格,将鼠标指向"样式"窗格列表中要修改的样式名,单击其右侧的向下箭头,打开下拉列表。

②单击"修改"命令,则可在"修改样式"对话框中修改当前样式的设置;若单击列表中"删除 ys-1(自定义样式名)"项,则可将该样式删除。

3)添加批注与修订文档

(1)添加批注

批注是为了帮助审阅者更好地理解文档内容以及跟踪文档的修改状况而添加的注释说明。

添加批注的操作如下:

①选定要添加批注的文本或对象。

②选择"审阅"选项卡，单击"批注"选项组中的"新建批注"按钮，在文档右侧出现自动编号的批注框，输入批注信息即可。

删除批注：在批注框快捷菜单中选择"删除批注"命令，或在"批注"选项组中单击"删除"按钮；要删除所有批注，单击"删除"按钮右侧的向下箭头，在列表中选择"删除文档中的所有批注"命令。

切换批注：单击"批注"选项组中"上一条"、"下一条"按钮，可以切换到前面或后面要编辑的备注框。

（2）修订文档

为了便于沟通交流，Word 可以启动审阅修订模式。启动审阅修订模式后，Word 将记录显示出所有用户对该文件的修改。

启用修订模式的操作如下：

①选择"审阅"选项卡，在"修订"选项组中单击"修订"按钮进入修订状态。

②按正常方式修改文档，文本处会相应显示修订结果，同时修改行的左侧会出现修订标记（一条竖线），效果如图 3-39 所示。

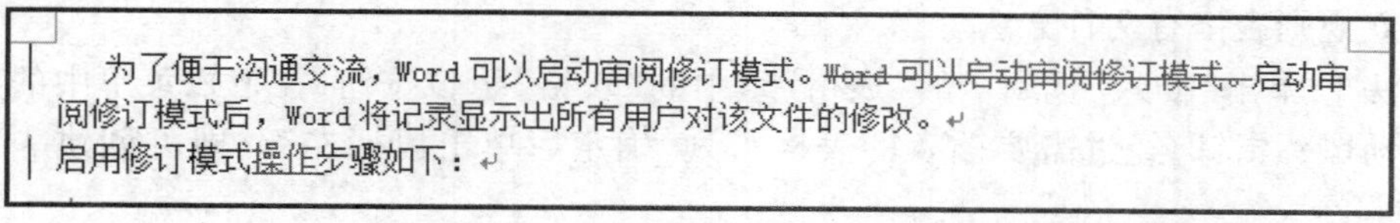

> 为了便于沟通交流，Word 可以启动审阅修订模式。~~Word 可以启动审阅修订模式。~~启动审阅修订模式后，Word 将记录显示出所有用户对该文件的修改。↵
> 启用修订模式操作步骤如下：↵

**图 3-39　修订效果图**

③多人修订，可以在"修订"下拉列表中选择"更改用户名"命令，打开"Word 选项"对话框，设置用户名和缩写，再按正常方式修改文档。

修订过的文档可以 4 种方式显示。单击"修订"选项组的"显示以供审阅"按钮，在下拉列表中选择以下选项：

● 最终：显示标记及修订后的内容（有修订标记，并在右侧显示出对原文的操作，如删除、格式调整等）。

● 最终状态：只显示修订后的内容（不含任何标记）。

● 原始：显示标记及原文内容（有修订标记，并在右侧显示出修订操作，如添加的内容等）。

● 原始状态：只显示原文内容（不含任何标记）。

④单击"更改"选项组的"上一条"、"下一条"按钮，可以逐一查看修订。"接受"、"拒绝"按钮用于确定和取消当前修订内容。

停止修订模式：再次单击"修订"按钮即可退出修订状态。

# 3.4　表格操作

在文档中，使用表格是一种简明扼要的表达方式。它以行和列的形式组织信息，结构严谨，效果直观。一张表格常常就可以代替大篇的文字描述。所以在各种经济、科技类书刊和文章中越来越多地使用表格。

### 3.4.1 创建表格

Word 中的表格有 3 种类型:规则表格、不规则表格、文本转换成的表格,如图 3-40 所示。表格由若干行和若干列组成,行和列的交叉处称为"单元格"。单元格内可以输入字符、图形,或插入另一个表格。

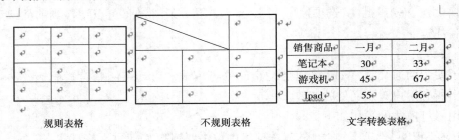

| | | | | | | | 销售商品 | 一月 | 二月 |
|---|---|---|---|---|---|---|---|---|---|
| | | | | | | | 笔记本 | 30 | 33 |
| | | | | | | | 游戏机 | 45 | 67 |
| | | | | | | | Ipad | 55 | 66 |

规则表格　　　　　　　　　不规则表格　　　　　　　　文字转换表格

图 3-40　3 种表格形式

1)建立规则表格

建立规则表格有两种方法。

方法 1:单击"插入"选项卡的"表格"组中的"表格"下拉按钮,在下拉菜单中的虚拟表格里移动鼠标指针,经过需要插入的表格行列,确定后单击鼠标左键,即可创建一个规则表格。

方法 2:单击"插入"选项卡的"表格"组中的"表格"下拉按钮,在下拉菜单中选择"插入表格"命令,出现如图 3-41 所示的对话框,在对话框中进行如下设置:

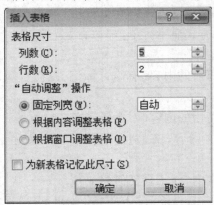

图 3-41　插入表格对话框

①在"列数"和"行数"框中分别输入列数和行数。

②在"自动调整"区选择一种定义列宽的方式。

● "固定列宽":数值框中输入数值,可按指定列宽建立表格。

● 选择"固定列宽"中的"自动"项,或选择"根据窗口调整表格"单选按钮,则表格的宽度与正文区相同。

● "根据内容调整表格":表格的列宽自动适应列中的内容。

③选中"为新表格记忆此尺寸"复选框,可以把此对话框中的设置变成以后创建新表格时的默认值。

2)建立不规则表格

建立不规则表格有两种方法。

方法1:单击"表格"下拉列表中的"绘制表格"命令,鼠标指针变成铅笔形状,按住鼠标左键可以画出表格的横线、竖线或者斜线(斜线表格)。

方法2:先建立规则表格,再利用"拆分与合并单元格"和"边框"按钮功能完成不规则表格的绘制。

3)将文本转换成表格

按规律分隔的文本可以转换成表格,文本的分隔符可以是空格、制表符、逗号或其他符号等。转换步骤如下:

①选定要转换为表格的文本。

②选择"插入"选项卡,在"表格"选项组中单击"表格"按钮打开下拉列表,选择"文本转换成表格"命令,打开"将文字转换成表格"对话框,如图3-42所示。

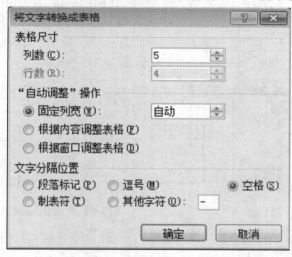

**图3-42 "将文字转换成表格"对话框**

③在"列数"框里输入转换后表格的列数。

④在"自动调整"操作区设置调整列宽的方式。

⑤在"文字分隔位置"区,指定所选文本中使用的分隔符。

⑥单击"确定"按钮完成。

注意:文本分隔符不能是中文或全角状态的符号,否则转换不成功。

在文档中插入表格后,窗口功能区会自动出现"表格工具"的"设计"和"布局"两个选项卡,用于该表格的编辑和设计操作。同时,在Word中插入其他对象时,功能区中会增加该对象的工具选项卡,如"图片工具"选项卡、"绘图工具"选项卡等。

### 3.4.2 编辑表格

1）选定表格编辑区

①选定整个表格：单击表格左上角的十字箭头。

②选定一整行：鼠标指向该行左边界，当指针变成右上箭头时，单击。

③选定一整列：鼠标指向该列上边界，当指针变成黑色下箭头时，单击。

④选定一个单元格：鼠标指向单元格左边界处，指针变成黑色右上箭头，单击。

⑤选定多个连续单元格：单击第一个单元格，按住 Shift 键，单击最后一个单元格。

⑥选定多个不连续单元格：选定第一个单元格，按住 Ctrl 键同时选定其他单元格。

2）缩放表格

当鼠标指针位于表格中间时，在表格的右下角会出现符号 ⌐，称为"句柄"。将鼠标指针移动到句柄上，当鼠标指针变成斜箭头时，拖动鼠标可以缩放表格。

3）合并与拆分单元格

选择"表格工具"→"布局"选项卡，在"合并"选项组中单击相应按钮即可。

"合并单元格"按钮：可以将选定的两个或者多个连续单元格合并成一个单元格。

"拆分单元格"按钮：打开如图 3-43 所示的"拆分单元格"对话框。指定需要拆分的列数和行数，单击"确定"按钮，拆分结果如图 3-44 所示。

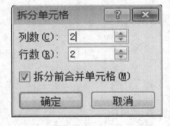

图 3-43 "拆分"对话框

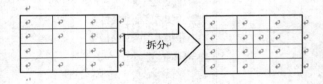

图 3-44 "拆分"效果图

"拆分表格"按钮：将插入点置于要成为第二个表格的首行上，单击"拆分表格"按钮，可将当前表格拆分成两个表格。

4）插入/删除行、列或单元格

选择"表格工具"→"布局"选项卡，在"行和列"选项组中进行如下操作。

（1）插入行和列

在表格中要插入新行的位置选定一行或多行。选定的行数决定了将要插入的新行的行数，如选定 2 行，将在表格中插入 2 行。单击"在上方插入"或"在下方插入"按钮即可插入，插入列的方法类似。

（2）插入单元格

①在要插入的单元格的位置上选择一个或多个单元格。

②单击"行和列"组右下角的对话框启动器按钮，或右击，在弹出的快捷菜单中选择"插入"→"插入单元格…"菜单项，打开"插入单元格"对话框，如图 3-45 所示。

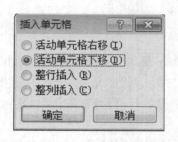

图 3-45 "插入单元格"对话框

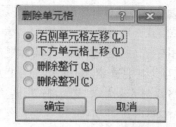

图 3-46 "删除单元格"对话框

③根据需要,在"活动单元格右移"、"活动单元格下移"、"整行插入"、"整列插入"4 个选项中选择一项,然后单击"确定"按钮。

(3)删除单元格

①选定要删除的一个或者多个单元格。

②单击"行和列"选项组中的"删除"按钮,选择下拉列表中的"删除单元格…"命令,或右击打开快捷菜单,选择"删除单元格"命令,打开"删除单元格"对话框,如图 3-46 所示。

③根据需要,在"右侧单元格左移"、"下方单元格上移"、"删除整行"、"删除整列"4 个选项中选择一项,单击"确定"按钮。

5)改变行高和列宽

(1)拖动鼠标模糊设置列宽

将鼠标移到要调整列宽的表格边框线上,当鼠标指针变为左右箭头时,按住鼠标左键向左或向右拖动,直至所需的宽度。

(2)在对话框中精确设置列宽

选定表格,在"表格工具"→"布局"选项卡中的"单元格大小"组的"高度"文本框和"宽度"文本框中设置具体的行高和列宽。或单击"表"组中的"属性"按钮,或在快捷菜单中选择"表格属性"命令,打开"表格属性"对话框,在"行"和"列"选项卡中进行相应设置。

(3)平均分布各列

如果要将选定的多个相邻的列宽不等的单元格调整成相等列宽,可在"布局"选项卡的"单元格大小"选项组中单击"分布行"或"分布列"按钮。或右击,在快捷菜单中选择"平均分布各行""平均分布各列"命令。

### 3.4.3　格式化表格

格式化表格主要包括应用表格样式、设置单元格中文本对齐方式、改变文字方向、给表格添加边框和底纹等,以增强表格视觉效果。对表格格式的设置大多是在"表格工具"→"设计"选项卡中进行。

1)应用表格样式

Word 2010 为用户提供了 98 种预定义的表格样式。在编排表格时,无论是新建的空表还是已经输入数据的表格,都可以将这些样式应用于指定表格,实现快速编排。

(1)应用内置样式

将插入点置于表格任意位置。选择"设计"选项卡,在"表格样式"选项组列表中选择需要的样式。

（2）修改样式

表格应用样式后，若还需要对其标题行、汇总行等进行修改。选择"设计"选项卡，在"表格样式选项"组中选定"标题行"、"汇总行"、"第一列"、"最后一列"复选框，指定的行列将以特殊格式显示；选定"镶边行""镶边列"，使偶数行/列与奇数行/列显示出不同的效果，这样使表格的可读性更强。

要修改字体、字号、加粗、倾斜、线型、颜色等，则需要在"表格样式"选项组中，单击样式列表右边的"其他"按钮，在下拉列表中选择"修改表格样式"命令，打开"修改样式"对话框，如图3-47所示。

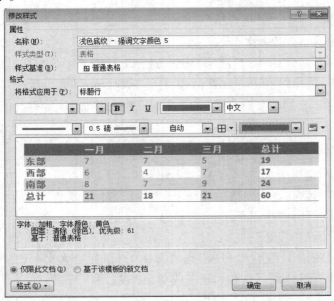

图 3-47 "修改样式"对话框

（3）自定义样式

在"表格样式"选项组中，单击下拉列表中的"新建表格样式"命令，打开"根据格式设置创建新样式"对话框。在"属性"区域设置样式名称、样式类型和基准样式，在"格式"区域设置字体格式、边框等，操作步骤类似于创建文本样式。

2）设置单元格对齐方式和文字方向

设置单元格对齐方式有两种。

方法1：右击文字，在快捷键菜单中选择"单元格对齐方式"命令，再在打开的级联菜单中选择需要的对齐方式，如图3-48所示。

方法2：分别设置文字在单元格中的水平对齐方式和垂直对齐方式。其中，水平对齐方式可以利用"开始"选项卡的"段落"组中

图 3-48 单元格对齐方式

平对齐方式和垂直对齐方式。其中，水平对齐方式可以利用"开始"选项卡的"段落"组中的对齐按钮设置；垂直对齐方式则需要单击"表格工具"→"布局"选项卡的"表"组中的"属性"按钮，在打开的"表格属性"对话框的"单元格"选项卡中进行操作，如图3-49所示。

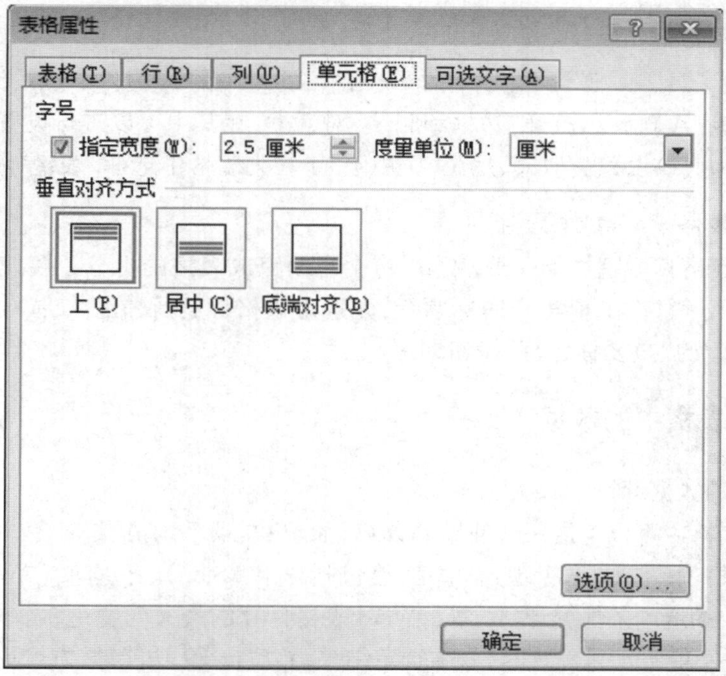

图 3-49　"表格属性"对话框

　　默认状态下,单元格中的文字都是横向排列的,若要改变文字方向,可以用以下两种方法完成。

　　方法 1:先选中要改变文字方向的单元格,选择"布局"选项卡,单击"对齐方式"选项组中的"文字方向"按钮,即可将表格中的文字方向改为纵向。再次单击,可取消纵向排列恢复横向排列。

　　方法 2:先选中要改变文字方向的单元格,右击,在快捷菜单中选择"文字方向"命令,打开"文字方向-表格单元格"对话框,选择需要的文字方向,如图 3-50 所示。

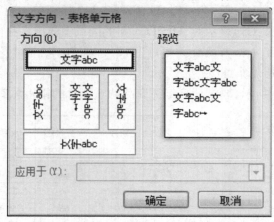

图 3-50　"文字方向-表格单元格"对话框

3）设置表格边框和底纹

单击"表格工具"→"设计"选项卡的"表格样式"组中的"边框"下拉按钮,在下拉菜单中选择"边框和底纹"命令,打开"边框和底纹"对话框,在其中可以进行设置。其设置方法与段落的边框和底纹设置类似,只是在"应用于"下拉列表框中选择"表格"。

4）为多页表格设置重复标题行

当创建的表格长度超过了一页,Word 将会自动完成表格的拆分。要使分成多页的表格在每一页的第一行都出现相同的标题行,先选定表格标题行,在"布局"选项卡中,单击"数据"选项组中的"重复标题行"按钮即可。

### 3.4.4 处理表格中的数据

1）表格中的数据计算

在 Word 表格中可以完成一些简单的计算,如求和、求平均值、统计等。这些操作可以通过 Word 提供的函数快速实现,这些函数包括求和(Sum)、平均值(Average)、最大值(Max)、最小值(Min)、条件统计(If)等。Word 表格计算的最大问题是,当单元格的内容发生变化时,结果不能自动重新计算,必须选定结果,然后按 F9 功能键,方可更新。

表格中的每一行号依次用数字 1,2,3……表示,每一列号依次用字母 A,B,C……表示,每一单元格号为行列交叉号,即交叉的列号加行号,如 A3 表示第 1 列第 3 行的单元格。如果要表示表格中的单元格区域,可采用格式"左上角单元格号:右下角单元格号"。在 Word 2010 中,通过"表格工具"→"布局"选项卡的"数据"组中的"公式"按钮来使用函数或直接输入计算公式。作为函数括号中操作对象的指定有以下 3 种情况(以 average 函数为例):

第 1 种:average(LEFT)和 average(ABOVE)分别表示对插入点左侧或上方若干相邻单元内容求平均值。

第 2 种:average (A1,B2,C3)表示对 A1、B2、C3 3 个相邻单元内容求平均值。

第 3 种:average (A1:C3)表示对 A1 到 C3 矩形区域中的单元格内容求平均值。

注意:"公式"文本框中输入的公式均以"＝"开头,且其中的":"和","都必须是英文的标点符号,否则会导致计算错误。

[例 3-4]如图 3-51 所示,要求计算每种商品的 6 个月的销售总额。

| 商品编号 \ 月份 | 一月 | 二月 | 三月 | 四月 | 五月 | 六月 | 销售总额 |
|---|---|---|---|---|---|---|---|
| 150001 | 30 | 33 | 23 | 56 | 33 | 76 | |
| 150002 | 45 | 67 | 88 | 78 | 44 | 45 | |
| 150003 | 31 | 45 | 55 | 69 | 66 | 52 | |
| 150004 | 33 | 50 | 55 | 70 | 66 | 55 | |

图 3-51 计算销售总额

操作步骤如下：

①单击用于存放第 1 种商品的销售总额的单元格（h2）。

②单击"表格工具"→"布局"选项卡的"数据"组中的"公式"按钮，打开"公式"对话框，并输入函数参数"b2：g2"，如图 3-52 所示。

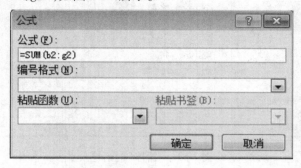

图 3-52 "公式"对话框

③单击"确定"按钮关闭"公式"对话框。用如上方法可计算出其他商品的销售总额。计算结果如图 3-53 所示。

| 月份<br>商品编号 | 一月 | 二月 | 三月 | 四月 | 五月 | 六月 | 销售总额 |
|---|---|---|---|---|---|---|---|
| 150001 | 30 | 33 | 23 | 56 | 33 | 76 | 251 |
| 150002 | 45 | 67 | 88 | 78 | 44 | 45 | 367 |
| 150003 | 31 | 45 | 55 | 69 | 66 | 52 | 318 |
| 150004 | 33 | 50 | 55 | 70 | 66 | 55 | 329 |

图 3-53 "求和"效果图

2）表格中的数据排序

表格中的数据可以按照数值、笔画、拼音、日期等方式进行升序或降序排列。选定要排序的多个列，选择"布局"选项卡，单击"数据"选项组中的"排序"按钮，打开"排序"对话框，即可完成排序工作。Word 允许按照 3 个关键字排序，即主关键字有多个相同的值时，可按次关键字排序，若该列也有多个相同的值，再按照第三关键字排序。

［例 3-5］对上题的表格进行排序：首先按五月降序排序，如果五月的销售额相同，再按销售总额降序排序。

操作步骤如下：

①选中表格中的任意单元格，单击"表格工具"→"布局"选项卡的"数据"组中的"排序"按钮，弹出"排序"对话框。

②设置主要关键字和次要关键字及相应的排序方式，如图 3-54 所示。

③单击"确定"按钮关闭对话框。排序效果如图 3-55 所示。

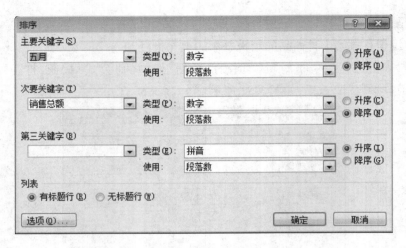

图 3-54　"排序"对话框

| 月份<br>商品编号 | 一月 | 二月 | 三月 | 四月 | 五月 | 六月 | 销售总额 |
|---|---|---|---|---|---|---|---|
| 150004 | 33 | 50 | 55 | 70 | 66 | 55 | 329 |
| 150003 | 31 | 45 | 55 | 69 | 66 | 52 | 318 |
| 150002 | 45 | 67 | 88 | 78 | 44 | 45 | 367 |
| 150001 | 30 | 33 | 23 | 56 | 33 | 76 | 251 |

图 3-55　排序后效果图

# 3.5　对象操作

## 3.5.1　插入图片

1）插入图片

图 3-56　"剪贴画"任务窗格

插入的图片可以来自剪贴画库、图形文件、截取屏幕图片等，还可以对插入的图片进行编辑。"插入"选项卡的"插图"选项组提供了插入图片、剪贴画、屏幕截图等功能。

（1）插入剪贴画

Office 为用户提供了大量的剪贴画，并将其保存在剪辑管理器中，操作如下：

①将插入点置于需要插入剪贴画的位置。

②单击"插图"选项组中的"剪贴画"按钮，打开"剪贴画"任务窗格。

③在"搜索文字"文本框中输入要搜索的关键字，如"花"，单击"搜索"按钮，列表框中将显示出相关的剪贴画，如图 3-56 所示。

④单击选中的剪贴画，或单击剪贴画右边的向下箭头，在下拉列表中选择"插入"命令。选定的剪贴画将被插入到指定位置。

（2）插入文件中的图片

方法和插入剪贴画类似。

（3）截取屏幕图片

Word 2010 新增了屏幕图片截取功能，可以将当前屏幕全部或部分插入到文档中。操作如下：

①将插入点置于需要插入图片的位置。

②单击"插图"选项组的"屏幕截图"按钮，打开"可用视窗"下拉列表。

③选择列表中应用程序的屏幕画面，插入到当前文档中。若选择"屏幕剪辑"命令，则可以通过鼠标拖动的方法截取屏幕部分画面作为图片插入到当前文档中。

Word 2010 中也可以通过按 Print Screen 键截取整个屏幕，按 Alt + PrintScreen 组合键截取当前活动窗口。

2）编辑图片

插入的图片通常需要进行一些必要的修改和处理，使其与文档完美结合。Word 文档中插入的图片有嵌入式和浮动式两种类型。默认情况下，图片为嵌入式类型，将图片视为文字对象，与文档中的文字一样占有实际位置，它在文档中与上下左右文本的位置始终保持不变。浮动式图片会位于文字下方或上方，也就是图片会盖住文字或文字盖住图片，并可以移动图片到任何地方。

（1）调整图片的尺寸和角度

模糊调整尺寸：单击图片上任意位置，按住鼠标左键拖动四边的控制点之一，可以改变图片的宽度或高度；拖动四角的控制点之一可同时改变宽度和高度；若拖动四角控制点的同时按住 Shift 键，则可按比例改变图片大小。

精确调整尺寸：可在"格式"选项卡"大小"选项组中输入"高度"和"宽度"值。

模糊调整角度：按住鼠标拖动图片上方的绿色旋转控制点，可以改变图片角度。

精确调整角度：单击"排列"选项组的"旋转"按钮，在下拉列表中可设置图片"左、右旋转 90°""垂直、水平反转"或"其他旋转选项…"。

（2）设置图片位置和文字环绕

图片位置一般是指图片在文档页面中的位置。选择"图片工具"→"格式"选项卡，单击"排列"选项组的"位置"按钮，在下拉列表中选择需要的位置样式，如图 3-57 所示。

其中，"嵌入文本行中"针对嵌入式图片，9 种"文字环绕"针对浮动式图片，如果单击"其他布局选项命令…"，则打开"布局"对话框，可以设置水平、垂直方向的绝对距离，如图 3-58 所示。

图 3-57 "位置"下拉列表

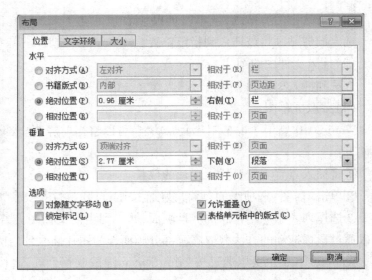

图 3-58 "布局-位置"对话框

　　设置文字环绕：单击"自动换行"按钮，下拉列表将显示 7 种环绕方式，除"嵌入型"，其他均为浮动型，单击选定可实现文档图片与文字的混排效果。单击下拉列表的"其他布局选项"命令，打开"布局"对话框，如图 3-59 所示。除了可以进行以上设置外，对话框中还可以设置图片与正文的距离等。

图 3-59 "布局-文字环绕"对话框

　　（3）裁剪图片

　　①矩形裁剪：单击"大小"选项组的"裁剪"按钮，然后将鼠标指向图片的某个控制点，按住鼠标左键拖动将图片裁剪到适当大小，松开鼠标，单击图片之外的区域确定裁剪结束。

　　②形状裁剪：单击"裁剪"按钮的向下箭头，选择"裁剪为形状"命令，图片可按照形状库中的形状进行裁剪。

（4）设置图片边框

操作步骤如下：

①选定图片。

②单击"图片样式"选项组的"图片边框"按钮，在下拉列表中选择适当的线型、粗细和颜色。

③单击"图片样式"选项组的"图片效果"按钮，在下拉列表中选择预设、阴影、旋转、发光、柔化等效果。

（5）删除图片的背景和着色

Word 2010 提供了去除图片背景的功能，使用户在制作文档的同时完成图片的简单加工和处理，而不必使用专门的图形处理软件。

操作步骤如下：

①选定图片。

②在"格式"选项卡中，单击"调整"选项组中的"删除背景"按钮，图片上出现遮幅区域，拖动鼠标调整删除的背景区域。

③单击"背景消除"选项卡中的"标记要保留的区域"按钮或"标记要删除的区域"按钮，通过鼠标拖动对图片进行修正，使保留和删除部分更加准确。

④单击"保留更改"按钮。

⑤单击"颜色"按钮，打开下拉列表，可以对图片重新着色，设置色调和饱和度等。

## 3.5.2 插入形状

在文档中除了可以插入图片外，用户还可以自行绘制各种形状图形，如矩形、箭头、线条、标注、流程图、星与旗帜等。

1）绘制图形

操作步骤如下：

①单击"插入"选项卡的"插图"选项组中的"形状"按钮，在下拉列表中选择需要的类型。

②单击选择的图形，然后在文档中要插入图形的位置，按住鼠标拖动绘出图形轮廓。若拖动鼠标时按住 Shift 键，则可保持图形的长宽比例。例如，选择"椭圆"，按住 Shift 键将绘制出"圆形"。

2）在图形中添加文字

除了直线、箭头等图形以外，在其他所有封闭图形中都可以添加文字。

操作方法：用鼠标指向要添加文字的图形，右击，在快捷菜单中选择"添加文字"命令。

3）编辑图形

（1）改变图形的位置和大小

操作方法同图片的操作一样。

（2）设置图形的形状格式

右击图形，在快捷菜单中选择"设置形状格式"命令，打开"设置形状格式"对话框，可以精确设置图形颜色、填充、三维旋转等，如图 3-60 所示。

图 3-60  "设置形状格式"对话框

（3）编辑图形顶点

选择"插入形状"选项组的"编辑形状"下拉列表中的"编辑顶点"命令，图形线条周围会出现黑色控制点，用鼠标拖动控制点，可将图形改变为任意需要的形状。

4）组合图形

组合图形可将文档中插入的多个图形对象组合成一个图形单元，以便同时编辑和移动。

操作方法是单击第一个图形，按住 Shift 键依次单击要组合的其他图形，然后在任何一个选定的图形上右击打开快捷菜单，从中选择"组合"→"组合"命令。

取消组合：在组合的图形上右击，从快捷菜单中选择"取消组合"命令。

5）叠放图形

在同一区域绘制多个图形时，后绘制的图形会将前面绘制的图形覆盖，此时需要调整图形的叠放次序。操作步骤如下：

①选定要调整的图形。如果图形被完全覆盖，可重复按 Shift + Tab 组合键选定图形。

②在"排列"选项组中单击"上移一层"或"下移一层"按钮，也可以根据需要选择下拉列表中的"置于顶层"、"浮于文字上方"、"置于底层"、"衬于文字下方"等命令。

### 3.5.3  插入 SmartArt 图形

SmartArt 图形是 Word 中预设的形状、文字及样式的集合，适用于演示流程，表现层次结构、循环或关系等，使得文档不再单调乏味，给人留下深刻印象。在 Word 2010 中 Smart-Art 图形类型有"列表"、"流程"、"循环"、"层次结构"、"关系"、"矩阵"、"棱锥图"、"图片"等。用户可以根据文档的内容选择需要的类型，然后对图形的内容和效果进行编辑。

1）插入 SmartArt 图形

选择"插入"选项卡，单击"插图"选项组中的 SmartArt 按钮，打开"选择 SmartArt 图形"对话框，如图 3-61 所示。在列表中选择需要的图形类型，右边区域显示预览效果和使用说明。

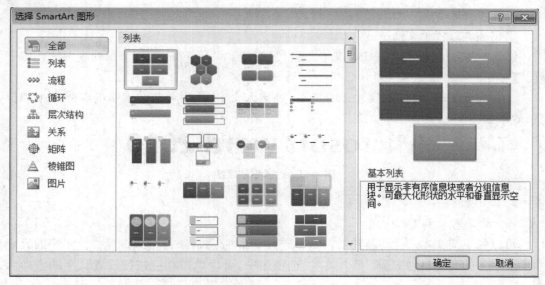

图 3-61 "选择 SmartArt 图形"对话框

2）改变 SmartArt 布局和样式

如果对插入文档中的 SmartArt 图形布局和样式不满意，选定该图形，在"设计"选项卡的"布局"选项组和"设计"选项卡"SmartArt"样式选项组列表中重新选择即可。

取消设置的布局和样式：单击"重设图形"按钮，可使 SmartArt 样式恢复最初状态。

3）创建图形

创建图形主要是更改 SmartArt 图形方向，添加或减少 SmartArt 图形的个数，添加文字等。

在插入的 SmartArt 图形中，可以输入文本的地方具有"［文本］"字样提示，直接输入即可。或者单击"创建图形"选项组中的"文本窗格"按钮，打开"在此处输入文字"浮动窗格，输入文本，如图 3-62 所示。

选择"设计"选项卡，单击"创建图形"选项组中的"添加形状"按钮。可在当前选定形状之前或之后添加新形状，要在新形状中输入文本，右击，在快捷菜单中选择"编辑文字"命令，插入点将自动出现在形状中。

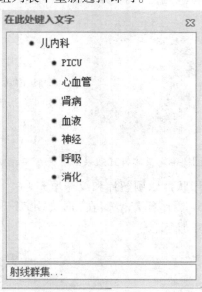

图 3-62 键入文字窗格

### 3.5.4 插入艺术字

使用 Word 提供的创建艺术字工具，可在文档中创建出各种文字的艺术效果。

1) 插入艺术字

操作步骤如下：

①将插入点置于文档中。

②选择“插入”选项卡，单击“文本”选项组的“艺术字”按钮，选择下拉列表中的艺术字样式。

③在提示文本“请在此放置您的文本”处输入文字，然后调节艺术字的字号大小和位置，效果如图 3-63 所示。

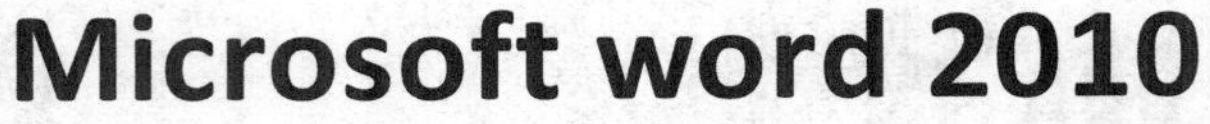
Microsoft word 2010

**图 3-63　艺术字效果图**

2) 编辑艺术字

(1) 设置艺术字文本格式

可以像正文文本一样对新建的艺术字进行字体、字号等字符格式设置。艺术字的大小将随着字号的变化自动缩放。在“文本”选项组中，可以单击相应按钮设置文字的方向和对齐方式。

(2) 改变艺术字文本样式

操作步骤如下：

①单击“艺术字样式”选项组的“文本填充”按钮，在下拉列表中选择需要的颜色，此颜色将填充艺术字内部，也可以用渐变色填充。

Microsoft Word 2010

**图 3-64　文本样式效果图**

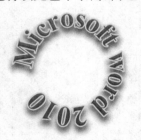

②单击“文本轮廓”按钮，选择一种颜色和线型作为艺术字轮廓线。

③单击“文字效果”按钮则可以设置阴影、映像、发光、三维旋转和转换等效果，效果如图 3-64 所示。

(3) 改变艺术字形状样式

对艺术字的形状设置是指对艺术字所在的文本框的设置，与艺术字文本设置类似，单击“形状样式”选项组的“形状填充”、“形状轮廓”、“形状效果”按钮进行设置。不同的是，艺术字形状可以用图片和纹理填充。

取消形状轮廓：在“形状轮廓”下拉列表中选择“无轮廓”命令。艺术字设置效果如图 3-65 所示。

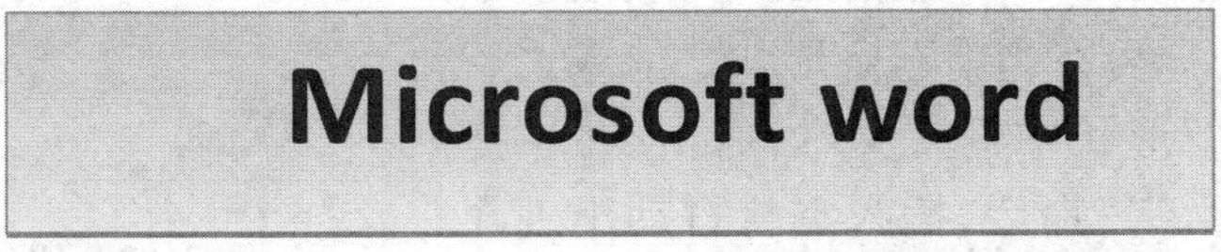
Microsoft word

**图 3-65　形状样式效果图**

（4）改变艺术字的大小和位置

艺术字插入文档中，是作为一个图形对象来处理的，因此可以和图形一样在"排列"和"大小"选项组中设置艺术字的大小、位置、文字环绕等。

## 3.5.5 插入文本框

文本框如同一个容器，可将文字或图片放于文本框中，是一种图形对象，可以置于页面的任何位置。根据文本框中文本的排列方向，文本框分为横排和竖排两种类型。

1）插入文本框

（1）插入内置文本框

选择"插入"选项卡，单击"文本"选项组的"文本框"按钮，选择下拉列表中的文本框样式。"内置"文本框包含多种样式，选择其中一种，如选择"现代型引述"，将其插入到文档中，效果如图 3-66 所示。

（2）绘制文本框

单击"文本框"按钮，在下拉列表中选择"绘制文本框"或"绘制竖排文本框"命令，鼠标指针变成十字形后，在要插入文本框的位置单击，并按住鼠标左键拖动绘制文本框，释放鼠标后即可完成文本框的绘制操作。

图 3-66 插入内置文本框后效果图

2）编辑文本框

对文本框的编辑操作包括设置字体格式和段落格式，调整文本框大小，文字方向、对齐方式和文本框形状样式等。

3）链接文本框

建立两个文本框之间的链接，可以使第一个文本框中文字排满后自动填入第二个文本框，建立链接的前提是被链接的文本框是空的，且没有与其他文本建立链接。操作步骤如下：

①单击"文本框"按钮，在下拉列表中选择"绘制文本框"。

②现在就可以随意画出文本框，重复第①、②步，画出多个文本框。

③将光标放在第一个文本框中，然后单击"创建链接"。

④单击后出现如杯状光标，将光标放在第二个文本框中，单击左键，就完成创建链接。

⑤如果想取消，单击"取消链接"即可。

注意：横排文本框与竖排文本框之间不能创建链接。

## 3.5.6 插入公式

编写论文或一些学术著作时经常需插入数学公式，Word 2010 内置了二次公式、二项式定理、傅立叶级数、勾股定理等 9 种公式，同时在 Word 2010 中还可以灵活编辑各种数学公式及数学表达式，如微积分、矩阵等特殊对象。

1）插入公式

（1）使用内置公式

选择"插入"选项卡，单击"符号"选项组的"公式"按钮的向下箭头，在下拉列表中显示出系统内置公式，单击所需公式即可。

（2）插入新公式

选择"插入"选项卡，单击"符号"选项组的"公式"按钮的向下箭头，选择插入新公式，同时系统自动增加"公式工具"→"设计"选项卡。

在"设计"选项卡中，"符号"选项组提供了多种符号和运算符，"结构"选项组提供积分、函数、极限和对数、矩阵等多种复杂公式结构，用户可以在公式编辑框中利用这些公式结构和符号创建新公式。

2）公式的显示模式和显示形式

公式有两种显示模式：显示模式和内嵌模式。如果将公式插入一个空段落，默认为"显示"模式；如果公式插入到文字当中，则显示为"内嵌"模式。单击公式编辑器右边的向下箭头，在下拉列表中选择相应命令可以转换模式。

公式有"专业型"和"线性"两种显示形式。单击公式编辑框右侧的三角按钮，在下拉列表中可以选择相应的显示形式，如图 3-67 所示。

$$x = \frac{-b \pm \sqrt{b^2 - 4ac}}{2a} \quad \text{专业型公式}$$

$$x = (-b \pm \sqrt{(b^2 - 4ac)}) / 2a \quad \text{线性公式}$$

**图 3-67　专业型和线性公式**

3）将自定义公式添加到常用公式列表中

操作步骤如下：

**图 3-68　新建构建基块**

①选择要添加的公式。

②在"公式工具"→"设计"选项卡的"工具"选项组中，单击"公式"按钮，在下拉列表中选择"将所选内容保存到公式库"命令，打开"新建构建基块"对话框。如图 3-68 所示。

③在"名称"框中输入公式名称，在"库"下拉列表中选择"公式"。设置类别、保存位置等其他选项。

④单击"确定"按钮完成。

# 3.6　其他应用

## 3.6.1　文档的自动保存

在文档编辑过程中，为了避免因时间过长忘记保存而丢失所编辑的内容，可将文档的

保存方式设置为"自动保存",系统按照设置的时间间隔对文档进行自动保存。操作步骤如下:

①选择"文件"选项卡,单击"选项"按钮,打开"Word 选项"对话框,选择左侧列表中的"保存"命令,如图 3-69 所示。

图 3-69 "Word 选项"对话框

②在右边区域中选中"保存自动恢复信息时间间隔"复选框,设置所需的时间间隔数据。

③单击"确定"按钮完成。

### 3.6.2 设置文档密码

当你所编辑的文档属于机密性文件时,为了防止其他用户随便查看,可以为其设置密码和打开方式。

方法1:选择"文件"选项卡的"信息"命令,在中间区域单击"保护文档"按钮的向下箭头,在下拉列表中选择"用密码进行加密",打开"加密文档"对话框,如图3-70所示,输入密码,单击"确定"按钮。

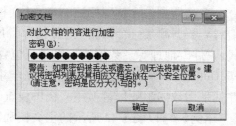

图 3-70 "加密文档"对话框

方法2:

①选择"文件"选项卡的"另存为"命令,打开"另存为"对话框。

②单击对话框下方的"工具"按钮,在下拉列表中选择"常规选项"命令,打开"常规选项"对话框。

③在常规选项对话框中设置打开文档的密码、修改权限密码和以只读方式打开等,如图 3-71 所示。

取消或修改密码:先用密码打开文档,在上述两个设置密码的对话框中删除密码或输入新密码即可。

注意:密码需区分大小写,密码一旦丢失或遗忘,则无法恢复。

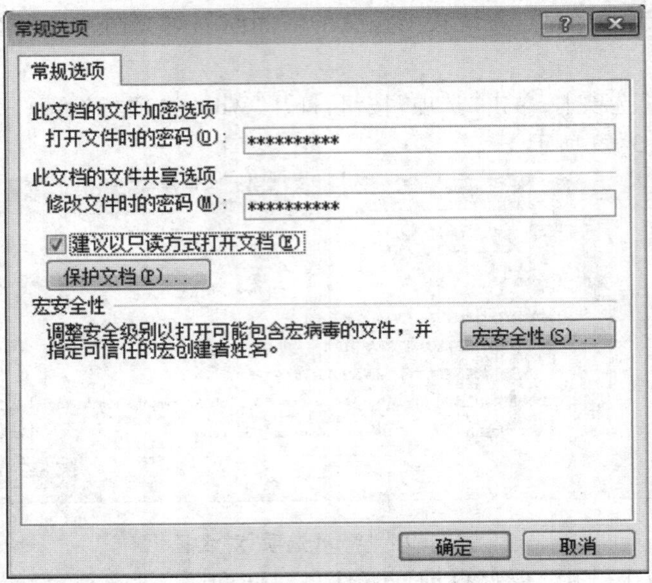

图 3-71 "常规选项"对话框

### 3.6.3 邮件合并

在工作中,常常需要将相同的信函发给不同的人,如邀请函、录用通知和会议通知书等,这些文档主题内容相同,只是收件人的相关信息不同。则可以使用 Word 2010 提供的邮件合并功能,将主文档与一个数据源结合起来,批量生成一组输出文档。

主文档是包含特殊标记的 Word 文档,分为固定不变的部分和变化的部分,如未填写的信封。数据源是一个数据列表,包含了用户希望合并到输出文档的数据,如姓名、联系方式、收件人地址等。数据源可以是只包含一个表格的 Word 文档、Excel 工作表、Access 数据库、Outlook 联系人列表或者是"邮件合并"任务窗格中所创建的 Office 地址列表。邮件合并就是用数据源数据替换主文档中设置了特殊标记的部分,从而生成目标文档。

[例 3-6]以图 3-72 所示的主文档和图 3-73 所示的数据源,按照 Word 2010 提供的邮件合并向导完成邮件合并操作。

通知

同学:

你在 14–15 学年第一学期的考试成绩如下:

| 学号 | 高等数学 | 大学英语 | 计算机基础 | 大学物理 | 哲学 | 总分 | |
|---|---|---|---|---|---|---|---|
|  |  |  |  |  |  |  |  |

请你来教务处领取成绩单。

教务处<br>2015.2.6

图 3-72 主文档

| 姓名 | 学号 | 高等数学 | 大学英语 | 计算机基础 | 大学物理 | 哲学 | 总分 |
|---|---|---|---|---|---|---|---|
| 毛旭 | 201401 | 91 | 80 | 89 | 76 | 82 | 418.00 |
| 张末 | 201402 | 86 | 92 | 65 | 84 | 85 | 412.00 |
| 张三 | 201403 | 75 | 78 | 91 | 89 | 74 | 407.00 |
| 张纯 | 201404 | 96 | 95 | 93 | 94 | 90 | 468.00 |
| 葛健 | 201405 | 82 | 78 | 94 | 76 | 71 | 401.00 |

图 3-73 数据源

操作步骤如下：

①新建主文档和数据源并保存（主文档和数据源的文件名分别为 zwd. docx 和 sjy. docx）。

②打开主文档,选择"邮件"选项卡,单击"开始邮件合并"选项组中的"开始邮件合并"按钮,在下拉列表中选择"邮件合并分步向导"命令,屏幕右侧显示"邮件合并"任务窗格。

③邮件合并第 1 步:选择文档类型。选择"信函",单击"下一步:正在启动文档"按钮。

④邮件合并第 2 步:选择开始文档。选择"使用当前文档",单击"下一步:选取收件人"按钮。

⑤邮件合并第 3 步:选择收件人。选择"使用现有列表",单击"浏览"按钮,打开"选取数据源"对话框,选择所需的数据源文件 syj. docx。在"邮件合并收件人"对话框中,可以对需要合并的收件人信息进行修改,单击"确定"按钮,如图 3-74 所示。单击"下一步:撰写信函"按钮。

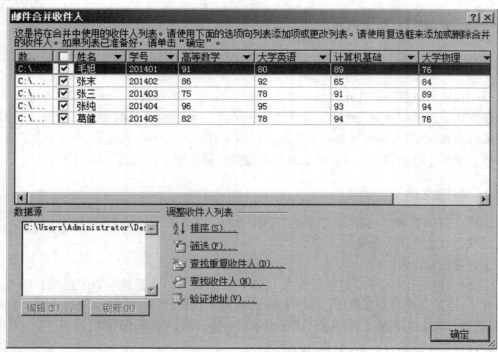

图 3-74 "邮件合并收件人"对话框

⑥邮件合并第 4 步:撰写信函。选择"其他项目",打开"插入合并域"对话框,在列表中选择需要的域名(如"姓名"),单击"插入"按钮,将其插入到文档中的对应位置。重复打开多次对话框(单击"其他项目"),依次将学号、高等数学、大学英语、计算机基础、大学物理、哲学、总分等域名插入文档相应位置。这时文档中会出现域标记《姓名》、《学号》、《高等数学》等,如图 3-75 所示。

**通知**

《姓名》同学:

你在 14–15 学年第一学期的考试成绩如下:

| 学号 | 高等数学 | 大学英语 | 计算机基础 | 大学物理 | 哲学 | 总分 |
|---|---|---|---|---|---|---|
| 《学号》 | 《高等数学》 | 《大学英语》 | 《计算机基础》 | 《大学物理》 | 《哲学》 | 《总分》 |

请你来教务处领取成绩单。

教务处
2015.2.6

图 3-75　插入文档中的域标记

⑦邮件合并第 5 步:预览信函。文档显示合并邮件的第 1 封信函。单击"邮件合并"任务窗格的"《"和"》"按钮可以进行浏览。浏览过程中可以查找信函联系人。

⑧邮件合并第 6 步:完成合并。用户可以选择"打印…"或"编辑单个信函…"进行文档合并。选择"编辑单个信函",打开"合并到新文档"对话框,选择要合并的记录数,单击"确定"按钮即可生成新文档。

## 3.7　文档预览与打印

### 3.7.1　打印预览

打印预览可以使用户在正式打印之前检查文档的打印效果,以保证打印的准确性。

操作如下:选择"文件"选项卡,选择列表中的"打印"命令,此时中间区域显示与打印有关的参数和命令,右侧区域显示文档的打印预览效果。拖动右下角的"显示比例"滑块,可以放大和缩小页面显示尺寸。单击页码两边的三角按钮,可以翻页显示文档。

### 3.7.2　打印文档

选择"文件"选项卡,选择列表中的"打印"命令,弹出如图 3-76 所示的打印设置区域,在此区域中可进行如下设置。

①设置打印份数。

②设置打印范围:单击"打印所有页"右侧的三角箭头,在下拉列表中选择打印范围,如所有页、当前页或自定义范围。如果打印的页码不连续,可在文本框中输入用逗号分割的页码,如打印 1、3、5 及 6 到 10 页,可在文本框中输入"1,3,5,6-10"。

③设置打印纸的方向、大小和页边距等。

④在"每版打印 1 页"下拉列表中,可以设置把若干页缩小到一张纸上打印。

图 3-76　打印设置区域

⑤最后指定要使用的打印机,单击"打印"按钮开始打印。

# 本章小结

本章介绍了 Word 2010 的基本功能,包括文档基本操作、文档编辑、文档排版、表格及图文混排等内容。

文档基本操作:包括创建、文档输入、保护、打开和多文档间的切换。

文档编辑:包括掌握文本的选定,文字的移动和复制,文字的撤销和重复,查找与替换及拼写和语法检查。

文档排版:包括字符排版(字体、字号、字形、字体颜色、字间距),段落排版(文本对齐方式、段间距、行间距、段落缩进方式),项目符号和编号,边框和底纹及制表位,页面排版(上、下、左、右边距,页面背景,稿纸,页眉、页脚和页码,分栏),特殊格式的设置(首字下沉,脚注和尾注,目录,题注),高效排版与修订。

表格包括创建表格、编辑表格、输入表格内容、设置表格格式、处理表中的数据。

对象操作包括插入图片、艺术字、文本框、形状、SmartArt 图形、公式等各种对象并对它们进行编辑。

# 习 题

**一、单项选择题**

1. 下列文件类型中( )是 Word 文档的扩展名。
   A. dotx      B. rtf      C. docx      D. txt

2. 每一个 Office 应用程序中的菜单中都有"保存"命令和"另存为"命令,以下说法中正确的是( )。
   A. 当文档首次存盘时,只能使用"保存"命令
   B. 当文档首次存盘时,只能使用"另存为"命令
   C. 当文档首次存盘时,无论使用"保存"命令或者"另存为"命令,都会出现"另存为"对话框
   D. 当文档首次存盘时,无论使用"保存"命令或者是"另存为"命令,都会出现"保存"对话框

3. 在 Word 中,用"新建"按钮打开一个新的文档窗口,如标题栏中显示"文档1",那么"文档1"表示该文档的( )文件名。
   A. 正式      B. 新的      C. 旧的      D. 临时

4. 显示/隐藏文档中的回车、空格、制表格等不可打印字符(编辑字符)需要在"开始"选项卡中单击"段落"选项组的( )按钮。
   A. ≣      B. A      C. ↵      D. ▨

5. 在 Word 2010 中,在"插入"选项卡的"插图"选项组中不可插入( )
   A. 艺术字      B. 图表      C. SmartArt 图形      D. 剪贴画

6. 关于选定文本内容的操作,如下叙述( )不正确。
   A. 在文本选定区单击可选定一行
   B. 可以通过鼠标拖曳或键盘组合操作选定任何一块文本
   C. 在文档中不可以选定两块不连续的内容
   D. 在"开始"选项卡中,选择"编辑"→"选择"→"全选"命令可以选定全部内容

7. 在 Word 2010 的编辑状态下,能够设定文档行间距的按钮位于( )中。
   A. "文件"选项卡      B. "开始"选项卡
   C. "页面布局"选项卡      D. "插入"选项卡

8. 在 Word 中,人工换行符是在按下( )键之后产生的。
   A. 空格键      B. Shift + Enter      C. Enter 键      D. Tab 键

9. 在 Word 中,能将所有标题分级显示出来,但不能显示图像对象的视图是( )。
   A. 页面视图      B. Web 版式视图      C. 草稿视图      D. 大纲视图

10. 在 Word 中,给选定文字加字符边框,使用"开始"选项卡的"字体"选项组中的( )按钮。
    A. A      B. A      C. A      D. ⚔

11. 在 Word 中,对于页眉、页脚的编辑,下列叙述( )不正确。

A. 可以单独删除页眉或页脚

B. 文档内容和页眉、页脚一起打印

C. 文档内容和页眉、页脚可以在同一窗口编辑

D. 页眉、页脚也可以进行格式设置和插入剪贴画

12. 要对一个文档中多个连续的段落设置相同的格式,最高效的操作方法是(　　　)。

A. 选用同一个"样式"来格式化这些段落

B. 插入点定位在样板段落处,单间 📎 按钮 ,再依次将鼠标指针拖过其他多个需格式化的段落

C. 选用同一个"模板"来格式化这些段落

D. 利用"替换"命令来格式化这些段落

13. 下面关于 Word 字号的说法,错误的是(　　　)。

A. 字号是用来表示文字大小的 　　　　　　B. "六号"字比"五号"字大

C. "32 磅"字比"24 磅"字大 　　　　　　　D. 默认字号是"五号"字

14. 当对某段进行"首字下沉"操作后,再选中该段进行分栏操作,这时"页面设置"选项组中的"分栏"按钮无效,原因是(　　　)。

A. 分栏只能对文字操作,不能作用于图形,而首字下沉后的字具有图形的效果,只要不选中下沉的字就可以分栏

B. 首字下沉、分栏操作不能同时进行,也就是进行了设置首字下沉,就不能分栏

C. Word 软件有问题,重新安装 Word,再分栏

D. 计算机有病毒,先清除病毒,再分栏

15. 如果要将某个新建样式应用到文档中,以下方法中,(　　　)无法完成样式的应用。

A. 使用快捷方式库或样式任务窗格直接应用

B. 使用查找与替换功能替换样式

C. 使用格式刷复制样式

D. 使用 Ctrl + W 快捷键重复应用样式

16. 在 Word 中输入了错误的英文单词时,默认情况会(　　　)

A. 系统铃响,提示出错 　　　　　　　　　B. 在单词下画绿色波浪线

C. 自动更正 　　　　　　　　　　　　　　D. 在单词下画红色波浪线

17. 调整图片大小可以用鼠标拖动图片四周的任意控制点,但是只有拖住(　　　)控制点,才能使图片等比例缩放。

A. 左或右 　　　　B. 四个角之一 　　　　C. 上或下 　　　　D. 均不可以

18. 关于 Word 2010 中的表格,错误的叙述是(　　　)。

A. 在"表格工具"→"布局"选项卡"数据"组中的命令按钮,可使表格转换成文本

B. 在表格的单元格中,除了可以输入文字、数字,还可以插入图片

C. 可将表格中同一行的单元格设置成不同高度

D. 可以在"表格属性"对话框中设置表格在页面中的对齐方式

19. 在 Word 中提供了一些样式,有关"样式"的说法中,以下不正确的是(　　　)。

A. "样式"即一组已定义并保存了的格式集合

B. 用户可以创建自己需要的样式

C. 用户不可以修改系统样式

D. 用户可以从"快速样式"中删除"标题1"样式

20. 为了防止在编辑文档时意外丢失文档,Word 2010 设置了文档自动保存功能,要设置自动保存时间间隔为 10 min,应进行的操作是( )。

A. 在"文件"选项卡中选择"选项"命令,打开"Word 选项"对话框,选择"保存"命令

B. 按 Ctrl + S 组合键

C. 选择"文件"选项卡的"保存"命令

D. 单击"开始"选项卡的"编辑"按钮

21. 在 Word 编辑状态下,要将另一文档的全部内容添加到当前文档的光标处,应选择的操作是( )。

A. 单击"文件"选项卡的"打开"按钮

B. 选择"文件"选项卡的"新建"命令

C. 选择"插入"选项卡的"文本"选项组的"超链接文本部件"命令

D. 选择"插入"选项卡的"文本"选项组的"对象"命令

22. 图文混排是 Word 的特色功能之一,下列叙述中错误的是( )。

A. 可以在 Word 文档中设置水印

B. Word 提供了在封闭形状中填充颜色的功能

C. Word 提供了在封闭形状中添加文字的功能

D. 在 Word 中插入的图片均可以任意移动

23. 在 Word 中段落的第一行不动,缩进其余行,是指( )。

A. 首行缩进          B. 左缩进          C. 悬挂缩进          D. 右缩进

24. 在 Word 的编辑状态下,执行两次"复制"操作后,则剪贴板中( )。

A. 有两次被复制的内容          B. 仅有第二次复制的内容

C. 仅有第一次复制的内容          D. 无内容

25. Word 的查找和替换功能很强,不属于其中之一的是( )。

A. 能够查找和替换带格式或样式的文本

B. 能够查找和替换文本中的格式

C. 能够用通配符进行快速、复杂的查找和替换

D. 能够查找图形对象

26. 在 Word 2010 中,可以同时显示水平标尺和垂直标尺的视图方式是( )。

A. 页面视图          B. Wed 版式视图          C. 草稿视图          D. 大纲视图

27. 在 Word 中,如果使用了项目符号或编号,则项目符号或编号会在( )时出现。

A. 按 Shift 键          B. 一行文字输入完毕并按回车键

C. 按 Tab 键          D. 文字输入超出右边界

28. 在 Word 2010 中,利用( )可以方便地调整段落的缩进、页面的边距以及表格的列宽和行高。

A. 标尺

B.“段落”对话框

C.“页面布局”选项卡的“页面设置”→“页边距”按钮

D.“快速访问”工具栏

29. 在 Word 中,选择一段文字的方法是将光标指向待选择段落左边的选择区,然后(　　)。

    A. 双击鼠标右键 　　　　　　　　　　　B. 单击

    C. 双击鼠标左键 　　　　　　　　　　　D. 右击

30. 在 Word 中选定一个句子的方法是(　　)。

    A. 按住 Ctrl 键同时双击句子的任意位置

    B. 单击该句子任意位置

    C. 按住 Ctrl 键同时单击句中任意位置

    D. 双击该句子任意位置

31. 在下列操作中,(　　)不能在 Word 中生成 Word 表格。

    A. 单击“开始”选项卡的“插入表格”按钮

    B. 在“插入”选项卡中,选择“表格”→“插入表格”命令

    C. 单击“快速访问”工具栏中的“绘制表格”按钮

    D. 选择某部分按规则生成的文本,选择“插入”选项卡的“表格”→“文本转换成表格”命令

32. 打开一个 Word 文档,通常是指(　　)。

    A. 为指定文档开设一个空的文档窗口

    B. 把文档的内容从内存调入外存并显示出来

    C. 显示并打印指定文档内容

    D. 把文档的内容从磁盘调入内存并显示出来

33. 在 Word 2010 窗口中打开一个 80 页的文档,要快速定位于 50 页,最快的操作是(　　)。

    A. 在“开始”选项卡中,选择“编辑”→“查找”→“转到”命令,然后在其对话框中输入页号 50

    B. 用向下或向上箭头定位于 50 页

    C. 用垂直滚动条快速移动文档,定位于 50 页

    D. 用 PgUp 或 PgDn 键定位于 50 页

34. 以下选项中,(　　)不能在 Word 的“打印”选项中进行设置。

    A. 打印份数 　　　　B. 打印范围 　　　　C. 单面打印 　　　　D. 页码位置

35. 在 Word 编辑状态下,选择了多行多列的整个表格后,按 Del 键,则(　　)。

    A. 表格中第一列被删除 　　　　　　　B. 整个表格被删除

    C. 表格内容被删除,表格变成空表格 　　D. 表格第一行被删除

36. 在 Word 文档中要创建项目符号时,(　　)。

    A. 以段为单位创建项目符号

    B. 必须先选择文本才可以创建项目符号

C. 以节为单位创建项目符号

D. 以选中的文本为单位创建项目符号

37. 在下列关于 Word 的叙述中,正确的是(      )。

A. 表格中的数据可以按行进行排序

B. 在文档的输入中,凡是已经显示在屏幕上的内容,都已经被保存在硬盘上

C. 用"粘贴"操作把剪贴板的内容粘贴到文档的光标处后,剪贴板的内容将不再存在

D. 必须选定文档编辑对象,才能进行"剪切"或"复制"操作

38. 在 Word 中选定文本后,(      )拖曳文本到目标位置即可实现文本的移动。

A. 按住 Ctrl 键的同时              B. 按住 Print Screen 键的同时

C. 按住 F1 键的同时               D. 无需按键

39. 文本框有(      )种排列方式。

A. 4                B. 3                C. 2                D. 1

40. 如果已有页眉,再次进入页眉区只需双击(      )即可。

A. 文本区          B. 菜单栏          C. 工具栏          D. 页眉页脚区

41. 在 Word 2010 中,对于表格和文本的叙述,正确的说法是(      )。

A. 文本与表格能相互转换

B. 表格能转换成文本但文本不能转换成表格

C. 文本能转换成表格但表格不能转换成文本

D. 文本与表格不能相互转换

42. 在 Word 文档中插入图片,图片的高度与宽度(      )。

A. 均可以改变                     B. 宽度不可以改变,高度可以改变

C. 均不可以改变                   D. 宽度可以改变,高度不可以改变

43. 图片可以以多种方式与文本混排,(      )不是它提供的环绕方式。

A. 四周型                        B. 左右型

C. 上下型                        D. 浮于文字上方

44. 在 Word 中,要把一个选定的段落中的所有字母设置成大写字母,正确的操作是单击(      )按钮。

A. "字体"选项组中 ᵂᵉⁿ变          B. "字体"选项组中 Aa▾

C. "字体"选项组中 A˄            D. "段落"选项组中 ㄨ

45. 若文档被分为多个节,并在"页面设置"的版式选项卡中将页眉页脚设置为奇偶页不同,则以下关于页眉页脚的说法正确的是(      )。

A. 每个节的奇数页页眉和偶数页页眉可以不相同

B. 每个节中奇数页页眉和偶数页页眉必然不相同

C. 文档中所有奇偶页的页眉都可以不同

D. 文档中所有奇偶页的页眉必然都不相同

46. 确切地说,Word 的样式是一组(      )的集合。

A. 格式            B. 段落格式          C. 字符格式          D. 控制符

47. 关于 Word 的文本框有下列 4 种说法,正确的是(      )。

A. 文本框在移动时可以作为整体移动      B. 文本框不能剪切

C. 不能取消文本框的边框      D. 文本框不能删除

48. 在 Word 中,通过拖动图片周围的 8 个控制点可以(　　)。

     A. 剪切图片                          B. 改变图片的高度和宽度

     C. 改变图片亮度                   D. 删除图片背景

49. Word 中格式刷的用途是(　　)。

     A. 选定文字和段落                B. 删除不需要的文字和段落

     C. 复制已选中的字符            D. 复制已选中的字符和段落的格式

50. 若要设置段落的首行缩进,应拖动标尺上的(　　)按钮。

     A.               B.              C.                    D. 都不可以

51. Word 中,要输入一个新的文本行,而不增加一个段落,可以按(　　)键完成。

     A. Enter                        B. Shift + Enter

     C. Ctrl + Enter               D. Ctrl + Shift + Del

52. 图文混排是 Word 2010 的特色功能之一,以下叙述错误的是(　　)。

     A. 可以在文档中插入剪贴画       B. 可以在文档中插入 SmartArt 图形

     C. 可以在文档中使用文本框       D. 可以对图片水印设置环绕方式

53. 单击文档中的图片,出现"图片工具"→"格式"选项卡,单击(　　),可将图片设置为"浮于文字上方"或"衬于文字下方"。

     A. "图片样式"组的"图片效果"按钮

     B. "排列"组的"位置"按钮

     C. "排列"组的"自动换行"按钮

     D. "图片样式"组的"图片板式"按钮

54. 如果要在文档中内容没满一页的情况下强制换页,需(　　)。

     A. 不可以这样做                 B. 插入分节符

     C. 插入分页符                   D. 多按几次回车键直至下一页的出现

55. 如果要多次复制文档中的某个段落格式,将鼠标移动到"开始"选项卡"剪贴板"选项组的"格式刷"按钮上,然后(　　)。

     A. 单击           B. 双击鼠标右键       C. 双击鼠标左键         D. 右击

56. 在 Word 中,若要将一段文字的方向改为与其他段落不同(如"竖排文字"),可以使用的方法是(　　)。

     A. 将该段落放到一个文本框中       B. 分栏

     C. 为段落加边框                 D. 没办法

57. 若要给每一位家长发送一份"期末考试成绩单",用(　　)功能最便捷。

     A. 复制             B. 信封            C. 邮件合并            D. 标签

58. 在 Word 中,可以通过(　　)选项卡中的功能对选定内容添加批注。

     A. 插入             B. 审阅            C. 页面布局            D. 引用

59. 在编辑 Word 文档时,单击"项目符号"按钮,下面(　　)说法是正确的。

     A. 可在现有所有段落前自动添加项目符号

B. 仅对当前段落添加项目符号,对其后新加段落不起作用

C. 仅对当前段落之后的新加段落自动添加项目符号

D. 可在当前段落及之后的新加段落前自动添加项目符号

60. 将光标置于表格最后一个单元格中,按(    )键可以在表格后面插入新行。

    A. Tab           B. Ctrl           C. Alt           D. Enter

二、填空题

1. 在 Word 文档处于打开状态时,实现重命名的方法时,选择"文件"选项卡中的_____命令。

2. 在 Word 文档编辑时,可利用_____方便地实现文件内容的复制、移动操作。

3. 单击"快速访问工具栏"上的_____按钮,可取消最后一次执行命令的效果。

4. Word 2010 在"开始"选项卡的"段落"选项组中提供了 5 种对齐方式,分别是_____、_____、_____、_____、_____。默认的对齐方式是_____。

5. 在 Word 中,插入图片有_____和_____两种显示形式。默认情况下,插入的图片是_____图片。

6. 在 Word 的编辑状态下,按组合键_____可将选定的文本复制到剪贴板上,按组合键_____将剪贴板内容粘贴到当前光标位置。

7. 在"文件"选项卡的左边命令列表中有若干个文件名,它们表示_____。

8. 在 Word 文档中,用鼠标拖动的方式进行文本复制,方法是按住_____键将选定的文本拖到目标位置。

9. 调整图片的大小可以用鼠标拖动图片四周的任意一个控制点来实现,要使图片等比例缩放只有拖动_____控制点才能。

10. 精确设置页边距可以在_____选项卡的"页面设置"选项组中单击"页边距"按钮,或打开_____对话框来设置。

11. Word 提供了多种不同的视图方式,包括_____、_____、大纲视图、阅读版视图和_____。

12. 在 Word 文档编辑状态,可按_____键删除插入点左边的一个字符;按_____键删除插入点右边的一个字符,按_____键可在插入状态下和改写状态间切换。

13. 在 Word 中进行段落排版时,若只对一个段落操作,则需在操作前将_____置于该段落中;若要对多个段落操作,则在操作前应当_____这些段落。

14. 输入 Word 文档时,按 Enter 键产生一个_____,显示为_____;按 Shift + Enter 组合键,将产生一个_____,显示为_____。

15. Word 提供了拼写和语法检查功能。默认情况下,拼写错误的单词下面会出现_____波浪线,句子中有语法错误的部分会出现_____波浪线。

16. 两个或两个以上文本框,可以通过_____建立两者的关联,即前一文本框中装不下的内容,可以自动装到后面的文本框中。

17. 在 Word 编辑状态下,若要选定某一段落,只需在该段落左侧的选定区_____;若要选定整个文档,需在选定区任意位置_____。选定一个矩形区域的操作是_____。

18. Word 2010 中,用户可根据需要在页面上设置文字或图片作为背景,这种特殊的效

果称为_____。

19. Word 文档中的注解一般有"脚注"和"尾注"两种,脚注放在_____,而尾注则出现在_____。

20. 在 Word 2010 中进行邮件合并时,除了需要主文档,还需要已经制作好的_____支持。

三、简答题

1. 试阐述如何在 Word 文档中实现选定词、句子、行、段落和整个文档?

2. 在 Word 中,如何在某个段落结尾处设置分节符? 分节符的作用在哪里?

3. 举例说明文本框的作用和用法。

4. 简述在表格中插入行、删除行、行交换、合并单元格、拆分单元格的基本操作。

5. 简述邮件合并的过程。

6. 在 Word 中如何使每页具有不同的页眉? 如何使不同的章节显示的页眉不同?

# 第4章

# 电子表格处理软件 Excel 2010

Excel 2010 作为办公自动化软件 Office 2010 的组件之一,是使用最为广泛的电子表格处理软件。它可完成数据输入、统计、分析等多项工作,生成精美直观的表格、图表,大大提高企业员工的工作效率。目前大多数企业使用 Excel 对大量数据进行计算分析,为公司相关政策的制订提供有效的参考。

## 4.1 Excel 基础知识

启动 Excel 2010 后,系统会默认创建一个名为"工作簿 1"的文档,Excel 2010 的界面如图4-1所示。与 Office 2010 的其他组件类似,其窗口界面也有标题栏、功能区、状态栏等部分,Excel 所特有的元素有编辑栏、单元格、工作表标签等。

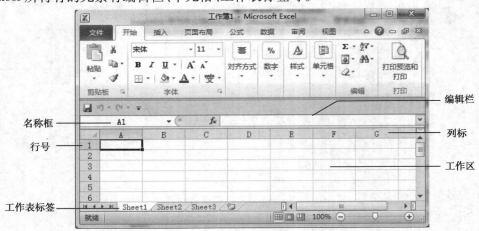

图 4-1  Excel 2010 的工作界面

1) 工作簿(book)

在 Excel 2010 中用来存储并处理数据的文件,其扩展名为"xlsx"。工作簿由若干个工作表组成,默认有 3 个工作表,分别为 Sheet1、Sheet2、Sheet3,可以进行重命名操作。工作表可根据需要进行增加和删除,那一个工作簿到底包含有多少个工作表呢? 不同的机器其结果不一样,受可用内存的限制。

2）工作表（Sheet）

工作表是一个由 1 048 576（$2^{20}$）行和 16 384（$2^{14}$）列组成的二维表格，行号自上而下依次为 1～1 048 576，列标从左到右依次为 A～Z,AA～AZ,…,ZA～ZZ,…XFD。每一个工作表都有一个工作表标签，单击它可以实现工作表之间的切换。

3）单元格

行与列的交叉称为单元格，它是存放数据最基本的单位。当前正在使用的单元格称为活动单元格，其周围有黑色框线，如图 4-1 所示的 A1 单元格。

4）单元格地址

为方便实现计算，每个单元格都有一个唯一的地址，用列标和行号标志，如 C3 表示第 3 行第 C 列的单元格。引用同一工作簿下不同工作表中的单元格，需要在单元格地址前加上工作表的名称。例如："Sheet1！D10"，表示 Sheet1 工作表中的 D10 单元格。有时为实现不同工作簿之间的计算，还会在单元格地址前加上工作簿的名称和工作表的名称。例如："'[学生管理.xlsx]成绩单'！C3" 表示"学生管理.xlsx"工作簿中"成绩单"工作表里的 C3 单元格。

5）单元格区域

由工作表中相邻的若干个单元格组成。引用单元格区域时用对角单元格的地址来表示，中间用冒号作为分隔符。如 A2:C5 表示由 A2 到 C5 连续的单元格区域，共计 12 个单元格。

## 4.2 Excel 基本操作

Excel 2010 的基本操作主要针对工作表，包括创建、编辑和格式化等操作。

### 4.2.1 创建工作表

工作簿是包含一个或多个工作表的文件，要想创建工作表首先应创建工作簿。在 Excel 2010 中创建一个新的工作簿可以通过以下两种方法来实现：

①单击"文件"选项卡，选择"新建"命令，在"可用模板"下双击"空白工作簿"。要快速新建空白工作簿，也可以按快捷键 Ctrl + N。

②Excel 也可以基于现有工作簿和模板来创建工作簿，其操作方法与 Word 相似，这里就不再进行赘述。

1）在工作表中输入数据

（1）直接输入数据

选中某一单元格，用户就可以直接在编辑栏或单元格中输入数据了。输入时，在"编辑栏"中会出现"✕"和"✓"按钮，分别表示"取消"和"确定"。单击"✕"按钮或按 Esc 键，取消本次输入；单击"✓"按钮或按 Enter 键、Tab 键，表示本次输入有效。输入的数据可以是文本、数值、日期和时间等类型，默认情况下文本数据左对齐，数值、日期和时间数据右对齐。

①输入文本:文本包括汉字、英文字母、标点符号、数字、空格等。当输入的文本长度大于单元格的宽度时,若右侧的单元格中没有数据,则扩展到右边单元格,否则将截断显示。若要在单元格中另起一行输入数据,按 Alt + Enter 组合键输入一个换行符。

对于数字形式的文本数据,如学号、身份号码等,应在输入前加英文单引号(′)。例如,输入编号 030246,应输入"′030246",此时 Excel 以 030246 显示。

②输入数值:数值包括数字 0—9、+ 、– 、E、e、小数点(.)、千分位(,)、货币符号(如 $)等。

输入负数时,在数字前加负号或者将数字置于括号内。如 – 100 和(100)都可以在单元格中得到 – 100。

输入分数时,应先输入"0"和一个空格,然后再输入分数。如输入"3/2",Excel 会自动把它当做日期处理,显示"3 月 2 日",只有输入"0 3/2"时才会识别为分数。

当输入一个很长的数值时,Excel 会自动以科学计数法表示。

注意:在输入数值时,% 、$ 、千分位(,)等一般不直接输入,而是应用数字格式。数字格式的改变并不影响实际单元格中的数值。

③输入日期和时间:Excel 内置了许多日期和时间格式,常见的有"mm-dd-yyyy""yyyy-m-d""h:mm AM/PM"等,其中 AM/PM 与分钟之间应有空格。输入当前日期可以使用快捷键 Ctrl + ;,输入当前的时间可以使用 Ctrl + Shift + ;组合键。

(2)填充数据

在工作时,经常会输入一系列连续、有规律的数据,如日期、月份或渐进数字等,Excel 所提供的"填充"功能可以轻易地完成这些工作,提高工作效率,保证输入的速度和准确性,如图 4-2 所示。

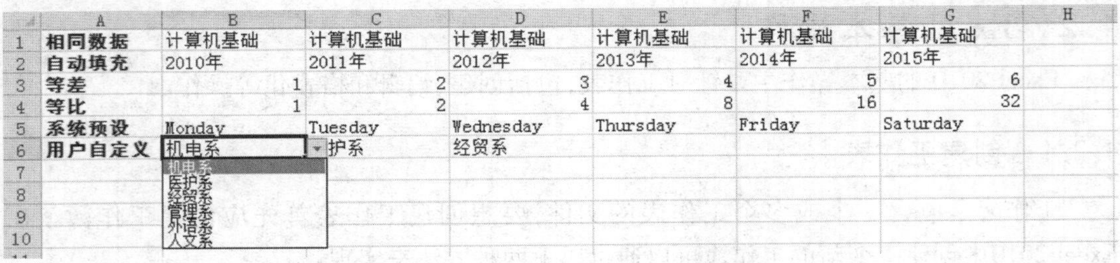

| | A | B | C | D | E | F | G | H |
|---|---|---|---|---|---|---|---|---|
| 1 | 相同数据 | 计算机基础 | 计算机基础 | 计算机基础 | 计算机基础 | 计算机基础 | 计算机基础 | |
| 2 | 自动填充 | 2010年 | 2011年 | 2012年 | 2013年 | 2014年 | 2015年 | |
| 3 | 等差 | 1 | 2 | 3 | 4 | 5 | 6 | |
| 4 | 等比 | 1 | 2 | 4 | 8 | 16 | 32 | |
| 5 | 系统预设 | Monday | Tuesday | Wednesday | Thursday | Friday | Saturday | |
| 6 | 用户自定义 | 机电系 | 护系 | 经贸系 | | | | |
| 7 | | 机电系 | | | | | | |
| 8 | | 医护系 | | | | | | |
| 9 | | 经贸系 | | | | | | |
| 10 | | 管理系 | | | | | | |
| | | 外语系 | | | | | | |
| | | 人文系 | | | | | | |

**图 4-2 填充功能示例**

①填充相同的数据:先在初始单元格内输入数据,然后选择需要填充的单元格区域,使用快捷键 Ctrl + Enter 即可。

②使用自动填充功能:在一个单元格中键入起始值,然后在下一个单元格中再键入一个值,建立一个模式。例如,如果要使用序列 1、2、3、4、5……在前两个单元格中键入 1 和2,选中包含起始值的单元格,然后拖动 ▢▬ 填充柄,涵盖要填充的整个范围。

③填充序列数据:在初始单元格中键入起始值,然后在"开始"选项卡下,选择"编辑"组中的"填充"下拉按钮中的"系列"命令,弹出序列对话框,如图 4-3 所示。例如,要生成1 ~ 512公比为 2 的数列,即可以在单元格中输入起始值 1,然后设定步长和终止值;如果选定了区域,则不需要指定终止值。

④使用数据有效性自定义序列:在实际工作中,经常需要输入机构设置、商品名称、课程科目等,可以将这些数据自定义为序列,从而节省输入的时间,保证输入的准确性,提高工作效率。

选中需要应用自定义序列的单元格区域,在"数据"选项卡中选择"数据有效性"命令,此时会弹出"数据有效性"对话框,如图 4-4 所示,在"有效性条件"选项中选择"序列",在"来源"中可以采取指定单元格区域或依次输入序列的方法。注意,输入时要以英文逗号","作分隔。

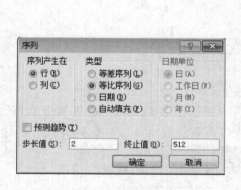

图 4-3 "序列"对话框　　　　图 4-4 "数据有效性"对话框

（3）获取外部数据

选择"数据"选项卡的"获取外部数据"组中的相应命令,可以导入数据库、文本文件、XML 文件及网页等多种文件中的数据。

[例 4-1]现有"第六次全国人口普查公报. htm"的网页,要求将其中的"2010 年第六次全国人口普查主要数据"表格导入到工作表"第六次普查数据"中,并将该文档以"全国人口普查数据分析. xlsx"为文件名进行保存。

操作步骤如下:

①单击"文件"选项卡,选择"新建"命令,在"可用模板"下双击"空白工作簿",新建一个空白 Excel 文档,如图 4-5 所示。

图 4-5 新建空白工作簿

②选中 Sheet1 工作表,使用鼠标右键,在弹出的快捷菜单中选择"重命名"命令,将工作表改为"第六次普查数据",如图 4-6 所示。

图 4-6　工作表编辑快捷菜单

③单击"数据"选项卡,选择"获取外部数据"→"自网站"命令,弹出"新建 Web 查询"对话框,在地址栏中输入网址,如"D:/第六次全国人口普查公报.htm",如图 4-7 所示;然后

图 4-7　"新建 web 查询"对话框

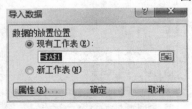

图 4-8　"导入数据"对话框

将"2010 年第六次全国人口普查主要数据"表格选中,单击"导入"命令,弹出"导入数据"对话框,如图 4-8 所示,可以选择导入到现有工作表或新工作表,这里采取默认的即从 A1 单元格开始导入,单击"确定"按钮,数据导入完成。

④使用"文件"选项卡中的"保存"命令,在弹出的"另存为"对话框中输入"全国人口普查数据分析"进行保存,如图 4-9 所示。

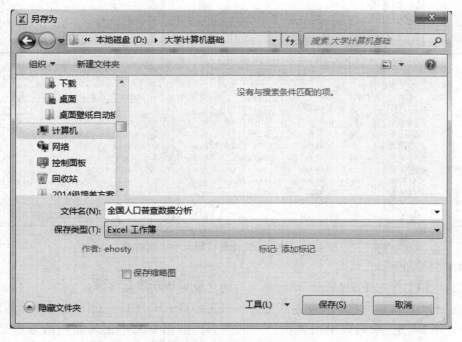

**图** 4-9 "另存为"对话框

2）使用公式和函数计算数据

Excel 的主要功能不仅在于它能输入、显示和存储数据,更重要的是对数据的计算、统计、分析。使用公式计算的结果会自动更新,这是手工计算无法比拟的。

（1）公式的使用

公式是以" = "开头的,由常量、单元格地址、函数及运算符所组成的有意义的式子,类似于数学中的表达式。

运算符:常用的运算符有 3 种,如表 4-1 所示。

**表** 4-1　运算符

| 运算符名称 | 表示形式 |
| --- | --- |
| 算术运算符 | +（加）、−（减）、*（乘）、∕（除）、%（百分比）、^（乘方） |
| 关系运算符 | >（大于）、=（等于）、<（小于）<br>< =（小于等于）、< >（不等于）、> =（大于等于） |
| 文本运算符 | &（文本的连接） |

几个输入公式的实例:

| | |
| --- | --- |
| =5^2 | 算术表达式,结果为 25 |
| =7 > 5 | 关系表达式,结果为 TRUE |
| = "Microsoft" & "Office" | 字符串表达式,结果为 Microsoft Office |

如果公式中同时用到了多种运算符,Excel 按相应的优先顺序进行计算。对于优先级相同的运算符,从左到右依次运算。圆括号内的计算最先计算。Excel 中的优先顺序为:百

分比、乘方、乘除、加减、连接、关系运算。

[例 4-2]图 4-10 记录了校园歌手大赛的成绩,要求计算每个选手的总分。

SUMPRODUCT　=F3+G3+H3+I3+J3

| | A | B | C | D | E | F | G | H | I | J | K |
|---|---|---|---|---|---|---|---|---|---|---|---|
| 1 | 校园歌手大赛评分表 | | | | | | | | | | |
| 2 | 序号 | 姓名 | 性别 | 系部 | 出生日期 | 评委1 | 评委2 | 评委3 | 评委4 | 评委5 | 总分 |
| 3 | 1 | 缪可儿 | 女 | 医护系 | 1994/3/12 | 8.6 | 9.2 | 9.1 | 9.3 | 9.1 | I3+J3 |
| 4 | 2 | 风山水 | 男 | 机电系 | 1995/2/9 | 9.7 | 9.4 | 8.9 | 9.9 | 9.1 | |
| 5 | 3 | 令巧玲 | 女 | 人文系 | 1996/8/7 | 8.0 | 8.7 | 8.2 | 9.5 | 9.1 | |
| 6 | 4 | 岳佩珊 | 女 | 外语系 | 1994/5/20 | 8.4 | 8.8 | 8.7 | 8.8 | 8.2 | |
| 7 | 5 | 任剑侠 | 男 | 机电系 | 1994/11/11 | 8.4 | 8.3 | 9.4 | 9.2 | 8.6 | |
| 8 | 6 | 陆伟荟 | 女 | 机电系 | 1995/3/10 | 9.4 | 8.8 | 9.9 | 9.1 | 9.0 | |
| 9 | 7 | 赵灵燕 | 女 | 经贸系 | 1994/6/9 | 8.9 | 9.5 | 9.6 | 8.5 | 9.5 | |
| 10 | 8 | 陈怡萱 | 女 | 管理系 | 1993/12/10 | 8.6 | 8.9 | 8.9 | 8.4 | 9.0 | |
| 11 | 9 | 苏巧丽 | 女 | 医护系 | 1995/7/1 | 9.0 | 9.6 | 9.5 | 8.9 | 8.8 | |
| 12 | 10 | 孟志汉 | 男 | 设计系 | 1995/4/6 | 8.7 | 9.3 | 8.8 | 9.1 | 9.3 | |

**图 4-10　使用公式计算校园歌手大赛总分**

操作步骤如下:

①选定第 1 个选手的"总分"单元格 K3,使之成为活动单元格。

②在编辑栏或单元格中直接输入公式" = F3 + G3 + H3 + I3 + J3",此时计算的结果显示在单元格 K3 中,编辑栏中则显示公式的内容。引用单元格更为简便的方法是,输入" = "后用鼠标依次点击要引用的单元格,中间用 + 运算符连接,如图 4-10 所示,按 Enter 键就可以得到计算结果。

③其他选手的总分可以利用公式的自动填充功能快速完成,鼠标移动到将 K3 单元格右下角的填充句柄处,当鼠标指针变成"十"时,拖动鼠标至 K12,公式自动填充完毕,如图 4-11 所示。

K3　=F3+G3+H3+I3+J3

| | A | B | C | D | E | F | G | H | I | J | K |
|---|---|---|---|---|---|---|---|---|---|---|---|
| 1 | 校园歌手大赛评分表 | | | | | | | | | | |
| 2 | 序号 | 姓名 | 性别 | 系部 | 出生日期 | 评委1 | 评委2 | 评委3 | 评委4 | 评委5 | 总分 |
| 3 | 1 | 缪可儿 | 女 | 医护系 | 1994/3/12 | 8.6 | 9.2 | 9.1 | 9.3 | 9.1 | 45.3 |
| 4 | 2 | 风山水 | 男 | 机电系 | 1995/2/9 | 9.7 | 9.4 | 8.9 | 9.9 | 9.1 | 47.0 |
| 5 | 3 | 令巧玲 | 女 | 人文系 | 1996/8/7 | 8.0 | 8.7 | 8.2 | 9.5 | 9.1 | 43.5 |
| 6 | 4 | 岳佩珊 | 女 | 外语系 | 1994/5/20 | 8.4 | 8.8 | 8.7 | 8.8 | 8.2 | 42.9 |
| 7 | 5 | 任剑侠 | 男 | 机电系 | 1994/11/11 | 8.4 | 8.3 | 9.4 | 9.2 | 8.6 | 43.9 |
| 8 | 6 | 陆伟荟 | 女 | 机电系 | 1995/3/10 | 9.4 | 8.8 | 9.9 | 9.1 | 9.0 | 46.2 |
| 9 | 7 | 赵灵燕 | 女 | 经贸系 | 1994/6/9 | 8.9 | 9.5 | 9.6 | 8.5 | 9.5 | 46.0 |
| 10 | 8 | 陈怡萱 | 女 | 管理系 | 1993/12/10 | 8.6 | 8.9 | 8.9 | 8.4 | 9.0 | 43.8 |
| 11 | 9 | 苏巧丽 | 女 | 医护系 | 1995/7/1 | 9.0 | 9.6 | 9.5 | 8.9 | 8.8 | 45.8 |
| 12 | 10 | 孟志汉 | 男 | 设计系 | 1995/4/6 | 8.7 | 9.3 | 8.8 | 9.1 | 9.3 | 45.2 |
| 13 | | | | | | | | | | | |

**图 4-11　使用简单公式计算总分**

(2)函数的使用

Excel 为用户提供了丰富的函数功能,为数据的计算和分析带来极大的便利,涉及财务、逻辑、文本、日期和时间、查找与引用、数学与三角函数、统计、多维数据集、信息等多方面。

函数的语法形式为:

函数名(参数 1,参数 2,……),其中参数可以是常量、单元格、区域或函数。

Excel 中最常用的几个函数是 SUM（求和）、AVERAGE（求平均值）、COUNT（计数）、MAX（求最大值）、MIN（求最小值）。其他函数功能在 4.4.6 节叙述。下面举例说明几个常用函数的用法。

［例4-3］在例 4-2 的基础上使用函数计算每个选手的总分、最高分、最低分，并计算最终得分，其中最终得分的计算方法是：去掉一个最高分，去掉一个最低分，然后计算平均分。

| K3 | | | $f_x$ | =SUM(F3:J3) | | | | | | | | | |
|---|---|---|---|---|---|---|---|---|---|---|---|---|---|
| | A | B | C | D | E | F | G | H | I | J | K | L | M | N |
| 1 | 校园歌手大赛评分表 | | | | | | | | | | | | |
| 2 | 序号 | 姓名 | 性别 | 系部 | 出生日期 | 评委1 | 评委2 | 评委3 | 评委4 | 评委5 | 总分 | 最高分 | 最低分 | 最终得分 |
| 3 | 1 | 缪可儿 | 女 | 医护系 | 1994/3/12 | 8.6 | 9.2 | 9.1 | 9.3 | 9.1 | 45.3 | | | |
| 4 | 2 | 风山水 | 男 | 机电系 | 1995/2/9 | 9.7 | 9.4 | 8.9 | 9.9 | 9.1 | 47.0 | | | |
| 5 | 3 | 令巧玲 | 女 | 人文系 | 1996/8/7 | 8.0 | 8.7 | 8.2 | 9.5 | 9.1 | 43.5 | | | |
| 6 | 4 | 岳佩珊 | 女 | 外语系 | 1994/5/20 | 8.4 | 8.8 | 8.7 | 8.8 | 8.2 | 42.9 | | | |
| 7 | 5 | 任剑侠 | 男 | 机电系 | 1994/11/11 | 8.4 | 8.8 | 9.4 | 9.2 | 8.6 | 43.9 | | | |
| 8 | 6 | 陆伟荟 | 女 | 机电系 | 1995/3/10 | 9.4 | 8.8 | 9.9 | 9.1 | 9.0 | 46.2 | | | |
| 9 | 7 | 赵灵燕 | 女 | 经贸系 | 1994/6/9 | 8.9 | 9.5 | 9.6 | 8.5 | 9.5 | 46.0 | | | |
| 10 | 8 | 陈怡萱 | 女 | 管理系 | 1993/12/10 | 8.6 | 8.9 | 8.9 | 8.4 | 9.0 | 43.8 | | | |
| 11 | 9 | 苏巧丽 | 女 | 医护系 | 1995/7/1 | 9.0 | 8.6 | 9.5 | 8.9 | 8.8 | 43.8 | | | |
| 12 | 10 | 孟志汉 | 男 | 设计系 | 1995/4/6 | 8.7 | 9.3 | 8.8 | 9.1 | 9.3 | 45.2 | | | |

图 4-12  使用 sum 函数计算总分

操作步骤如下：

①计算总分。单击单元格 K3，输入公式"= SUM（F3：J3）"，按 Enter 键即可显示出结果，其他选手的总分也可以按照例 4-2 的方法进行自动填充，如图 4-12 所示。

②计算最高分。单击单元格 L3，选择"开始"选项卡的"编辑"组（或"公式"选项卡中"函数库"组）中的"Σ 自动求和"下拉按钮，在下拉菜单中选择"最大值"，然后用鼠标选定区域 F3：J3，如图 4-13 所示，按 Enter 键确认，使用自动填充完成其他选手最高分的计算。

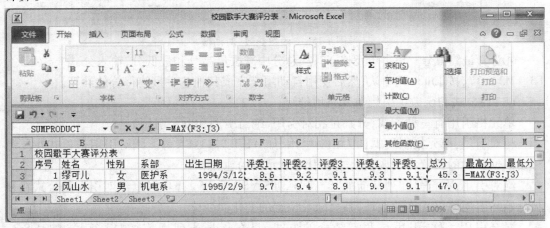

图 4-13  使用 Max 函数计算最高分

③计算最低分。单击单元格 M3，选择"公式"选项卡中"函数库"组的"$f_x$ 插入函数"命令，系统弹出"插入函数"对话框，从"选择类别"中选择"常用函数"，从"选择函数"列表中选择 MIN 函数，如图 4-14 所示，单击"确定"按钮，弹出"函数参数"对话框，如图 4-15 所示，单击"Number1"文本框右侧的指定区域按钮，选择正确的单元格区域 F3：J3，单击"确定"按钮，然后使用自动填充完成其他选手最低分的计算。

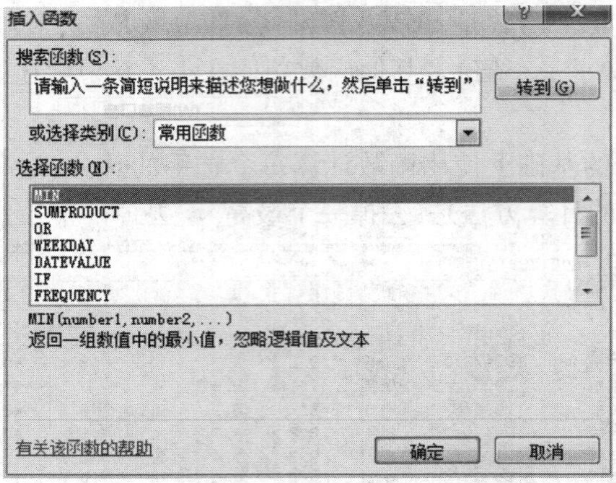

**图 4-14　"插入函数"对话框**

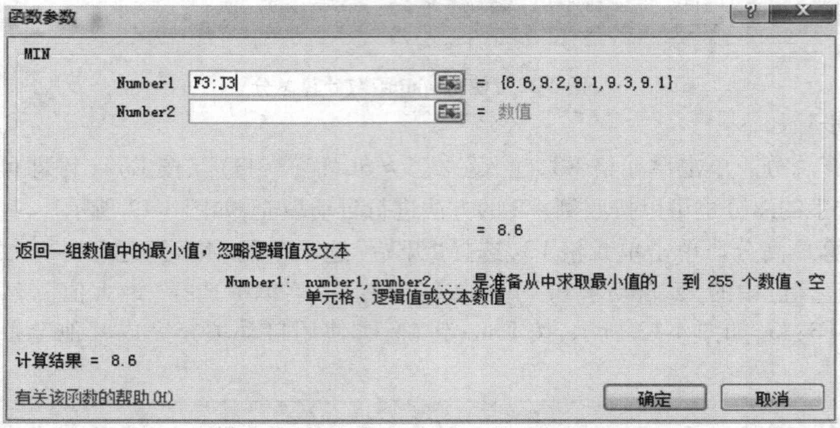

**图 4-15　"函数参数"对话框**

④计算最终得分。单击单元格 N3,从总分中减去最高分和最低分,输入公式" =(K3 – L3 – M3)/3",按 Enter 键确认,然后使用自动填充完成其他选手最终得分的计算。

(3)在公式和函数中引用单元格地址

单元格引用有三种方式,分别是相对引用、绝对引用和混合引用。

相对引用:单元格引用默认为相对引用,如 A1、B2、C3:E5 等。相对引用是公式在复制时会根据移动的位置自动调节公式中引用单元格的地址。

绝对引用:在行号和列标前加"$"符号,如$A$2、$C$2:$C$5。绝对引用是公式在复制时始终引用原单元格的地址,不会随着位置的变化而变化。

混合引用:混合引用是两者结合的方式,只在行号或列标前加"$"符号,如 A$3、$B4。混合引用是公式在复制时只会在列或行上会根据移动的位置来改变引用的单元格地址。

[**例 4-4**]绝对引用地址示例。在例 4-3 的工作表添加一列"名次",计算每位选手的排名,如图 4-16 所示。

| O3 | ▼ | f$_x$ | =RANK(N3,$N$3:$N$12) |
|---|---|---|---|

| | A | B | C | D | E | F | G | H | I | J | K | L | M | N | O |
|---|---|---|---|---|---|---|---|---|---|---|---|---|---|---|---|
| 1 | 校园歌手大赛评分表 | | | | | | | | | | | | | | |
| 2 | 序号 | 姓名 | 性别 | 系部 | 出生日期 | 评委1 | 评委2 | 评委3 | 评委4 | 评委5 | 总分 | 最高分 | 最低分 | 最终得分 | 名次 |
| 3 | 1 | 缪可儿 | 女 | 医护系 | 1994/3/12 | 8.6 | 9.2 | 9.1 | 9.3 | 9.1 | 45.3 | 9.3 | 8.6 | 9.13333 | 4 |
| 4 | 2 | 风山水 | 男 | 机电系 | 1995/2/9 | 9.7 | 9.4 | 8.9 | 9.9 | 9.1 | 47.0 | 9.9 | 8.9 | 9.4 | 1 |
| 5 | 3 | 令巧玲 | 女 | 人文系 | 1996/8/7 | 8.0 | 8.7 | 8.2 | 9.5 | 9.1 | 43.5 | 9.5 | 8.0 | 8.66667 | 9 |
| 6 | 4 | 岳佩珊 | 女 | 外语系 | 1994/5/20 | 8.4 | 8.8 | 8.7 | 8.8 | 8.2 | 42.9 | 8.8 | 8.2 | 8.63333 | 10 |
| 7 | 5 | 任剑侠 | 男 | 机电系 | 1994/11/1 | 8.4 | 8.3 | 9.4 | 9.2 | 8.6 | 43.9 | 9.4 | 8.3 | 8.73333 | 8 |
| 8 | 6 | 陆伟荟 | 女 | 机电系 | 1995/3/10 | 9.4 | 8.8 | 9.9 | 9.1 | 9.0 | 46.2 | 9.9 | 8.8 | 9.16667 | 3 |
| 9 | 7 | 赵灵燕 | 女 | 经贸系 | 1994/6/9 | 8.9 | 9.5 | 9.6 | 8.5 | 9.5 | 46.0 | 9.6 | 8.5 | 9.3 | 2 |
| 10 | 8 | 陈怡萱 | 女 | 管理系 | 1993/12/10 | 8.6 | 8.9 | 8.9 | 8.4 | 9.0 | 43.8 | 9.0 | 8.4 | 8.8 | 7 |
| 11 | 9 | 苏巧丽 | 女 | 医护系 | 1995/7/1 | 9.0 | 9.6 | 9.5 | 8.9 | 8.8 | 45.8 | 9.6 | 8.8 | 9.13333 | 5 |
| 12 | 10 | 孟志汉 | 男 | 设计系 | 1995/4/6 | 8.7 | 9.3 | 8.8 | 9.1 | 9.3 | 45.2 | 9.3 | 8.7 | 9.06667 | 6 |

图 4-16　绝对引用地址示例

操作步骤如下：

①单击 O2 单元格，输入文字"名次"。

②单击 O3 单元格，输入"＝RANK(N3,$N$3:$N$12)"，按 Enter 键确认。这是一个统计函数，它用于求某一列的数值的排名情况。如使用公式"＝rank(N3,N3:N12)"就代表 N3 单元格在 N3:N12 单元格中的排名情况。使用自动填充功能拖曳数据时，发现 O4 单元格内的公式变为"＝rank(N4,N4:N13)"，这超出了预期，比较的数据区域始终应该是 N3:N12，不能发生变化，因此需要采用绝对引用地址的方式。

## 4.2.2　编辑工作表

工作表的编辑主要针对两个层面：单元格和工作表，操作时都必须遵守"先选定，后执行"的原则。常用选定操作如表 4-2 所示。

表 4-2　常用选定操作

| 选取范围 | 操　作 |
|---|---|
| 单元格 | 单击 |
| 多个连续的单元格 | 即单元格区域，用鼠标拖曳或单击左上角的单元格，按住 Shift 键，单击右下角的单元格 |
| 多个不连续的单元格或区域 | 按住 Ctrl 键，依次单击要选择的单元格或区域 |
| 整行或整列 | 单击工作表对应的行号或列标 |
| 整个表格 | 单击工作表左上角行列交叉的按钮，或按快捷键 Ctrl + A |

1）单元格编辑

单元格的编辑包括对单元格内容的修改、清除、删除、插入、复制、移动、粘贴与选择性粘贴等。

（1）单元格内容的修改

选定单元格后，如果直接输入内容，其结果是直接改写单元格中的内容；在单元格中双击会出现光标，这时就可以进行编辑操作了。

（2）清除

对单元格使用"清除"命令针对的对象是数据，会清除其全部格式、内容、批注、超链接等,单元格本身依然保留。操作方法为:选定单元格或区域,在"开始"选项卡中选择"编辑"功能区的"清除"命令,如图 4-17 所示。

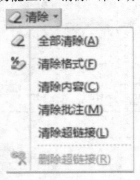 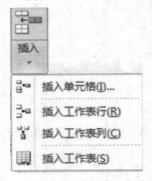 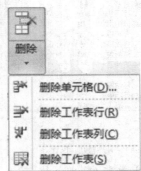

图 4-17 "清除"命令　　　图 4-18 "插入"命令　　　图 4-19 "删除"命令

注意:清除单个单元格中的数据,也可以使用退格键(Back space)和 Del 键,但要同时清除多个单元格中的数据时,只能使用 Del 键。

(3)插入与删除

"插入"与"删除"命令针对的对象是单元格,可以用于插入或删除单元格、行、列和工作表。基本操作方法均为:选定单元格或区域,在"开始"选项卡中选择"编辑"功能区的"插入"或"删除"命令,如图 4-18 和图 4-19 所示。

插入操作:

● 选择"插入单元格"时,会弹出如图 4-20 所示对话框,根据需要选择相应命令,单击"确定"按钮即可。

● 选择"插入工作表行"时,会根据活动单元格区域插入相同数量的空白行,如区域选择为 B3:F5,使用该命令时将插入 3 个空白行,活动单元格区域所在行下移。

● 选择"插入工作表列"时,与插入行类似,活动单元格区域所在列右移。

● 选择"插入工作表"时,会在当前工作表之前插入一个新的工作表。

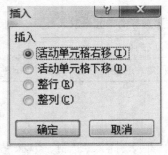 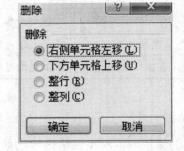

图 4-20 "插入"对话框　　　图 4-21 "删除"对话框

删除操作:

● 选择"删除单元格"时,会弹出如图 4-21 所示对话框,根据需要选择相应命令,单击"确定"按钮即可。

● 选择"删除工作表行"时,会将活动单元格区域所在行全部删除,原来活动单元格区域下面的行上移。

- 选择"删除工作表列"时,会将活动单元格区域所在列全部删除,原来活动单元格区域右边的列左移。
- 选择"删除工作表"时,将会删除所在的工作表。

注意:删除操作应谨慎使用,避免数据的丢失。

(4)复制与移动

单元格的复制、移动操作与 Word 类似,都可以采用快捷键或剪贴板组中的"剪切"、"复制"、"粘贴"来实现。除了粘贴之外,在 Excel 中提供了"选择性粘贴"命令,该命令可以复制单元格的全部信息,也可以只复制部分信息,还可以实现简单的计算和转置。具体的操作方法是:先选定数据,使用"复制"命令,再单击目标单元格,单击右键,在弹出的快捷菜单中选择"选择性粘贴"命令,如图 4-22 所示,表 4-3 列出了"选择性粘贴"对话框中部分选项的说明。

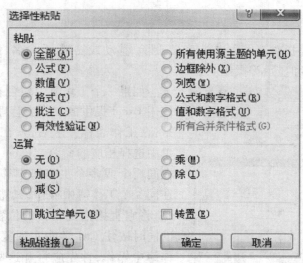

图 4-22 "选择性粘贴"对话框

表 4-3 "选择性粘贴"选项说明表

| 目的 | 选 项 | 含 义 |
|---|---|---|
| 粘贴 | 全部 | 默认设置,将源单元格所有属性都粘贴到目标区域中 |
| | 公式 | 只粘贴单元格公式,而不粘贴格式、批注等 |
| | 数值 | 只粘贴单元格中显示的内容,而不粘贴其他属性 |
| | 格式 | 只粘贴单元格的格式,而不粘贴单元格内的实际内容 |
| | 批注 | 只粘贴单元格的批注,而不粘贴单元格内的实际内容 |
| | 有效性验证 | 只粘贴源区域中数据的有效性规则 |
| | 边框除外 | 只粘贴单元格的值和格式,而不粘贴边框 |
| | 列宽 | 将某一列的列宽复制到另一列中 |

续表

| 目的 | 选项 | 含　义 |
|---|---|---|
| 运算 | 无 | 默认设置,不进行运算,用源单元格的数据完全替换目标区域中的数据 |
| | 加 | 源单元格的数据加上目标单元格数据再存入目标单元格 |
| | 减 | 源单元格的数据减去目标单元格数据再存入目标单元格 |
| | 乘 | 源单元格的数据乘以目标单元格数据再存入目标单元格 |
| | 除 | 源单元格的数据除以目标单元格数据再存入目标单元格 |
| 其他 | 跳过空单元格 | 源区域的空白单元格不被粘贴 |
| | 转置 | 将源区域的数据进行行列交换后粘贴到目标区域,可以实现矩阵转置 |

2)工作表编辑

工作表的编辑是指对工作表进行插入、删除、移动或复制、重命名、保护工作表、更改工作表标签颜色、隐藏和显示等操作。

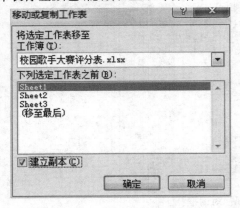

图 4-23 "移动或复制工作表"对话框

如果一个工作簿中包含有多个工作表,可以使用 Excel 提供的工作表管理功能。常用的方法是:在工作表标签上右击,在随后出现的快捷菜单中选择相应的命令。Excel 允许将某个工作表在同一个或多个工作簿中移动或复制。如果是在同一个工作簿中操作,只需要单击该工作表标签,将它直接拖曳到目的位置实现移动,在拖曳的同时按住 Ctrl 键能实现复制。如果是多个工作簿中操作,首先应打开这些工作簿,然后右击该工作表标签,在快捷菜单中选择"移动或复制"命令,打开如图 4-23 所示的对话框。在"工作簿"下拉列表框中选择所需工作簿,从"下列选定工作表之前"列表框中选择插入位置来实现移动。如果是复制操作的话,还需选中对话框底部的"建立副本"复选框。

注意:在删除工作表时一定要慎重,一旦工作表被删除后将无法恢复。如果工作簿中的工作表太多,为了更加清楚地区分工作表,可以利用快捷菜单中的相应命令设置工作表标签的颜色,使之醒目显示。

### 4.2.3　格式化工作表

格式化工作表的过程就是对工作表进行修饰、设置格式的过程,这是为了使工作表更加易读,实现整齐、鲜明和美观的效果。

工作表的格式化主要包含格式化数据、调整列宽和行高、设置对齐方式、添加边框和填充、使用条件格式及自动套用格式等。

1）格式化数据

（1）设置数据格式

在 Excel 中提供了很多选项可以将数字显示为百分比、货币、日期等形式，如 1 234.56 可以表示为小数点形式 1 234.5600，百分号形式 123 456%，货币符号形式￥1 234.56，带千分位分隔符形式 1,234.56 等。这时屏幕上的单元格表现的是格式化后的数字，编辑框显示的是系统实际存储的数据。

根据数据格式不同，Excel 将它们分成常规、数值、货币、会计专用、日期、时间、百分比、分数、科学记数、文本、特殊、自定义等类别，其中常规是系统默认格式，用户可以根据需要自定义数据格式，表 4-4 列出了常用的自定义数字格式示例。

表 4-4　常用自定义数字格式示例

| 显示数据类型 | 显示数据 | 自定义数字格式 | 显示结果 |
| --- | --- | --- | --- |
| 数值 | 1234.56 | #,##0.0 | 1,234.6 |
| 货币 | 1234.56 | ￥#,##0.00 | ￥1,234.56 |
| 会计专用 | 1234.56 | _ ￥ * #,##0.00_ | ￥1,234.56 |
| 日期 | 2014/11/25 | yyyy"年"m"月"d"日" aaaa | 2014 年 11 月 25 日 星期二 |
| 时间 | 10:45 | h:mm AM/PM | 10:45 AM |
| 百分比 | 1234.56 | 0.00% | 123 456.00% |
| 分数 | 0.375 | # ?? /?? | 3/8 |
| 科学记数 | 1234.56 | 0.00E+00 | 1.23E+03 |
| 特殊 | 1234.56 | 中文大写字母 | 壹仟贰佰叁拾肆.伍陆 |

设置数据格式的方法是，单击"开始"选项卡中"数字"组中的相应按钮，或单击该组右下角的对话框启动器，打开"设置单元格格式"对话框，在"数字"选项卡中选择即可，如图 4-24 所示。

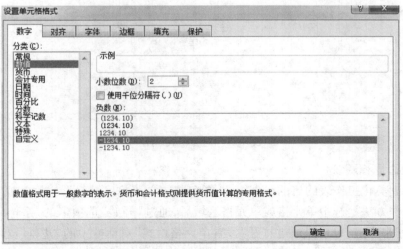

图 4-24　"设置单元格格式"对话框的"数字"选项卡

2）调整工作表的行高和列宽

Excel 提供了缺省的行高与列宽,如果输入的实际数据所占的高度和宽度超出预先规定的行高和列宽时,就需要调整行高和列宽,使数据得到正确显示。例如,输入的文本太长,后续单元格又有内容,数据将会截断显示;对于数值数据,列宽不够时将会出现一串"#"。

调整行高和列宽最快捷的方法是利用鼠标选中要改变列宽（或行高）的列（或行）,将鼠标移动到列标（或行号）之间的分隔线上,当出现双向箭头时,拖动分隔线到指定的位置,如图 4-25 所示。

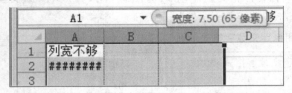

图 4-25　利用鼠标拖动调整列宽　　　　图 4-26　"列宽"对话框

如要实现行高和列宽的精确调整,可以使用"开始"选项卡的"单元格"组中的"格式"下拉按钮,在弹出的下拉菜单中选择"行高"或"列宽"命令,用户可以根据需要输入合适的数值,列宽对话框如图 4-26 所示。

3）设置对齐方式

单元格中的数据可以根据用户的需要灵活设置对齐方式,图 4-27 列举了一些对齐的示例。具体操作方法是选中单元格或单元格区域后,通过"开始"选项卡的"对齐方式"组中的相应按钮来完成,也可以通过打开"设置单元格格式"对话框中的"对齐"选项卡进行设置,如图 4-28 所示。

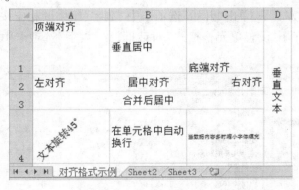

图 4-27　对齐格式示例

4）设置边框和底纹

为了达到美化工作表的目的,经常还为单元格或单元格区域设置边框和底纹。设置边框的具体操作方法是选中单元格或单元格区域后,通过"开始"选项卡的"字体"组中的"边框"下拉按钮来完成,也可以通过打开"设置单元格格式"对话框中的"边框"选项卡进行设置。在设置边框时,可以设置线条的颜色和样式,为选择的区域添加外框线和内部框线,如

图 4-29 所示。

除了为工作表添加边框外,还可以为工作表添加背景颜色或图案,即底纹,可以通过"设置单元格格式"对话框中的"填充"选项卡来完成。

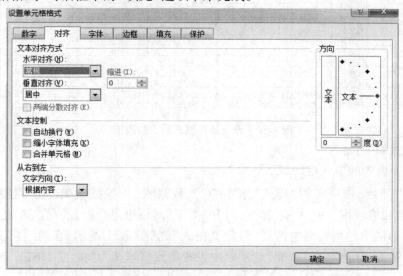

图 4-28 "设置单元格格式"对话框的"对齐"选项卡

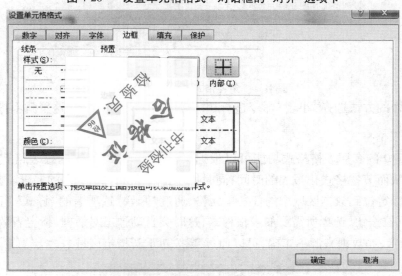

图 4-29 "设置单元格格式"对话框的"边框"选项卡

5)使用条件格式

当处理数据时,经常需要将符合某些特定条件的数据醒目地显示出来,以便查看。使用条件格式可以使数据在满足不同的条件时,显示不同的格式。

[例 4-5]对例 4-4 的工作表设置条件格式:将最终得分在 9 分以上的单元格设置成黄色填充红色文本效果,将最终得分小于 9 分的单元格设置成蓝色、双下画线效果,其效果如图 4-30 所示。

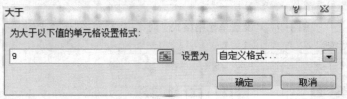

| | A | B | C | D | E | F | G | H | I | J | K | L | M | N | O |
|---|---|---|---|---|---|---|---|---|---|---|---|---|---|---|---|
| 1 | | | | | | 校园歌手大赛评分表 | | | | | | | | | |
| 2 | 序号 | 姓名 | 性别 | 系部 | 出生日期 | 评委1 | 评委2 | 评委3 | 评委4 | 评委5 | 总分 | 最高分 | 最低分 | 最终得分 | 名次 |
| 3 | 1 | 缪可儿 | 女 | 医护系 | 1993-3-12 | 8.6 | 9.2 | 9.1 | 9.3 | 9.1 | 45.3 | 9.3 | 8.6 | 9.13333 | 4 |
| 4 | 2 | 风山水 | 男 | 机电系 | 1995-2-9 | 9.7 | 9.4 | 8.9 | 9.9 | 9.1 | 47.0 | 9.9 | 8.9 | 9.4 | 1 |
| 5 | 3 | 令巧玲 | 女 | 人文系 | 1996-8-7 | 8.0 | 8.7 | 8.2 | 9.5 | 9.1 | 43.5 | 9.5 | 8.0 | 8.66667 | 9 |
| 6 | 4 | 岳佩珊 | 女 | 外语系 | 1994-5-20 | 8.4 | 8.8 | 8.7 | 8.8 | 8.2 | 42.9 | 8.8 | 8.2 | 8.63333 | 10 |
| 7 | 5 | 任剑侠 | 男 | 机电系 | 1994-11-11 | 8.4 | 8.3 | 9.4 | 9.2 | 8.6 | 43.9 | 9.4 | 8.3 | 8.73333 | 8 |
| 8 | 6 | 陆伟荟 | 女 | 机电系 | 1995-3-10 | 9.4 | 8.8 | 9.9 | 9.1 | 9.0 | 46.2 | 9.9 | 8.8 | 9.16667 | 3 |
| 9 | 7 | 赵灵燕 | 女 | 经贸系 | 1994-6-9 | 8.9 | 9.5 | 9.6 | 8.5 | 9.5 | 46.0 | 9.6 | 8.5 | 9.3 | 2 |
| 10 | 8 | 陈怡萱 | 女 | 管理系 | 1993-12-10 | 8.6 | 8.9 | 8.9 | 8.4 | 9.0 | 43.8 | 9.0 | 8.4 | 8.8 | 7 |
| 11 | 9 | 苏巧丽 | 女 | 医护系 | 1995-7-1 | 9.0 | 9.6 | 9.5 | 8.9 | 8.8 | 45.8 | 9.6 | 8.8 | 9.13333 | 5 |
| 12 | 10 | 孟志汉 | 男 | 设计系 | 1995-4-6 | 8.7 | 9.3 | 8.8 | 9.1 | 9.3 | 45.2 | 9.3 | 8.7 | 9.06667 | 6 |

图 4-30　设置条件格式后的效果图

操作步骤如下：

①选定要设置的单元格区域 N3：N12。

②单击"开始"选项卡的"样式"组中的"条件格式"下拉按钮 ，在下拉按钮中选择"突出显示单元格规则"→"大于"命令，打开"大于"对话框进行设置，在左边的文本框中输入"9"，在右边的下拉列表框中选择"自定义格式"，如图 4-31 所示，在"字体"选项卡中将字体颜色设置为"红色"，在"填充"选项卡中设置单元格填充为"黄色"，单击"确定"按钮。

图 4-31　条件格式"大于"对话框

③用同样的方法选择"小于"命令进行相应设置，由于方法类似，这里就不进行赘述。

6）套用表格格式

Excel 2010 的套用表格格式功能可以根据预设的格式，将制作的报表格式化，产生美观的报表。从而节省格式化报表的时间，同时使表格符合数据库表单的要求。具体的操作方法是将鼠标定位到数据区域中的任一单元格，通过"开始"选项卡的"样式"组中的"套用表格格式"下拉按钮，选择所需要的表格样式，这时会自动弹出对话框，指定表数据的来源，如图 4-32 所示，如数据来源不正确，可以通过 按钮重新指定区域。

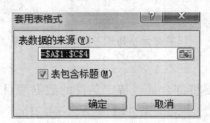

图 4-32　"套用表格式"对话框

## 4.3 图表制作

在工作和生活中,为更加直观、清晰地反映数据,往往需要用图形的方式来表达。Excel 2010 中提供了丰富图表类型,包括柱形图、折线图、饼图、条形图、面积图、XY(散点图)、股价图、曲面图、圆环图、气泡图、雷达图共 11 种图表类型。

柱形图:柱形图用于显示一段时间内的数据变化或显示各项之间的比较情况。在柱形图中,通常水平轴 X 表示类别,而垂直轴 Y 表示数值。

折线图:折线图可以显示随时间而变化的连续数据,因此非常适用于显示在相等时间间隔下数据的变化趋势。

饼图:饼图可以显示一个数据系列中各项的大小与各项总和的比例,往往用来表示整体和个体之间的关系。

条形图:条形图可以看作是横着的柱形图,是用来描绘各个项目之间的数据比较情况。

面积图:面积图用于显示某个时间阶段总数与数据系列的关系,强调数量随时间而变化的程度。

XY(散点图):XY(散点图)用于显示若干数据系列中各数值之间的关系,散点图可以绘制函数曲线。

股价图:顾名思义,股价图经常用来显示股价的波动。

曲面图:当类别和数据系列都是数值时,可以使用曲面图。

圆环图:类似于饼图,圆环图显示各个部分与整体之间的关系,但是它可以包含多个数据系列。

气泡图:气泡图与 XY(散点图)类似,但是它们对成组的三个数值而非两个数值进行比较。

雷达图:雷达图主要应用于企业经营状况的评价,通过它可以一目了然地了解企业各项财务指标的变动情形及其好坏趋向。

Excel 2010 除提供类型丰富的图表类型外,为简明表达数据变化趋势,还提供了迷你图功能。迷你图是以单元格为绘图区域,绘制出简约的数据图形。由于迷你图太小,无法显示出数据值,所以迷你图与表格是无法分离的。迷你图包括折线图、柱形图、盈亏 3 种类型,其中折线图用于反映数据的变化趋势,柱形图用于表示数据间的对比情况,盈亏图则可以将业绩的盈亏情况形象地表现出来。

### 4.3.1 创建图表

1)图表结构

图表是由多个图表元素组成,图 4-33 显示了校园歌手大赛评分表的图表。

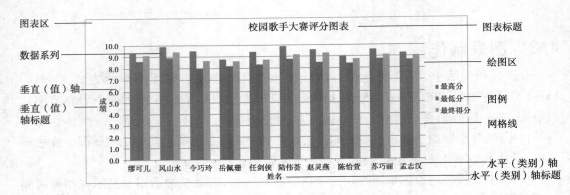

图 4-33　图表示例

图表中常见的元素：

①图表区：整个图表及内部所包含的元素。

②绘图区：以坐标轴为界并包含全部数据系列的区域。

③图表标题：图表的文本标题，可以根据需要设置左对齐、居中、右对齐等对齐方式。

④数据系列：图表中的数据点，来源于选定的数据区域，结果与单元格数据相关联，可以根据需要灵活进行添加、删除。有多个数据系列时，用不同的颜色或图案进行标识。

⑤数据标签：根据不同的图表类型，数据标签可以表示数据值、数据系列名称、百分比等。

⑥图例：用于区分图表中的数据系列。

⑦坐标轴：为图表提供计量和比较的参考线，一般包括水平 X 轴和垂直 Y 轴。

⑧网格线：坐标轴上刻度线的延伸，方便查看和计算数据的线条。

⑨刻度线：坐标轴上的刻度标识，用于区分图表中的数据系列或数据值。

2）创建图表

在 Excel 2010 中，要快速、简便创建图表，只需要选择数据源，然后单击"插入"选项卡的"图表"组中对应图表类型的下拉按钮即可。

［例 4-6］根据例 4-5 工作表中的姓名、最高分、最低分、最终得分产生一个簇状柱形图。

操作步骤如下：

①选择创建图表的数据源。本例中用于创建图表的数据区域不连续，因此选定"姓名"列（B2：B12），按住 Ctrl 键再选定"最高分"列、"最低分"列、"最终得分"列（L2：N12）。

②选择"插入"选项卡的"图表"选项组中的图表类型，然后在打开的下拉菜单中选择所需的图表子类型。若要查看所有图表类型，可以单击"图表"选项卡右下角"创建图表"按钮，打开"插入图表"对话框，如图 4-34 所示。

③在"柱形图"选项中选择"簇状柱形图"，此时在工作表中插入一个图表，如图 4-35 所示。

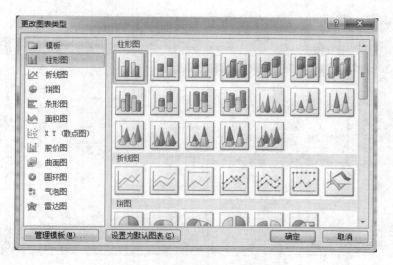

图 4-34　"插入图表"对话框

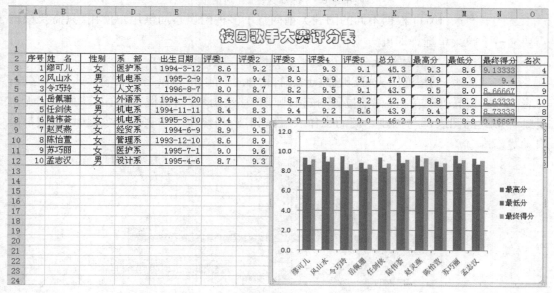

图 4-35　插入图表后效果图

## 4.3.2　图表编辑及其格式化

在创建图表之后,还可以对图表进行编辑,包括更改图表类型、修改数据源、修改图表布局、修改图表样式等。这些都可以在选中图表后,通过"图表工具"选项卡中的相应功能来实现。"图表工具"选项卡包括三个部分:设计、布局和格式。

在"设计"部分可以完成如下操作:

- 更改图表类型:重新选择其他的图表类型。
- 另存为模板:将图表的格式和布局保存为模板,方便以后使用。
- 切换行/列:将数据按行方式查看或按列方式查看。
- 选择数据:更改图表中的数据源,将弹出"选择数据源"对话框,如图 4-36 所示。在其中可以修改图表数据区域、编辑图例、编辑分类轴标签等。

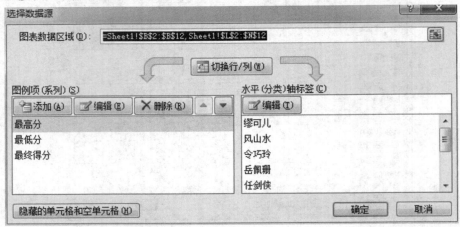

图 4-36　"选择数据源"对话框

● 图表布局：Excel 根据不同的图表类型内置了多种图表布局供用户使用，只需要根据需要通过下拉菜单选择即可。

● 图表样式：与图表布局一样，内置了多种图表样式供选择。

● 移动图表：创建的图表可以置放于工作表中，也可以单独以工作表的形式进行存放，二者之间可以转换。单击"移动位置"按钮，弹出"移动图表"对话框，如图 4-37 所示。无论是哪种形式的图表都与创建它们的工作表紧密相连，当修改工作表中的数据时，图表都会自动更新。

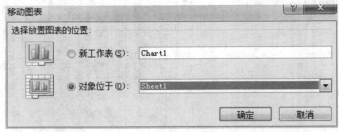

图 4-37　"移动图表"对话框

在"布局"部分可以完成如下操作：

● 设置所选内容格式：可以根据所选不同图表元素精确调整其格式。如选择"图表区"，单击"设置所选内容格式"按钮，此时弹出"设置图表区格式"对话框，可以从填充、边框颜色、边框样式、阴影、发光和柔化边缘、三维格式、大小等多个方面对图表区进行调整，如图 4-38 所示。选择其他不同图表元素使用该命令弹出的对话框略有不同，在这里就不再进行赘述。

● 插入图片、形状、文本框：在图表中直接插入图片、形状、文本框等图形工具。

● 编辑图表标签：添加或删除图表标题、坐标轴标题、图例、数据标签、数据表等。

● 设置坐标轴、网格线：更改坐标轴、网格线的格式与布局。

● 设置图表背景：设置绘图区格式，为三维图表设置背景墙、图表基底、三维旋转等。

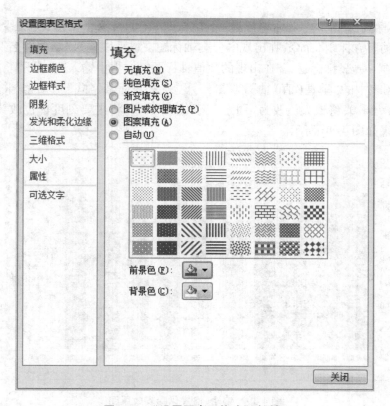

**图4-38** "设置图表区格式"对话框

● 图表分析：添加趋势线、误差线等，如果图表类型为折线图，还可以添加折线及涨/跌柱线。

● 属性：修改图表名称

在"格式"部分可以完成如下操作：

● 设置所选内容格式：与"布局"部分的"设置所选内容格式"一样。

● 编辑形状样式：快速套用形状样式、设置形状填充、形状轮廓及形状效果。

● 设置艺术字样式：对图表中的文字设置艺术字样式，通过文本填充、文本轮廓及文本效果进行实现。

● 排列：对图表中的元素进行层次设置、对齐方式的设置、组合、旋转等。

● 大小：设置图表的宽度与高度。

[**例4-7**]对例4-6中的图表进行编辑及其格式化：添加图表标题"校园歌手大赛评分结果"，X轴标题为"学生姓名"，Y轴标题为"分数"；坐标轴刻度最大值设置为10分、最小值设置为6分、间距为0.5分；为图例设置形状样式和艺术字样式，并将绘图区背景设置为"水滴"。其效果如图4-39所示。

操作步骤如下：

①选定图表，在"图表工具"选项卡中的"布局"→"标签"组中单击"图表标题"下拉按钮，在下拉菜单中选择"居中覆盖标题"命令。此时，图表上方添加了图表标题文本框，在其中输入"校园歌手大赛评分结果"。

②单击"标签"组中的"坐标轴标题"下拉按钮,在下拉菜单中选择"主要横坐标轴标题"→"坐标轴下方标题"命令,在出现的分类轴标题文本框中输入"学生姓名";选择"主要纵坐标轴标题"→"竖排标题,"在出现的数值轴标题文本框中输入"分数"。

③选定图表中的"垂直(值)轴",双击打开"设置坐标轴格式"对话框,将最小值改为"固定",数值为6.0;将最大值改为"固定",数值为10.0;将主要刻度单位改为"固定",数值为0.5,效果如图4-40所示。

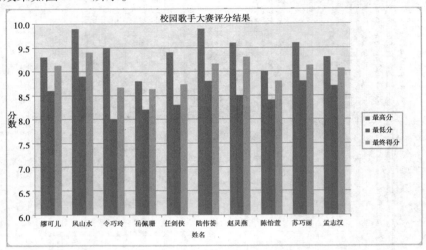

图 4-39　编辑、格式化图表效果图

图 4-40　"设置坐标轴格式"对话框

④选中图例,在"图表工具"选项卡的"格式"→"形状样式"组中选择"彩色轮廓-橙色,强调颜色6";同理在"艺术字样式"组中选择"渐变填充-紫色,强调颜色4,映像"。

⑤选中绘图区,双击打开"设置绘图区格式"对话框,在"填充"选项卡中单击"图片或纹理填充"按钮,然后在"纹理"下拉列表框中选择"羊皮纸",然后单击"关闭"按钮完成。

# 4.4 数据管理与分析

Excel 不仅具备对表格数据的计算处理能力,还具备数据库管理的一些功能。它可以方便快捷地对数据进行排序、筛选、分类汇总、创建数据透视表等。

## 4.4.1 数据清单

1)数据清单

数据清单又称为数据列表,是由工作表中行、列交叉构成的矩形区域,即一张二维表。它与前面介绍的工作表中的数据有所不同,特点如下:

①数据清单包括两部分,表结构和表记录。表结构是数据清单中的第一行,即列标题(又称为"字段名"),列标题下面的每一行包括一组相关的数据,称为表记录。

②每一列应包含性质相同、类型相同的数据,如字段名是"部门",则该列存放的必须全部是部门;字段名不能重复。

③不能有完全相同的两行记录。

④避免在一个工作表上建立多个数据清单。

⑤中间不允许出现空白行或空白列。

2)创建数据清单

创建一个数据清单就是建立一个数据库表,首先要定义表结构,然后再输入记录。默认情况下,"记录单"不是常用命令不显示在功能区,可以将其添加至快速访问工具栏以方便使用。

[例4-8]将"记录单"命令添加到快速访问工具栏,浏览例4-5工作表中的记录,并尝试使用记录单进行添加、删除、编辑数据。

操作步骤如下:

①单击快速访问工具栏右侧的"自定义快速访问工具栏"按钮,在弹出的下拉菜单中选择"其他命令"(也可以使用"文件"选项卡中的"选项"命令),打开"Excel 选项"对话框,切换至"快速访问工具栏"选项,在"从下列位置选择命令"下拉列表框中选择"不在功能区中的命令"选项,然后在下方的列表框中找到"记录单"选项。单击"添加"按钮,再单击"确定"按钮,即可将"记录单"命令添加到快速访问工具栏中,如图4-41 所示。

②将光标定位在数据区域的任一位置,在快速访问工具栏中选择"记录单"命令,此时会打开"校园歌手大赛评分表"的记录单,如图4-42 所示。

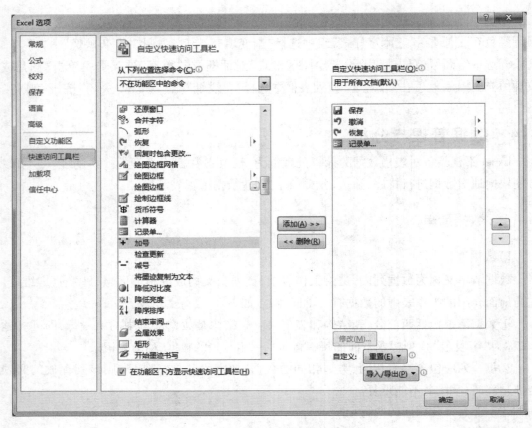

图 4-41　"Excel 选项"对话框

图 4-42　"校园歌手大赛评分表"记录单

③通过打开的记录单可以进行数据的浏览、编辑、添加、删除、还原及条件筛选等操作,读者可以根据需要进行测试。

### 4.4.2　数据排序

在实际应用中,为方便、合理管理地数据,通常会根据字段内容对记录进行排序。其中数值往往按大小排序;对日期、时间按先后排序;英文字符按字母顺序排序;汉字按拼音首字母排序或笔画排序。排序时,将排序的字段称为"关键字",可以按照升序或降序的方式排序。

1)单字段排序

单字段排序是指用一个关键字进行升序或降序排序。具体方法是:选择排序字段的任一单元格,单击"数据"选项卡的"排序和筛选"组中的"升序"按钮 或"降序"按钮 (也可以直接使用"开始"选项卡的"编辑"组中的"排序和筛选"命令），图 4-43 所示是按照校园歌手比赛选手的最终得分进行降序排列之后的结果。

| 序号 | 姓 名 | 性别 | 系部 | 出生日期 | 评委1 | 评委2 | 评委3 | 评委4 | 评委5 | 总分 | 最高分 | 最低分 | 最终得分 | 名次 |
|---|---|---|---|---|---|---|---|---|---|---|---|---|---|---|
| 2 | 风山水 | 男 | 机电系 | 1995-2-9 | 9.7 | 9.4 | 8.9 | 9.9 | 9.1 | 47.0 | 9.9 | 8.9 | 9.4 | 1 |
| 7 | 赵灵燕 | 女 | 经贸系 | 1994-6-9 | 8.9 | 9.5 | 9.6 | 8.5 | 9.5 | 46.0 | 9.6 | 8.5 | 9.3 | 2 |
| 6 | 陆伟荟 | 女 | 机电系 | 1995-3-10 | 9.4 | 8.8 | 9.9 | 9.1 | 9.0 | 46.2 | 9.9 | 8.8 | 9.16667 | 3 |
| 1 | 缪可儿 | 女 | 医护系 | 1994-3-12 | 8.6 | 9.2 | 9.1 | 9.3 | 9.1 | 45.3 | 9.3 | 8.6 | 9.13333 | 4 |
| 9 | 苏巧丽 | 女 | 医护系 | 1995-7-1 | 9.0 | 9.6 | 9.5 | 8.9 | 8.8 | 45.8 | 9.6 | 8.8 | 9.13333 | 5 |
| 10 | 孟志汉 | 男 | 设计系 | 1995-4-6 | 8.7 | 9.3 | 8.8 | 9.1 | 9.3 | 45.2 | 9.3 | 8.7 | 9.06667 | 6 |
| 8 | 陈怡萱 | 女 | 管理系 | 1993-12-10 | 8.6 | 8.9 | 8.9 | 8.4 | 9.0 | 43.8 | 9.0 | 8.4 | 8.8 | 7 |
| 5 | 任剑侠 | 男 | 机电系 | 1994-11-11 | 8.4 | 8.3 | 9.4 | 9.2 | 8.6 | 43.9 | 9.4 | 8.3 | 8.73333 | 8 |
| 3 | 令巧玲 | 女 | 人文系 | 1996-8-7 | 8.0 | 8.7 | 8.2 | 9.5 | 9.1 | 43.5 | 9.5 | 8.0 | 8.66667 | 9 |
| 4 | 岳佩珊 | 女 | 外语系 | 1994-5-20 | 8.4 | 8.8 | 8.7 | 8.8 | 8.2 | 42.9 | 8.8 | 8.2 | 8.63333 | 10 |

**图 4-43 按"最终得分"字段降序排序结果**

2）多字段排序

多字段排序是指用多个关键字进行升序或降序排序。当排序的第一个关键字（值）相同时，可按另一个关键字继续排序。在之前的 Excel 版本中，最多可以设置 3 个关键字进行排序，Excel 2010 突破了这个限制。具体操作可以通过使用"数据"选项卡的"排序和筛选"组中的"排序"按钮 来实现。

［**例 4-9**］对"校园歌手大赛评分表"进行排序，按主要关键字"系部"升序排列，系部相同时，按次要关键字"性别"降序排序，系部和性别都相同时，按第三关键字"最终得分"降序排列。排序结果如图 4-44 所示。

| 序号 | 姓 名 | 性别 | 系部 | 出生日期 | 评委1 | 评委2 | 评委3 | 评委4 | 评委5 | 总分 | 最高分 | 最低分 | 最终得分 | 名次 |
|---|---|---|---|---|---|---|---|---|---|---|---|---|---|---|
| 8 | 陈怡萱 | 女 | 管理系 | 1993-12-10 | 8.6 | 8.9 | 8.9 | 8.4 | 9.0 | 43.8 | 9.0 | 8.4 | 8.8 | 7 |
| 6 | 陆伟荟 | 女 | 机电系 | 1995-3-10 | 9.4 | 8.8 | 9.9 | 9.1 | 9.0 | 46.2 | 9.9 | 8.8 | 9.16667 | 3 |
| 2 | 风山水 | 男 | 机电系 | 1995-2-9 | 9.7 | 9.4 | 8.9 | 9.9 | 9.1 | 47.0 | 9.9 | 8.9 | 9.4 | 1 |
| 5 | 任剑侠 | 男 | 机电系 | 1994-11-11 | 8.4 | 8.3 | 9.4 | 9.2 | 8.6 | 43.9 | 9.4 | 8.3 | 8.73333 | 8 |
| 7 | 赵灵燕 | 女 | 经贸系 | 1994-6-9 | 8.9 | 9.5 | 9.6 | 8.5 | 9.5 | 46.0 | 9.6 | 8.5 | 9.3 | 2 |
| 3 | 令巧玲 | 女 | 人文系 | 1996-8-7 | 8.0 | 8.7 | 8.2 | 9.5 | 9.1 | 43.5 | 9.5 | 8.0 | 8.66667 | 9 |
| 10 | 孟志汉 | 男 | 设计系 | 1995-4-6 | 8.7 | 9.3 | 8.8 | 9.1 | 9.3 | 45.2 | 9.3 | 8.7 | 9.06667 | 6 |
| 4 | 岳佩珊 | 女 | 外语系 | 1994-5-20 | 8.4 | 8.8 | 8.7 | 8.8 | 8.2 | 42.9 | 8.8 | 8.2 | 8.63333 | 10 |
| 1 | 缪可儿 | 女 | 医护系 | 1994-3-12 | 8.6 | 9.2 | 9.1 | 9.3 | 9.1 | 45.3 | 9.3 | 8.6 | 9.13333 | 4 |
| 9 | 苏巧丽 | 女 | 医护系 | 1995-7-1 | 9.0 | 9.6 | 9.5 | 8.9 | 8.8 | 45.8 | 9.6 | 8.8 | 9.13333 | 5 |

**图 4-44 多字段排序结果**

操作步骤如下：

①选择数据清单中的任一单元格，单击"数据"选项卡的"排序和筛选"组中的"排序"按钮 ，打开"排序"对话框。选择按主要关键字为"系部"、排序依据为"数值"，次序为"升序"；单击"添加条件"按钮，选择次要关键字为"性别"，排序依据为"数值"，次序为"降序"；单击"添加条件"按钮，选择次要关键字为"最终得分"，排序依据为"数值"，次序为"降序"，如图 4-45 所示，单击"确定"按钮。在该对话框中，"数据包含标题"复选框是为了避免字段名也成为排序对象；"选项"按钮用来打开"排序选项"对话框，进行排序的相关设置，如区分大小写、改变排序方向（行或列）、汉字按字母或笔画排序等。

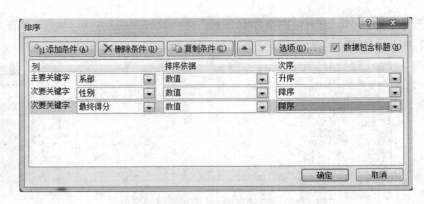

图 4-45 "排序"对话框

### 4.4.3 数据筛选

数据筛选是指从一个工作表中筛选出符合一定条件的记录将其显示,而将不满足条件的记录隐藏。当筛选条件被删除时,隐藏的数据便又恢复显示。

Excel 提供了两种数据筛选的方法:自动筛选和高级筛选。自动筛选可以实现单个字段筛选及多字段筛选的"逻辑与"关系,操作方便,能满足大部分应用;高级筛选除了能实现自动筛选的功能,还能实现多字段筛选的"逻辑或"关系,需要在数据清单以外建立条件区域。

1)自动筛选

自动筛选可以"数据"选项卡的"排序和筛选"组中的"筛选"按钮来实现。在所需筛选的字段名下拉列表中选择符合的条件,若没有,则可以根据不同的字段类别选择"文本筛选"、"数字筛选"或"日期筛选",在级联菜单中选择"自定义筛选"命令,用户可以根据需要在打开的"自定义自动筛选方式"对话框中输入条件。如果要使数据恢复显示,单击"排序和筛选"组中的"清除"按钮。如果要取消自动筛选功能,再次单击"筛选"按钮即可。

[例 4-10]对"校园歌手大赛评分表"中筛选出系部是"机电系"或"医护系",出生日期在 1995 年且最终得分大于等于 9 分的记录。其结果如图 4-46 所示。

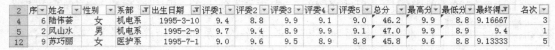

| 2 | 序 | 姓名 | 性别 | 系部 | 出生日期 | 评委1 | 评委2 | 评委3 | 评委4 | 评委5 | 总分 | 最高分 | 最低分 | 最终得 | 名次 |
|---|---|---|---|---|---|---|---|---|---|---|---|---|---|---|---|
| 4 | 6 | 陆怀莹 | 女 | 机电系 | 1995-3-10 | 9.4 | 8.8 | 9.9 | 9.1 | 9.0 | 46.2 | 9.9 | 8.8 | 9.16667 | 3 |
| 5 | 2 | 凤山水 | 男 | 机电系 | 1995-2-9 | 9.7 | 9.4 | 8.9 | 9.9 | 9.1 | 47.0 | 9.9 | 8.9 | 9.4 | 1 |
| 12 | 9 | 苏巧丽 | 女 | 医护系 | 1995-7-1 | 9.0 | 9.6 | 9.5 | 8.9 | 8.8 | 45.8 | 9.6 | 8.9 | 9.13333 | 5 |

图 4-46 自动筛选结果图

操作步骤如下:

①选择数据清单的任一单元格。

②单击"数据"选项卡的"排序和筛选"组中的"筛选"按钮,在各字段名的右边会出现筛选下拉列表。单击"系部"列自动筛选按钮,勾选"机电系"和"医护系"复选框,单击"确定"按钮。

③在"出生日期"列的筛选按钮中选择"1995"(或者在"日期筛选"中选择"自定义筛选"命令,打开"自定义自动筛选方式"对话框,出生日期设置在 1995 年 1 月 1 日至 1995 年

12月31日之间,如图4-47所示),单击"确定"按钮。

④用同样的方法进行"最终得分"列的筛选。

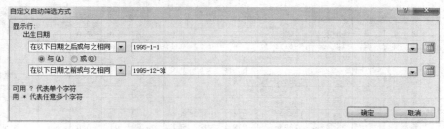

**图4-47 "自定义自动筛选方式"对话框**

2)高级筛选

当筛选的条件较为复杂,出现多字段间的"逻辑或"关系时,使用"数据"选项卡的"排序和筛选"组中的"高级"按钮 更为方便。

在进行高级筛选时需要在数据清单以外的位置建立条件区域,条件区域至少两行,且首行为与数据清单精确匹配的字段。在第2行输入筛选条件,在同一行上的条件关系为"逻辑与",不同行之间的条件关系为"逻辑或"。筛选的结果可以在原数据清单中显示,也可以在数据清单以外的位置显示。

[**例**4-11]在"校园歌手大赛评分表"中筛选1995年以后出生的女生或机电系的男生,将筛选的结果在原有区域显示。如图4-48所示。

**图4-48 高级筛选效果图**

操作步骤如下:

①在数据清单以外的区域建立条件区域(条件区域与数据清单至少空一行或空一列),如图4-48所示。

②在数据清单的任一位置单击"数据"选项卡的"排序和筛选"组中的"高级"按钮,打开"高级筛选"对话框,分别给定列表区域和条件区域(使用 按钮进行指定),如图4-48所示,单击"确定"按钮,高级筛选完成。

## 4.4.4 分类汇总

在实际应用中,经常需要将某些属性相同的数据放在一起,对其进行求最大值、最小值、平均值、求和、计数等操作。Excel提供了分类汇总的功能,需要注意的是,在分类汇总之前,必须先对分类的字段进行排序,否则将得不到正确的分类汇总结果。

[例4-12]在"校园歌手大赛评分表"中,按选手的性别统计评委评分及最终得分的平均分。汇总效果如图4-49所示。

| | 序号 | 姓 名 | 性别 | 系 部 | 出生日期 | 评委1 | 评委2 | 评委3 | 评委4 | 评委5 | 总分 | 最高分 | 最低分 | 最终得分 |
|---|---|---|---|---|---|---|---|---|---|---|---|---|---|---|
| 2 | 2 | 风山水 | 男 | 机电系 | 1995-2-9 | 9.7 | 9.4 | 8.9 | 9.9 | 9.1 | 47.0 | 9.9 | 8.9 | 9.4 |
| 3 | 5 | 任剑侠 | 男 | 机电系 | 1994-11-11 | 8.4 | 8.3 | 9.4 | 9.2 | 8.6 | 43.9 | 9.4 | 8.3 | 8.7333333 |
| 4 | 10 | 孟志汉 | 男 | 设计系 | 1995-4-6 | 8.7 | 9.3 | 8.8 | 9.1 | 9.3 | 45.2 | 9.3 | 8.7 | 9.0666667 |
| 5 | | 男 平均值 | | | | 8.9 | 9.0 | 9.0 | 9.4 | 9.0 | | | | 9.0666667 |
| 6 | 1 | 缪可儿 | 女 | 医护系 | 1994-3-12 | 8.6 | 9.2 | 9.1 | 9.3 | 9.1 | 45.3 | 9.3 | 8.6 | 9.1333333 |
| 7 | 3 | 令巧玲 | 女 | 人文系 | 1996-8-7 | 8.0 | 8.7 | 8.2 | 9.5 | 9.1 | 43.5 | 9.5 | 8.0 | 8.6666667 |
| 8 | 4 | 岳佩珊 | 女 | 外语系 | 1994-5-20 | 8.4 | 8.8 | 8.7 | 8.8 | 8.2 | 42.9 | 8.8 | 8.2 | 8.6333333 |
| 9 | 6 | 陆伟荟 | 女 | 机电系 | 1995-3-10 | 9.4 | 8.8 | 9.1 | 9.0 | 9.0 | 46.2 | 9.4 | 8.8 | 9.1666667 |
| 10 | 7 | 赵灵燕 | 女 | 经贸系 | 1994-6-9 | 8.9 | 9.5 | 9.6 | 8.5 | 9.5 | 46.0 | 9.6 | 8.5 | 9.3 |
| 11 | 8 | 陈怡萱 | 女 | 管理系 | 1993-12-10 | 8.6 | 8.9 | 8.8 | 8.4 | 9.0 | 43.8 | 9.0 | 8.4 | 8.8 |
| 12 | 9 | 苏巧丽 | 女 | 医护系 | 1995-7-1 | 9.0 | 9.6 | 9.5 | 8.9 | 8.8 | 45.8 | 9.6 | 8.8 | 9.1333333 |
| 13 | | 女 平均值 | | | | 8.7 | 9.1 | 9.1 | 8.9 | 9.0 | | | | 8.9761905 |
| 14 | | 总计平均值 | | | | 8.8 | 9.1 | 9.1 | 9.1 | 9.0 | | | | 9.0033333 |

图4-49　按性别进行分类汇总结果

操作步骤如下:

①选择"性别"列,单击"数据"选项卡的"排序和筛选"组中的"升序"按钮，对"性别"升序排序。

②选择数据清单中的任一单元格,单击"数据"选项卡的"分级显示"组中的分类汇总按钮，打开"分类汇总"对话框。在"分类字段"下拉列表框中选择"性别",在"汇总方式"下拉列表框中选择"平均值",在选定汇总项中勾选"评委1"、"评委2"、"评委3"、"评委4"、"评委5"、"最终得分",其设置如图4-50所示,单击"确定"按钮。

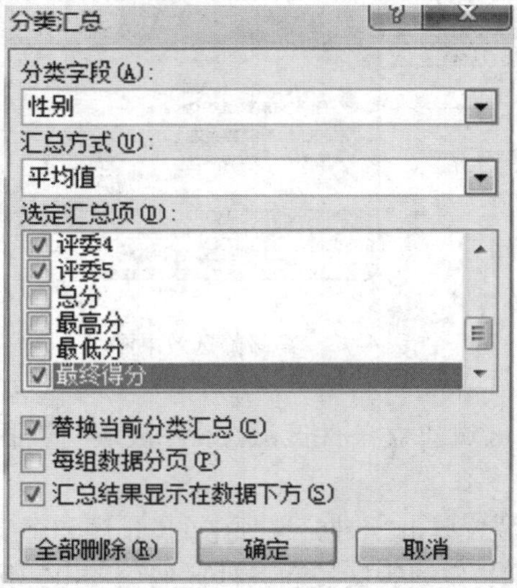

图4-50　高级筛选效果图

分类汇总后,数据会分为3级显示,通过单击工作表左边的分类层次1、2、3就可以查看总计、汇总和明细等相关信息。

如还需统计男女生各有多少人,可以再次使用"分类汇总"命令,"分类字段"设置为"性别","汇总方式"设置为"计数",在"选定汇总项"中勾选"总分",并去掉"替换当前分类汇总"选项,单击"确定"按钮,这时在例4-12的基础上再进行了人数的汇总,如图4-51所示。

| | | A | B | C | D | E | F | G | H | I | J | K | L | M | N |
|---|---|---|---|---|---|---|---|---|---|---|---|---|---|---|---|
| | | 序号 | 姓名 | 性别 | 系部 | 出生日期 | 评委1 | 评委2 | 评委3 | 评委4 | 评委5 | 总分 | 最高分 | 最低分 | 最终得分 |
| 2 | | 2 | 凤山水 | 男 | 机电系 | 1995-2-9 | 9.7 | 9.4 | 8.9 | 9.9 | 9.1 | 47.0 | 9.9 | 8.9 | 9.4 |
| 3 | | 5 | 任剑侠 | 男 | 机电系 | 1994-11-11 | 8.4 | 8.3 | 9.4 | 9.2 | 8.6 | 43.9 | 9.4 | 8.3 | 8.7333333 |
| 4 | | 10 | 孟志汉 | 男 | 设计系 | 1995-4-6 | 8.7 | 9.3 | 8.8 | 9.1 | 9.3 | 45.2 | 9.3 | 8.7 | 9.0666667 |
| 5 | | | | 男 计数 | | | | | | | | 3 | | | |
| 6 | | | | 男 平均值 | | | 8.9 | 9.0 | 9.0 | 9.4 | 9.0 | | | | 9.0666667 |
| 7 | | 1 | 缪可儿 | 女 | 医护系 | 1994-3-12 | 8.6 | 9.2 | 9.1 | 9.3 | 9.1 | 45.3 | 9.3 | 8.6 | 9.1333333 |
| 8 | | 3 | 令巧玲 | 女 | 人文系 | 1996-8-7 | 8.0 | 8.7 | 8.2 | 9.5 | 9.1 | 43.5 | 9.5 | 8.0 | 8.6666667 |
| 9 | | 4 | 岳佩珊 | 女 | 外语系 | 1994-5-20 | 8.4 | 8.8 | 8.7 | 8.8 | 8.2 | 42.9 | 8.8 | 8.2 | 8.6333333 |
| 10 | | 6 | 陆伟荟 | 女 | 机电系 | 1995-3-10 | 9.4 | 8.8 | 9.9 | 9.1 | 9.0 | 46.2 | 9.9 | 8.8 | 9.1666667 |
| 11 | | 7 | 赵灵燕 | 女 | 经贸系 | 1994-6-9 | 8.9 | 9.5 | 9.6 | 8.5 | 9.5 | 46.0 | 9.6 | 8.5 | 9.3 |
| 12 | | 8 | 陈怡萱 | 女 | 管理系 | 1993-12-10 | 8.6 | 8.9 | 8.9 | 8.4 | 9.5 | 43.8 | 9.0 | 8.4 | 8.8 |
| 13 | | 9 | 苏巧丽 | 女 | 医护系 | 1995-7-1 | 8.6 | 9.6 | 9.5 | 8.9 | 9.5 | 45.8 | 9.6 | 8.6 | 9.1333333 |
| 14 | | | | 女 计数 | | | | | | | | 7 | | | |
| 15 | | | | 女 平均值 | | | 8.7 | 9.1 | 9.1 | 8.9 | 9.0 | | | | 8.9761905 |
| 16 | | | | 总计数 | | | | | | | | 10 | | | |
| 17 | | | | 总计平均值 | | | 8.8 | 9.1 | 9.1 | 9.1 | 9.0 | | | | 9.0033333 |

图4-51　进行二次分类汇总结果

不难发现,此时分类汇总比之前的例子多了一级分类层次。若要取消分类汇总,在"分类汇总"对话框中单击"全部删除"按钮即可。

### 4.4.5　数据透视表

分类汇总只能按一个字段进行分类统计,如果要按多个字段分类并汇总,就需要利用数据透视表来解决这个问题。

[例4-13]在"校园歌手大赛评分表"中,按系部统计男女生人数。其结果如图4-52所示。

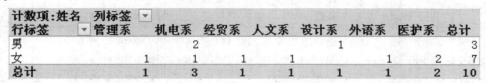

图4-52　数据透视表统计结果

操作步骤如下:

①选择数据清单中的任一单元格。

②单击"插入"选项卡的"表格"组中的"数据透视表"按钮,打开"创建数据透视表"对话框。确认选择要分析的数据(如果系统给出的数据区域不正确,可以自己重新给定)及放置数据透视表的位置(可以放在新工作表中也可以放在现有工作表),然后单击"确定"按钮,如图4-53所示。此时出现"数据透视表字段列表",将要分类的字段拖入"行标签"、"列标签"区域,汇总的字段拖入"数值"区域。本例中将"系部"作为列标签,"性别"作为行标签,"姓名"作为数值进行汇总,如图4-54所示。在默认情况下,数据项如果是数值型字段默认为求和,否则为计数。

对于已建立的数据透视表,可以拖动数据字段和数据项重新组织数据,但不能直接删除其中的数据,只能删除整个数据透视表。除创建数据透视表外,也可以创建数据透视图,区别是数据透视图采用图表的形式,更为直观,由于方法类似,这里就不再赘述。

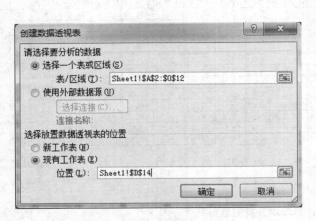

图 4-53 "创建数据透视表"对话框　　　　图 4-54 "数据透视表字段列表"任务窗格

### 4.4.6 常用函数

1) 数学与三角函数

表 4-5 列出了常用的数字和三角函数。

表 4-5 数学与三角函数

| 函　数 | 功　能 | 举　例 | 结　果 |
|---|---|---|---|
| INT( number) | 将数字向下舍入到最接近的整数 | = INT(8.9)<br>= INT( -8.9) | 8<br>-9 |
| MOD( number, divisor) | 返回两数相除的余数(结果与 divisor 同号,且绝对值小于 divisor 的绝对值) | = MOD(13, 5)<br>= MOD(13, -5)<br>= MOD( -13, 5) | 3<br>-2<br>2 |
| PI( ) | 返回圆周率的值,精确到 15 位 | = PI( ) | 3.14 |
| ROUND( number, num_digits) | 按指定位数进行四舍五入 | = Round(87.65,1) | 87.7 |
| SQRT( number) | 返回数值的平方根 | = SQRT(81) | 9 |
| RAND( ) | 返回一个[0,1)的随机数 | = Rand( ) | |
| RANDBETWEEN( bottom,top) | 返回一个介于指定数字之间的随机数 | = RANDBETWEEN<br>(60,100) | |
| SUM( num1,num2,…) | 返回单元格区域中所有数值的和 | = SUM(A2:E2) | |
| SUMIFS( sum _ range, criteria _ range,criteria…) | 按给定条件对指定单元格求和,例如公式 = SUMIFS( A1:A20, B1:B20, " >0", C1:C20,"<10")表示对区域 A1:A20 中符合以下条件的单元格的数值求和:B1:B20 中的相应数值大于 0 且 C1:C20 中的相应数值小于 10 | | |

2）日期和时间函数

表4-6列出了常用的日期和时间函数。

表4-6　日期和时间函数

| 函　数 | 功　能 | 举　例 | 结　果 |
|---|---|---|---|
| TODAY( ) | 返回当前日期 | = TODAY( ) | 2015/10/20 |
| NOW( ) | 返回当前日期和时间 | = NOW( ) | 2015/10/20 9∶11 |
| YEAR( ) | 返回日期的年份 | = Year(2015-10-20) | 2015 |
| MONTH( ) | 返回日期的月份 | = MONTH(2015-10-20) | 10 |
| DAY( ) | 返回日期的天数 | = MONTH(2015-10-20) | 20 |
| DATE(year,month,day) | 返回指定日期的数值 | = DATE(2015,10,20) | 2015/10/20 |
| TIME(hour,minute,second) | 返回特定时间的序列数 | = TIME(10,30,15) | 10∶30 AM |
| WeekDay( ) | 返回日期在一周中是第几天,是一个1到7之间的整数 | = WeekDay(2015-10-20) | 4 |

3）文本函数

表4-7列出了常用的文本函数。

表4-7　文本函数

| 函　数 | 功　能 | 举　例 | 结　果 |
|---|---|---|---|
| Left(text,num_chars) | 从文本字符串的第一个字符开始返回指定个数的字符 | = LEFT("长江大学文理学院",4) | 长江大学 |
| Mid( text, start_num, num_chars) | 从文本字符串中指定的起始位置起返回指定长度的字符 | = MID("长江大学文理学院",3,2) | 大学 |
| Right(text,num_chars) | 从文本字符串的最后一个字符开始返回指定个数的字符 | = RIGHT("长江大学文理学院",4) | 文理学院 |
| Len(text) | 返回文本字符串的字符个数 | = LEN("长江大学文理学院") | 8 |
| Text(value,format_text) | 根据指定的数值格式将数字转为文本 | = TEXT(1234,"0.0") | "1234.0" |
| Value(text) | 将文本字符串转换为数值 | = VALUE("1234") | 1234 |
| Trim(text) | 删除字符串中多余的前导、后导空格,但会保留词与词之间分隔的空格 | = TRIM("文理学院") | 文理学院 |

4）逻辑函数

表4-8列出了常用的逻辑函数。

**表4-8 逻辑函数**

| 函　数 | 功　能 | 举　例 | 结　果 |
|---|---|---|---|
| AND（logical1，logical2，…） | 当所有参数的逻辑值都是 true 时，返回 true；否则返回 false | = AND(5 > =3,1 +3 =4)<br>= AND( true,1 >2)<br>= AND( FALSE,"a" > "b") | TRUE<br>FALSE<br>FALSE |
| OR（logical1，logical2，…） | 当所有参数的逻辑值都是 false 时，返回 false；否则返回 true | = OR(5 > =3,1 <2)<br>= OR( FALSE,1 <3)<br>= OR(2 >6,"a" > "b") | TRUE<br>TRUE<br>FALSE |
| NOT（logical） | 当参数的逻辑值是 true 时返回 false，是 false 时返回 true | = NOT(1 >3)<br>= NOT( TRUE) | TRUE<br>FALSE |
| IF（logical _ test，value _ if _ true，value_if_false） | 判断条件是否满足，如果满足返回一个值，如果不满足返回另一个值 | = IF( F2 > =60,"及格""不及格")<br>假设 F2 的值为 80<br>假设 F2 的值为 55 | 及格<br>不及格 |

5）统计函数

表4-9列出了常用的统计函数。

**表4-9　统计函数**

| 函　数 | 功能及说明 |
|---|---|
| AVERAGE（number1，number2，…） | 返回参数中数值的平均值 |
| COUNTA（value1，value2，…） | 返回非空白单元格的个数 |
| COUNT（number1，number2，…） | 返回参数中数值数据的个数 |
| COUNTIF（range，criteria） | 返回区域 range 中符合条件 criteria 的个数 |
| MAX（number1，number2，…） | 返回参数中数值的最大值 |
| MIN（number1，number2，…） | 返回参数中数值的最小值 |
| FREQUENCY（data_array，bin_array） | 以一列垂直数组返回某个区域中数据的频率分布 |

6）财务函数

表4-10列出了常用的财务函数。

表 4-10　财务函数

| 函　数 | 功　能 | 举　例 | 结　果 |
|---|---|---|---|
| PMT(rate,nper,pmt) | 计算在固定利率下,贷款的等额分期偿还额。其中 rate 为利率,nper 为还款月数,pmt 为贷款金额 | 某业主贷款买房,贷款 20 万,银行利率为 4.5%,计划 20 年还清 = PMT(0.045,120,400000) | 该业主每月向银行还款 ￥ – 9,000.23 |
| PV(rate,nper,pmt) | 可贷款函数 | 某企业向银行贷款,偿还力为每月 10 万,贷款利率为 5.5%,计划 5 年还清 = PMT(0.055,60,100000) | 该企业可以向银行贷款 ￥ – 1,744,985.42 |

## 4.5　打印工作表

与 Word 类似,Excel 电子表格编辑完成后就可以打印输出。根据打印内容可以分为:打印选定区域、工作表及整个工作簿。在打印时一般需要进行打印预览,并加上页眉和页脚,可以在"页面设置"对话框中进行设置。值得一提的是,当工作表数据量大,打印出现很多页时,往往需要在"工作表"选项卡下设置"打印标题行",如图 4-55 所示。

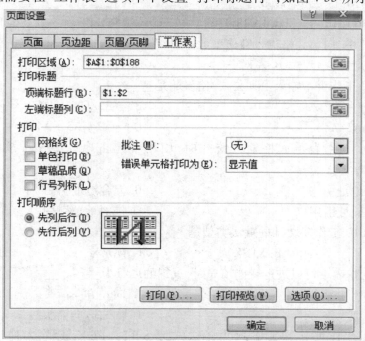

图 4-55　"页面设置"对话框

## 本章小结

本章介绍了 Excel 中的基础知识,包括工作簿、工作表、单元格的概念,如何使用公式完成数据计算,单元格的 3 种引用方式:相对引用、绝对引用和混合引用;介绍了 Excel 的基本操作,如何创建、编辑、格式化工作表;另外还介绍了图表的制作,数据的管理与分析,包括创建数据清单、数据排序、数据筛选、分类汇总、数据透视表等方面的知识,需要读者在学习和生活中不断归纳总结,以实际问题来促进学习,从而熟练地掌握 Excel。

## 习  题

一、单项选择题

1. 在 Excel 中,要在同一工作簿中把工作表 sheet3 移动到 sheet1 前面,应_____。

   A. 单击工作表 sheet3 标签,沿着标签行拖动到 sheet1 前

   B. 单击工作表 sheet3 标签,按住 Ctrl 键沿着标签行拖动到 sheet1 前

   C. 单击工作表 sheet3 标签,选择"复制"命令,然后再单击工作表 sheet1 标签,再使用"粘贴"命令

   D. 单击工作表 sheet3 标签,选择"剪切"命令,然后再单击工作表 sheet1 标签,再使用"粘贴"命令

2. Excel 2010 工作表中最多有_____行。

   A. 65 536          B. 1 048 576          C. 256          D. 128

3. 在 Excel 中,向单元格输入数值型数据时,默认为_____。

   A. 居中对齐          B. 左对齐          C. 右对齐          D. 随机

4. 在 Excel 工作表中输入下列公式,错误的是_____。

   A. = (15 − A1)/3          B. = A2/C1

   C. sum( A2: A4)          D. = A2 + A3 + A4

5. 向 Excel 工作表单元格输入公式时,使用单元格地址 D $ 2,该单元格的引用是_____。

   A. 交叉地址引用          B. 混合地址引用

   C. 相对地址引用          D. 绝对地址引用

6. Excel 2010 工作簿文件的默认类型是_____。

   A. TXT          B. XLSX          C. DOCX          D. BMP

7. Excel 工作表中可以进行智能填充时,鼠标的形状为_____。

   A. 空心粗十字          B. 向左方向箭头

   C. 实心细十字          D. 向右方向箭头

8. 在 Excel 工作表中,单元格 D5 中有公式" = $ B $ 2 + C4",删除 A 列后单元格中的公式变为_____。

   A. = $ A $ 2 + B4          B. = $ B $ 2 + B4

   C. = $ A $ 2 + C4          D. = $ B $ 2 + C4

9. 在 Excel 工作簿中,有关移动和复制工作表的说法,正确的是_____。
   A. 工作表只能在所在工作簿内移动,不能复制
   B. 工作表只能在所在工作簿内复制,不能移动
   C. 工作表可以移动到其他工作簿内,不能复制到其他工作簿内
   D. 工作表可以移动到其他工作簿内,也可以复制到其他工作簿内

10. 在 Excel 中,日期型数据"2015 年 9 月 20 日"的正确输入形式是_____。
    A. 2015-9-20　　　B. 2015.9.20　　　C. 2015,9,20　　　D. 2015:9:20

11. 在 Excel 工作表中,单元格区域 D2:E4 所包含的单元格个数是_____。
    A. 5　　　　　B. 6　　　　　C. 7　　　　　D. 8

12. 在 Excel 工作表中,选定某单元格,使用"开始"选项卡的"单元格"组中的"删除"选项,不能完成的操作是_____。
    A. 删除该行　　　　　　　　B. 右侧单元格左移
    C. 删除该列　　　　　　　　D. 左侧单元格右移

13. 需要在 Excel 工作表的某单元格内输入数字字符串"201403246",正确的输入方式是_____。
    A. 201403246　　　　　　　B. ' 201403246
    C. = 201403246　　　　　　D. "201403246"

14. 在 Excel 中,关于工作表及其建立的嵌入式图表的说法,正确的是_____。
    A. 删除工作表中的数据,图表中的数据系列不会删除
    B. 修改工作表中的数据,图表中的数据系列不会修改
    C. 数据和图表是相互关联的,图表中的数据系列会根据数据的改变而改变
    D. 以上均不正确

15. 在同一个工作簿中区分不同工作表的单元格,要在地址前面增加_____来标识。
    A. 单元格地址　　B. 公式　　　C. 工作表名称　　D. 工作簿名称

16. 若在单元格中出现一连串的"###"符号,希望正确显示则需要_____。
    A. 重新输入数据　　　　　　B. 调整列宽
    C. 删除这些符号　　　　　　D. 删除该单元格

17. 假设单元格 B1 中的内容为"100",B2 中的内容为"3",使用公式" = Count(B1:B2)",其结果为_____。
    A. 103　　　　　B. 100　　　　　C. 3　　　　　D. 2

18. 利用鼠标拖放移动数据时,若出现"是否替换目标单元格内容?"的提示框,则说明_____。
    A. 目标区域为空白　　　　　　B. 不能用鼠标拖放进行数据移动
    C. 目标区域已经有数据存在　　D. 数据不能移动

19. 当在某单元格内输入一个公式并确认后,单元格内容显示为#REF!,它表示_____。
    A. 公式引用了无效的单元格　　B. 某个参数不正确
    C. 公式被 0 除　　　　　　　　D. 单元格太小

20. 在 Excel 中,如果要在同一行或同一列的连续单元格使用相同的计算公式,可以先在第一个单元格中输入公式,然后用鼠标拖动单元格的_____来实现公式复制。

    A. 列标         B. 行标         C. 填充柄         D. 框

21. 在 Excel 中,如果单元格 A5 的值是单元格 A1、A2、A3、A4 的平均值,则输入公式不正确的是_____。

    A. $=$ AVERAGE$($A1$:$A4$)$         B. $=$ AVERAGE$($A1$,$A2$,$A3$,$A4$)$

    C. $=$ $($A1$+$A2$+$A3$+$A4$)/4$       D. $=$ AVERAGE$($A1$+$A2$+$A3$+$A4$)$

22. 在单元格中输入公式时,编辑栏上的"√"按钮表示_____操作。

    A. 拼写检查         B. 函数向导         C. 确认         D. 取消

23. 下列操作中,不能为表格设置边框的操作是_____。

    A. 使用"设置单元格格式"命令,在"边框"选项卡中进行设置

    B. 利用绘图工具绘制边框

    C. 自动套用边框

    D. 单击"开始"选项卡的"字体"组中的"边框"下拉按钮

24. 在下列_____情况下,必须在公式中使用引用绝对地址。

    A. 在引用的函数中填入一个范围,使函数中的范围随地址位置不同而变化

    B. 把一个单元格地址的公式复制到一个新的位置时,为使公式中单元格地址随位置而改变

    C. 把一个含有范围的公式或函数复制到一个新的位置时,为使公式或函数中的范围不随位置而改变

    D. 把一个含有范围的公式或函数复制到一个新的位置时,为使公式或函数中的范围随位置而改变

25. 在 Excel 中,选择"编辑"组中的"清除"命令,不能实现_____。

    A. 清除单元格数据的格式         B. 清除单元格的批注

    C. 清除单元格中的数据         D. 删除单元格

26. 某单位要统计各科室人员工资情况,按工资从高到低排序,若工资相同,按工龄降序排列,则以下做法正确的是_____。

    A. 主要关键字为"科室",次要关键字为"工资",第三关键字为"工龄"

    B. 主要关键字为"工资",次要关键字为"工龄",第三关键字为"科室"

    C. 主要关键字为"工龄",次要关键字为"工资",第三关键字为"科室"

    D. 主要关键字为"科室",次要关键字为"工龄",第三关键字为"工资"

27. 在 Excel 工作表中,正确表示 if 函数的公式是_____。

    A. $=$ IF$($"平均成绩"$>60,$"及格"$,$"不及格"$)$

    B. $=$ IF$($e2$>60,$"及格"$,$"不及格"$)$

    C. $=$ IF$($e2$>60,$及格$,$不及格$)$

    D. $=$ IF$($e2$>60、$及格、不及格$)$

28. 在 Excel 数据清单中,按某一字段内容进行归类,并对每一类作出统计的操作是_____。

    A. 排序         B. 分类汇总         C. 筛选         D. 记录单处理

二、填空题

1. 在 Excel 中,表示 sheet2 中的第 2 行第 5 列的绝对地址是_____。

2. 在 Excel 的当前工作表中,假设 B5 单元格中保存的公式为" = SUM( B2:B4)",将其复制到 D5 单元格后,公式变为_____;将其复制到 C7 单元格后,公式变为_____。

3. 在 Excel 工作表中,已知 B2 = 20.6,C2 = 17.1,B3 = 8.5,C3 = 13.2,把 B2:C3 内容复制到区域 E3:F4,试求下列各值:

INT( E4) = _____, ROUND( F4,0) = _____ COUNT( E3:E4) = _____, AVERAGE( E3:F4) = _____。

4. 在 Excel 中,设 A1—A4 单元格的数值为 82、71、53、60,A5 单元格的公式为" = IF( AVERAGE( A1:A4) > =60,"及格","不及格"),则 A5 显示的值为_____。

5. 在 Excel 中,对于如下工作表:如果将 A2 中的公式" = $A1 + B $1"复制到区域 B2:C3 的各单元格中,则在单元格 B3 的公式为_____ ,显示的结果为_____。

|   | A | B | C |
|---|---|---|---|
| 1 | 3 | 2 | 1 |
| 2 |   |   |   |
| 3 |   |   |   |

6. Excel 可以利用数据清单实现数据库管理功能,在数据清单中,每一列称为_____,它存放的是相同类型的数据,每一行称为_____,以后表中的每一行称为一条_____,存放一组相关的数据。

7. 在 Excel 中,假定存在一个数据库工作表,内含姓名、专业、奖学金、成绩等项目,现要求对相同专业的学生按奖学金从高到低进行排序,则要进行多个关键字段的排序,并且主关键字是_____。

8. 在 Excel 中,已知在( A1:A10)中已经输入了数值型数据,现要求对( A1:A10)中数值小于 60 的数据用红色显示,大于等于 60 的数据用蓝色显示,则可以使用_____命令。

三、简答题

1. 简述使用 Excel 如何进行求和、最大值、最小值、平均值的方法。

2. 简述单元格相对引用和绝对引用的区别,请举例说明。

3. 简述工作表的编辑及格式化包括哪些内容。

4. 简述数据按单字段排序和多字段排序的区别,请举例说明。

5. 试阐述数据筛选中条件写在同一行和不同行有何区别?

6. 简述 Excel 进行分类汇总的操作过程。

# 第5章

# 演示文稿制作软件 PowerPoint 2010

PowerPoint 2010 是 Microsoft 公司 Office 2010 办公系列软件中的一个重要组件。利用它可以轻松地制作出集文字、图形、图像、声音、视频及动画于一体的演示文稿。演示文稿是目前最流行的演讲、演示工具,无论是政府部门、科研机构、学校,还是国内外企业到处都有它的踪影。从工作计划到阶段汇报,从产品介绍到市场推广,从培训会议到论坛演讲,从课堂教学到毕业答辩,也越来越离不开演示文稿。演示文稿广泛应用于演讲、报告、产品演示和课件制作等方面,借助演示文稿,可以更有效地进行表达和交流。

## 5.1 PowerPoint 概述

### 5.1.1 演示文稿的基本概念

一个演示文稿就是一个由 PowerPoint 创建的文件。每个演示文稿文件中通常都包含了若干张幻灯片。演示文稿放映时按照事先设计好的顺序逐张把幻灯片播放出来。PowerPoint 2010创建的演示文稿的扩展名为. pptx。

幻灯片是演示文稿的基本组成部分。当创建一个新的演示文稿或插入一个新的幻灯片时,PowerPoint 将根据幻灯片母版的样式生成一张具有一定版式的空白幻灯片,用户在此基础上按照自己的要求对其进行各种编辑操作,输入具体内容并设置其格式。一张幻灯片主要由以下几部分构成:

1)编号

幻灯片的编号即它的顺序号。编号决定了幻灯片的排列次序,由系统在插入新幻灯片时自动添加。幻灯片放映时,若未进行跳转操作,幻灯片按照编号顺序放映。

2)标题

对于整个演示文稿,一般都有一个标题页幻灯片,用于定义演示文稿的标题;在其他幻灯片中也应该设置标题,方便观众查看。

3)占位符

占位符是版式中的容器,可容纳如文本(包括正文文本、项目符号列表和标题)、表格、图表、SmartArt 图形、影片、声音、图片及剪贴画等内容。在幻灯片中占位符用虚线框来表示。通常情况下,占位符的大小和位置由幻灯片所使用的版式决定。

4)对象

在幻灯片中可以插入文本、图形、图片、公式、音频、视频等各种对象,并可根据需要设置它们的格式、相互间的组合、放映动画、顺序、超链接等。实际上,占位符也是对象,只不过在插入、组合等一些操作上有所限制而已。

5)备注文本

备注文本是在幻灯片编辑时显示在备注区中的文本。备注文本在幻灯片放映时不会播放出来,但是可以打印出来,或者在后台显示作为演讲者的演讲手稿。

## 5.1.2　PowerPoint 2010 的窗口

PowerPoint 2010 的工作窗口由标题栏、选项卡、功能区、幻灯片窗格、幻灯片/大纲窗格、备注窗格、视图切换按钮、状态栏和快速访问工具栏等组成,如图 5-1 所示。

图 5-1　PowerPoint2010 的工作窗口

## 5.1.3　PowerPoint 2010 的视图方式

视图是演示文稿在屏幕上的显示方式。根据建立、编辑、浏览和放映幻灯片的需要,PowerPoint 2010 提供了 6 种视图方式:普通视图、幻灯片浏览视图、幻灯片放映视图、阅读视图、备注页视图和母版视图,它们各有不同的用途。

1)普通视图

普通视图是主要的编辑视图,可用于创建和设计演示文稿。普通视图有 4 个工作区域:幻灯片选项卡、大纲选项卡、幻灯片窗格和备注窗格。图 5-1 所示的就是普通视图,它是系统的默认视图,只能显示一张幻灯片。

(1)幻灯片选项卡

显示幻灯片的缩略图。主要用于添加、删除或排列幻灯片。使用缩略图能方便地遍历演示文稿,并观看任何设计更改的效果。

(2)大纲选项卡

"大纲"选项卡以大纲形式显示幻灯片中的文本,主要用于查看或创建演示文稿的大纲。

(3)幻灯片窗格

在 PowerPoint 窗口的右上方,"幻灯片"窗格显示当前幻灯片的大视图。在此视图中显示当前幻灯片时,可以添加文本,插入图片、表格、SmartArt 图形、图表、图形对象、文本框、视频、声音、超链接和动画等元素。

(4)备注窗格

可以输入当前幻灯片的备注信息,对使用者起备忘、提示的作用。例如较详细的要点,或设计时的演讲思路等。

2)幻灯片浏览视图

在幻灯片浏览视图中,以缩略图形式显示所有的幻灯片。通过此视图,可以轻松地对演示文稿的顺序进行排列和组织,可以对幻灯片进行添加、删除、复制、移动和隐藏操作,但不能对幻灯片内容进行修改。此外还可以设置幻灯片的切换效果并进行预览。

3)幻灯片放映视图

幻灯片放映视图用于以全屏幕方式向观众放映演示文稿。在放映视图中要特别提到"演示者视图"。在多监视器情况下,演示者视图提供了一种很好的方法,让演示者在一台计算机(例如笔记本电脑)上查看演示文稿和演讲者备注,同时让观众在另一台监视器上查看不带备注的演示文稿,充分发挥备注信息的作用。

4)阅读视图

阅读视图是以窗口大小放映幻灯片。该视图只显示标题栏、幻灯片窗口和状态栏。如果要更改演示文稿,可随时从阅读视图切换至某个其他视图。

5)备注页视图

备注页视图的格局是整个页面的上方是幻灯片的缩略图,下方是备注页添加窗口。

6)母版视图

母版视图包含幻灯片母版、讲义母版和备注母版。母版视图存储有关演示文稿的主题和幻灯片版式的信息,包括背景、颜色、字体、效果、占位符大小和位置。使用母版视图的一个主要优点在于,可以对与演示文稿关联的每个幻灯片、备注页或讲义的样式进行全局更改。

## 5.2 演示文稿的基本操作

### 5.2.1 新建演示文稿

PowerPoint 提供了 4 种创建演示文稿的方法,分别是创建空白演示文稿、根据样本模板创建、根据主题创建、根据现有演示文稿创建。

1)利用样本模板创建演示文稿

模板提供了预定的颜色搭配、背景图案、文本格式、版式等幻灯片的显示方式。利用 PowerPoint 提供的内置模板自动、快速地形成每张幻灯片的外观,但不包含演示文稿的设计内容。除了内置模板外,还可以使用 Office. com 上的模板。

[**例** 5-1]利用样本模板中的"PowerPoint 2010 简介"模板创建关于 PowerPoint 2010 简介的演示文稿。

操作步骤如下:

①启动 PowerPoint 2010,选择"文件"选项卡中的"新建"命令,在可用的模板和主题上单击"样本模板",双击"PowerPoint 2010 简介"模板。自动生成多张幻灯片,如图 5-2 所示。

②按 F5 键,放映演示文稿。

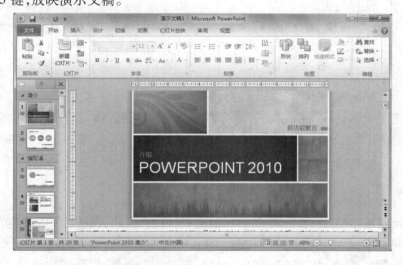

**图 5-2 利用样本模板创建"PowerPoint 2010 简介"演示文稿**

2)利用主题创建演示文稿

主题是 PowerPoint 2010 中内置存储的文本样式和填充样式的集合。创建主题文档就是将内置的主题应用到文档的过程。操作方法如下:在 PowerPoint 2010 中,单击"文件"选项卡,然后单击"新建"命令。在可用的模板和主题上单击"主题",然后单击"创建"图标。

3)根据现有内容新建演示文稿

除了内置的样本模板、主题外,还能以现有的 PowerPoint 演示文稿为基础模板,直接在上面修改内容来制作新的演示文稿。

4）创建空白演示文稿

空白演示文稿只有一张幻灯片,即标题幻灯片,是不含有任何主题设计、没有背景设计的演示文稿,可以建立作者自己的风格和特色。创建空白演示文稿的具体操作方法如下:

方法1:在 PowerPoint 2010 中,选择"文件"选项卡的"新建"命令,在可用的模板和主题上单击"空白演示文稿",然后单击"创建"图标。

方法2:启动 PowerPoint 2010 后,按快捷键 Ctrl + N 。

## 5.2.2 保存演示文稿

对制作好的演示文稿需要及时保存到计算机中。

1）直接保存演示文稿

方法1:单击"文件"选项卡的"保存"按钮。

方法2:单击快速访问工具栏中的"保存"按钮。

2）另存为演示文稿

若不想改变原有演示文稿中的内容,可以通过"另存为"命令保存成新文件。

单击"文件"选项卡的"另存为"按钮。在"文件名"框中,键入 PowerPoint 演示文稿的名称,然后单击"保存"按钮。

默认情况下,PowerPoint 2010 将文件保存为 PowerPoint 演示文稿（. pptx）文件格式。若要以非 . pptx 格式保存演示文稿,请单击"保存类型"列表,然后选择所需的文件格式。

3）将演示文稿保存为模板

为提高工作效率,可以将制作好的演示文稿保存为模板,供以后制作同类演示文稿时使用。方法是单击"文件"选项卡的"另存为"按钮。在"文件名"框中,键入名称,将"保存类型"更改为:" * . potx",然后单击"保存"按钮。

## 5.2.3 幻灯片版式应用

幻灯片版式是指幻灯片上标题和副标题文本、列表、图片、表格、图表、自选图形和视频等元素的排列方式,是由占位符来组成的。在占位符中可容纳如文本（包括正文文本、项目符号列表和标题）、表格、图表、SmartArt 图形、影片、声音、图片及剪贴画等内容。Power-Point 中包含"标题幻灯片""标题和内容""两栏内容"等 11 种内置幻灯片版式供用户选择,具体版式及说明如表5-1 所示。

表5-1　幻灯片版式

| 版式类别 | 说　明 |
| --- | --- |
| 标题幻灯片 | 包括主标题和副标题 |
| 标题和内容 | 主要包括标题和内容占位符 |
| 节标题 | 主要包括标题和文本 |

| 版式类别 | 说　明 |
|---|---|
| 两栏内容 | 主要包括标题和2个内容占位符 |
| 比较 | 主要包括标题、2个正文和2个内容占位符 |
| 仅标题 | 只包括标题 |
| 空白 | 空白幻灯片 |
| 内容与标题 | 主要包括标题、文本和1个内容占位符 |
| 图片与标题 | 主要包括标题、文本和1个图片占位符 |
| 标题与竖排文本 | 主要包括标题和竖排正文 |
| 垂直排列标题与文本 | 主要包括垂直排列标题和文本 |

为当前幻灯片设置版式的方法是：选择"开始"选项卡的"幻灯片"组中的"版式"命令。确定版式后，就可以在占位符中输入内容。

## 5.2.4　演示文稿的编辑

1）插入新幻灯片

演示文稿是由多张幻灯片组成的，用户可以在任意位置插入新的幻灯片。常用的方法主要有如下3种：

方法1：单击"开始"选项卡的"幻灯片"组中的"新建幻灯片"按钮。

方法2：在"幻灯片/大纲"窗格的空白处右击，在弹出的快捷菜单中选择"新建幻灯片"。

方法3：在"幻灯片/大纲"窗格选择一张幻灯片，然后按 Enter 键，即在所选幻灯片下方新建一张幻灯片。

2）选择幻灯片

幻灯片的选择方法与 Windows 窗口中选择文件的方法相同。单击即可选中幻灯片。

3）删除幻灯片

在"幻灯片/大纲"窗格或幻灯片浏览视图中，选择要删除的幻灯片，按 Delete 键。或者在要删除的幻灯片上单击鼠标右键，在弹出的快捷菜单中选择"删除幻灯片"命令。

4）复制和移动幻灯片

在制作演示文稿的时候，如果有些幻灯片的内容是类似的，就可以使用复制粘贴的方法制作幻灯片。也可以从其他演示文稿中复制幻灯片，这样可以提高工作效率。常用的复制幻灯片的方法主要有如下4种：

方法1：在"幻灯片/大纲"窗格或幻灯片浏览视图中，选择幻灯片，单击"开始"选项卡的"剪贴板"组中的"复制"按钮，然后在目的位置单击"粘贴"按钮，粘贴幻灯片。

方法2：在"幻灯片/大纲"窗格或幻灯片浏览视图中，选择幻灯片，按快捷键 Ctrl + C，复制幻灯片,然后在目的位置按快捷键 Ctrl + V,粘贴幻灯片。

方法 3:在"幻灯片/大纲"窗格或幻灯片浏览视图中,在选择的幻灯片上右击,在弹出的快捷菜单中选择"复制"命令,复制幻灯片。然后在目的位置右击,在弹出的快捷菜单中选择"粘贴"命令,粘贴幻灯片。

方法 4:在"幻灯片/大纲"窗格中,在选择的幻灯片上右击,在弹出的快捷菜单中选择"复制幻灯片"命令。

移动幻灯片的方法与复制幻灯片的方法类似,只需要将"复制"命令改为"剪切"命令,也可以使用鼠标拖动法将幻灯片移动到目标位置。

5)隐藏幻灯片

用户可以将暂时不需要的幻灯片隐藏起来,隐藏的幻灯片在放映的时候不会显示,但在编辑过程中是可以看到的。隐藏幻灯片的方法如下:在幻灯片缩略图上按鼠标右键,在弹出的快捷菜单上选择"隐藏幻灯片"。被隐藏幻灯片的编号上会显示一个方框。

### 5.2.5　向幻灯片中插入对象

幻灯片中可以插入各种类型的信息,包括文本、图像、表格、图表、SmartArt 图形、音频和视频等。

1)插入文本

在幻灯片中输入文本,需要使用占位符和文本框。占位符中已经预先设置了文本的格式,可以直接在占位符中直接输入文本。但每张幻灯片中预设的占位符是有限的,如果在没有占位符的位置输入文本,就需要插入文本框,然后在文本框中输入文本。

文本输入完毕后,可以对占位符、文本框及其中的文字进行格式化操作。

2)插入图像

在普通视图中,可以在幻灯片中插入形状、图片、剪贴画等图像。插入图像后,可以对图像进行美化操作,方法与 Word 中的操作相同。另外 PowerPoint 2010 新增了制作电子相册功能。使用"插入"选项卡"图像"组中的"相册"命令,可以将多张图像制作成相册。

3)插入表格

在内容占位符中单击"插入表格"图标,或在"插入"选项卡的"表格"组中单击"插入表格"按钮,在弹出的"插入表格"对话框中输入表格的列数和行数,然后单击"确定"按钮。

4)插入图表

在 PowerPoint 中图表的应用可能比表格更加广泛。因为图表能更明确地显示数据间的相互关系,使信息的表达鲜明生动,能让观众直接关注重点,达到迅速传达信息的目的。

在内容占位符中单击"插入图表"图标,或在"插入"选项卡上的"插图"组中,单击"插入图表"按钮,在弹出的"插入图表"对话框中选择图表类型,单击"确定"按钮。

系统自动启动 Excel 2010,在蓝色框线内的相应单元格里输入需要在图表中表现的数据。关闭 Excel 2010,在幻灯片中就可以看到插入的图表。

5）插入 SmartArt 图形

通过 PowerPoint 2010 中的 SmartArt 图形为幻灯片添加演示流程、循环、层次结构、矩阵或者关系等图形，既形象地显示了幻灯片的动感效果，又可以轻松、快捷、有效地传达信息。

插入 SmartArt 图形的方法如下：在内容占位符中单击"插入 SmartArt 图形"图标，或在"插入"选项卡的"插图"组中，单击"插入 SmartArt 图形"按钮，在弹出的"选择 SmartArt 图形"对话框中选择 SmartArt 图形样式，单击"确定"按钮。最后编辑 SmartArt 图形。编辑 SmartArt 图形的方法与 word 2010 中编辑 SmartArt 图形的方法相同，这里不再赘述。

在制作演示文稿时，为了美化幻灯片，用户也经常利用"开始"选项卡的"段落"组中的"转换为 SmartArt 图形"按钮（ ）将文字、图片转换成 SmartArt 图形，如图 5-3 所示。

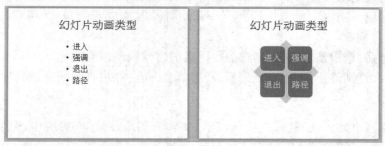

图 5-3　文本转换成 SmartArt 图形效果对比

6）插入音频

为了使演示文稿的内容更加丰富、生动，加深观众的印象，可以在幻灯片中插入背景音乐。

可以通过"插入"选项卡的"媒体"组中的"音频"按钮来添加音频文件。幻灯片中插入音频后，在幻灯片上会出现声音图标 和浮动声音控制栏，单击"播放"按钮可以预览声音效果。

选择声音图标，系统自动出现"音频工具"选项卡，如图 5-4 所示。

图 5-4　音频工具选项卡

下面介绍音频工具功能区部分按钮的功能。

播放：播放音频，试听声音效果。

剪裁音频：在音频的开头和末尾处对音频进行修剪。拖动"剪裁音频"对话框中绿色（左侧）和红色（右侧）滑块，控制音频的开始时间和结束时间，如图 5-5 所示。

播放声音的方式：在"开始"后的下拉列表中可以选择 3 种播放方式之一，如图 5-6 所示。

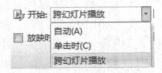

图 5-5　剪裁音频　　　　　　　　　　　　图 5-6　播放方式选项

●若要在放映该幻灯片时自动开始播放音频剪辑,请在"开始"列表中单击"自动"。

●若要通过在幻灯片上单击音频剪辑来手动播放,请在"开始"列表中单击"单击时"。

●若要在演示文稿中单击切换到下一张幻灯片时播放音频剪辑,请在"开始"列表中单击"跨幻灯片播放"。

放映时隐藏:选中该复选框,则在播放声音的时候隐藏声音图标。

循环播放,直到停止:选中该复选框,声音就会一直播放,直到结束放映为止。

7)插入视频

在演示文稿中插入视频,可以美化演示文稿,特别是在教学、演讲中,会使演示文稿更加生动。在演示文稿中插入视频的方法与插入声音的方法类似。

8)插入超链接

幻灯片在放映的时候用户可以通过使用超链接和动作,实现放映时的跳转,增加演示文稿的交互效果。超链接和动作可以从本幻灯片跳转到其他幻灯片、文件、网页或外部程序上,起到放映过程中的导航作用。

在演示文稿中,用户可以为任何一个文本、图像、图形、图表、表格等创建超链接。PowerPoint 2010 中提供了 2 种方式来创建超链接。

(1)利用"超链接"命令创建超链接

在幻灯片中选择要建立超链接的对象,单击"插入"选项卡的"链接"组中的"超链接"命令,或右击要建立超链接的对象,在弹出的快捷菜单中选择"超链接"命令,弹出"插入超链接"对话框,如图 5-7 所示。

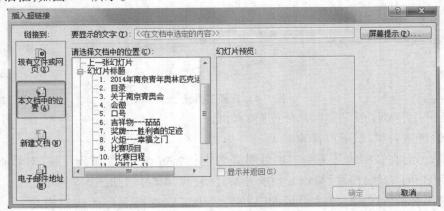

图 5-7　设置超链接对话框

在对话框左侧可以选择要链接到的目录类型,如其他文档、网页、新建文档、电子邮件等。若要链接到同一演示文稿的其他幻灯片,应该选择"本文档中的位置",然后单击具体的幻灯片标题或序号。

如果要改变超链接设置,可以选择已经设置超链接的对象,单击鼠标右键,在弹出的快捷菜单中选择"编辑超链接"命令可对选择的超链接进行重新设置。

(2)利用"动作"创建超链接

在幻灯片中选择要建立超链接的对象,单击"插入"选项卡的"链接"组中的"动作"按钮,弹出"动作设置"对话框,如图5-8所示。动作除了链接到文件、网页、幻灯片外,还可以运行程序。若要链接到本演示文稿中的其他幻灯片,应该选中"超链接到",在其下面的下拉列表中选择"幻灯片…",并在弹出的"超链接到幻灯片"对话框中选择目标幻灯片。

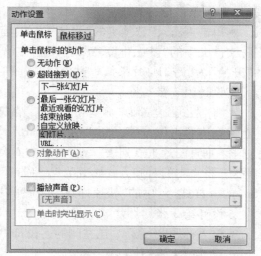

图5-8 "动作设置"对话框

[例5-2]制作2014年南京青奥会演示文稿。制作标题页、目录页及相关内容;为演示文稿设置背景音乐"梦无止境",要求音乐全程播放;为目录页设置超链接,方便页面跳转。演示文稿效果如图5-9所示。

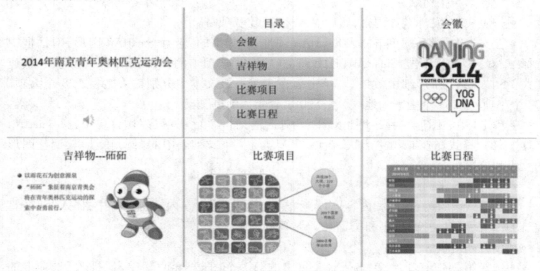

图5-9 "2014年南京青奥会演示文稿"效果

操作步骤如下:

①启动 PowerPoint 2010,创建空白演示文稿。

②单击"开始"选项卡的"幻灯片"组中的"新建幻灯片"按钮,插入新幻灯片。依次添加6张幻灯片。

③设计第 1 张幻灯片。

●选择第 1 张幻灯片,单击"开始"选项卡的"幻灯片"组的"版式"下拉列表中的"标题幻灯片"。在标题占位符中输入"2014 年南京青年奥林匹克运动会",并将标题字体设为"黑体",调整占位符大小。

●单击"插入"选项卡的"媒体"组的"音频"下拉列表中的"文件中的音频"命令,选择素材文件夹中的"梦无止境. MP3"。选择"音频工具"下的"播放"选项卡的"音频选项"中的"开始"为"跨幻灯片播放",并勾选"放映时隐藏"选项。

④设计第 2 张幻灯片。

●将"版式"设置为"标题和内容"。在标题占位符中输入"目录"。

●在内容占位符中,单击"插入 SmartArt 图形",在弹出的"选择 SmartArt 图形"对话框中选择"垂直图片重点列表"。在文本中依次输入"会徽"、"吉祥物"、"比赛项目"、"比赛日程"。将文本的对齐方式设置为"左对齐"。单击"SmartArt 工具"下的"设计"选项卡的"SmartArt 样式"组中的"快速样式"下拉列表中的"细微效果"。

⑤设计第 3 张幻灯片。

●输入标题"会徽"。在左侧的占位符中插入"会徽"图片,并调整图片大小和位置。

⑥设计第 4 张幻灯片。

●将版式设置为:两栏内容。输入标题"吉祥物 --- 砳砳"。在左侧的占位符中输入内容,并将文本的字号设置为:24 磅,为两段文本添加图片项目符号。

●在右侧的占位符中插入"吉祥物"图片,先利用"图片工具"选项卡的"调整"组中的"删除背景"按钮删除图片背景,然后调整图片的大小和位置。

⑦设计第 5 张幻灯片。

●将版式改为:标题和内容,然后输入标题"比赛项目"。

●在文本占位符中,单击插入 SmartArt 图形,在弹出的"选择 SmartArt 图形"对话框中选择"射线列表"。单击"SmartArt 工具"下的"设计"选项卡的"SmartArt 样式"组中"快速样式"下拉列表中的"细微效果"。单击后在 3 个一级文本中分别输入"共设 28 个大项、222 个小项"、"203 个国家和地区"、"3800 名青年运动员"。

●单击"中心图形",弹出"插入图片"对话框,插入"比赛项目"图片。单击"SmartArt 工具"下的"格式"选项卡的"形状"组中"更改形状"下拉列表中的"圆角矩形",调整图形的大小和位置。

⑧设计第 6 张幻灯片。

●将版式设置为:标题和内容,输入标题"比赛日程"。在内容占位符中,插入"比赛日程"图片,并调整图片的大小和位置。

⑨设置超链接。

●选择第 2 张幻灯片,单击目录条目中的第一个图形"会徽",单击"插入"选项卡的"链接"组中的"超链接"命令,弹出"插入超链接"对话框。在对话框左侧单击"本文档中的位置",然后在"请选择文档中的位置"列表中单击标题为"会徽"的幻灯片,最后单击"确定"按钮。

●依次为其他目录设置超链接。

⑩单击"幻灯片放映"选项卡的"开始放映幻灯片"组中的"从头开始"命令,开始放映

幻灯片。

⑪将演示文稿另存为"2014 年南京青奥会. pptx"。

## 5.3 演示文稿的外观设计

在制作演示文稿时,可以使用主题和母版等功能来设计幻灯片,使幻灯片具有一致的外观和统一风格,增加其可视性、实用性和美观性。

幻灯片外观包括幻灯片的背景颜色、背景填充效果,幻灯片各组成部分的颜色搭配等。既可以采用设计模板和配色方案为所有幻灯片设置统一的背景及填充效果,也可以为每一张幻灯片设置不同的背景及填充效果。

### 5.3.1 使用主题

主题是主题颜色、主题字体和主题效果三者的组合。主题可以作为一套独立的选择方案应用于演示文稿中,简化演示文稿的创建过程,使演示文稿具有统一的风格。

PowerPoint 2010 提供了 44 种内置主题供用户选择,如图 5-10 所示。

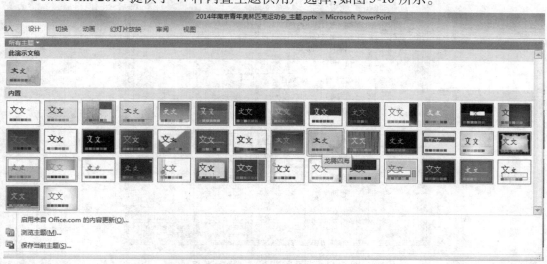

**图 5-10　所有主题列表框**

1)更改主题颜色

主题设置完成后,可以根据需要对主题中的颜色进行更改。方法是:单击"颜色"按钮,在打开的配色方案列表中选择一组颜色方案或编辑颜色。

提示:在颜色列表中选择一组颜色方案,右击,在弹出的快捷菜单中可选择不同的命令进行设置。选择"应用于所有幻灯片"命令,则将该颜色方案应用于所有的幻灯片;选择"应用于选定幻灯片"命令,则将该颜色方案只应用于当前幻灯片。

实际上,主题、主题字体及主题效果都有类似的选择命令,可以设置主题的应用范围。

2）更改主题字体

同样也可以更改主题字体，更改方法与更改主题颜色相同。

3）更改主题效果

主题效果是指应用于幻灯片中元素的视觉属性的集合，是一组线条和一组填充效果。

4）自定义幻灯片背景

幻灯片的主题背景通常是预设的背景格式，与内置主题一起提供给用户使用。用户也可以自己定义幻灯片背景。设置背景格式，主要是设置背景的填充与图片效果。

方法如下：在幻灯片上右击，在弹出的快捷菜单中选择"设置幻灯片背景"命令，或者单击"设计"选项卡的"背景"组中的"背景样式"按钮，打开"设置背景格式"对话框，如图5-11所示。在该对话框中可以设置背景的填充样式、图片效果和背景的艺术效果。

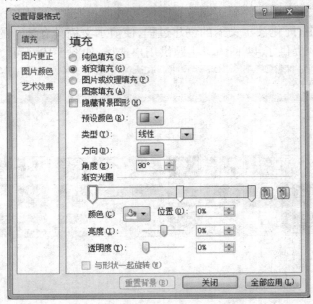

图 5-11 "设置背景格式"对话框

> 提示：在"设置背景格式"对话框中勾选"隐藏背景图形"选项，就可以隐藏背景图形。

## 5.3.2 制作幻灯片母版

为了使一个演示文稿中的多张幻灯片保持风格一致和布局相同，提高编辑效率，可以通过 PowerPoint 提供的母版功能来设计一张母版，使之应用于所有幻灯片。母版主要用来定义演示文稿中所有幻灯片的格式，包含了幻灯片中共同出现的内容及构成要素，如标题、日期、页脚、背景、标题位置等。母版对整个演示文稿的幻灯片进行统一调整，避免重复制作。

PowerPoint 的母版分为幻灯片母版、讲义母版和备注母版。

1）幻灯片母版

幻灯片母版是最常用的。它就是一张特殊的幻灯片，在它上面设置了可用于构建其他幻灯片的内容框架。它可以控制当前演示文稿中相同版式上输入的标题和文本的格式和类型，使它们具有相同的外观。

在 PowerPoint 中选择"视图"选项卡，然后单击"母版视图"组中的"幻灯片母版"按钮，进入幻灯片母版视图，如图 5-12 所示。功能区显示"幻灯片母版视图"工具栏，左边窗格中列出了 12 种版式，右侧是幻灯片母版的编辑区。

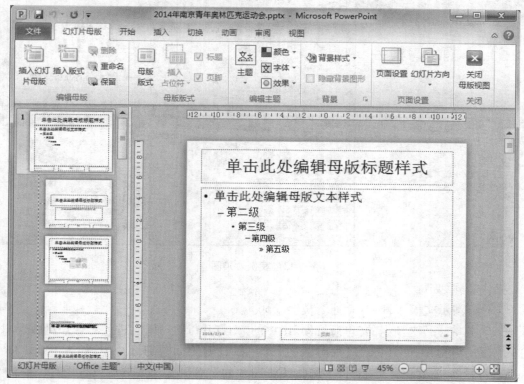

**图 5-12　幻灯片母版**

幻灯片母版通常有 5 个占位符：标题、文本、日期、页脚和幻灯片编号。在幻灯片母版中可以进行下列操作：

①更改标题和文本格式、位置。

②设置日期、幻灯片编号和页脚。

③设置母版的背景。

④向母版中插入对象，如占位符、图形、图像等。

2）讲义母版

讲义母版是用于设置在打印演示文稿时，幻灯片在纸稿中的显示方式，如每张纸张上显示的幻灯片数量、排列方式以及页眉和页脚的信息等。单击"视图"选项卡的"母版视图"组中的"讲义母版"按钮，可进入讲义母版视图。

3）备注母版

备注母版用于设置供使用的备注空间及备注幻灯片的格式。单击"视图"选项卡的"母版视图"组中的"备注母版"按钮，可进入备注母版视图。

[例5-3]利用幻灯片母版为"2014年南京青奥会.pptx"中的每张幻灯片设置相关背景和图片信息。除第1页外，在每页右下角加入幻灯片编号。最后将文件另存为"2014年南京青奥会_母版.pptx"。效果如图5-13所示。

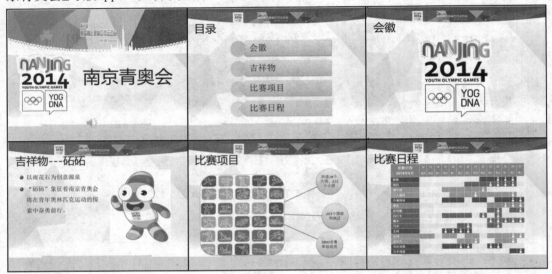

图5-13　案例效果图

操作步骤如下：

①打开演示文稿"2014年南京青奥会.pptx"。

②单击"视图"选项卡的"母版视图"组中的"幻灯片母版"按钮，进入幻灯片母版视图。在左侧版式窗格中，单击"幻灯片母版"版式。在右侧的标题幻灯片中，插入"背景top.png"、"背景bottom.gif"两张图片，调整两张图片的位置和大小，然后设置图片"置于底层"。继续插入图片"背景1.jpg"，调整"背景1"的图片大小，让"背景1"图片覆盖整个幻灯片大小。选择"背景1"图片，单击"图片"选项卡的"调整"组中的"更正"下拉列表，选择"柔化:25%"。然后将"背景1"图片设为"置于底层"。

③单击"标题样式"占位符，设置字体为"微软雅黑"，字号为"44"磅，左对齐。向左调整占位符的位置，效果如图5-14所示。

④单击"插入"选项卡的"文本"组中的"幻灯片编号"命令，弹出"页眉和页脚"对话框，勾选"幻灯片编号"和"标题幻灯片中不显示"选项，单击"全部应用"按钮，如图5-15所示。

⑤在左侧版式窗格中，单击"标题幻灯片"版式，然后在"幻灯片母版"选项卡的"背景"组中勾选"隐藏背景图形"。在右侧的标题幻灯片中，插入"首页top.png"、"背景bottom.gif"、"会徽.gif"3张图片，调整3张图片的位置和大小。

⑥单击"标题幻灯片"中"标题样式"占位符，设置字体为"微软雅黑"，字号为"72"磅。

⑦单击"关闭母版视图"按钮,返回"普通视图"状态。

⑧将演示文稿另存为"2014 年南京青奥会_母版. pptx"。

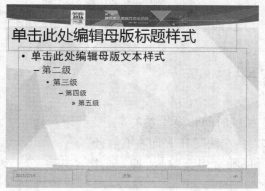 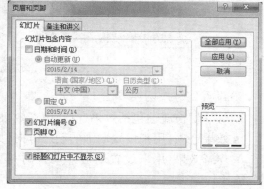

图 5-14 设置幻灯片母版效果　　　　　　　图 5-15 插入幻灯片页码

# 5.4 设置幻灯片的动画效果

动画是 PowerPoint 中的一种重要技术。用户可以将各种幻灯片的内容以动画的方式展示出来,增强幻灯片的互动性。PowerPoint 中动画的作用在于:增强展示的条理性,让页面看起来更加简洁及保持观众的兴奋感。当幻灯片中元素很多时,用户可以使用动画让元素按一定的时间顺序显示。在动画的指引下,观众能更清楚地把握演示者的观点推导过程;也可以使用动画将各项内容化整为零,逐个出现,配合逐步的讲解,减轻观众的不适感;在较长时间的演讲中,观众的注意力难以保持全程集中,适当的动画效果可以将观众从思维发散的状态中拉回来。

PowerPoint 中的动画可以分为两类:幻灯片页面之间的切换动画和幻灯片内部对象之间的自定义动画。

## 5.4.1 设置幻灯片切换效果

幻灯片的切换动画指的是演示文稿在放映时,一张幻灯片放映完毕,转换到下一张幻灯片时屏幕显示的动画效果。如分割、棋盘、百页窗、摩天轮等。为幻灯片添加、设置切换动画,可以使幻灯片的转换过程衔接得更加自然、顺畅,同时独特的切换效果也能够提升对观众的吸引力。

1)添加切换效果

PowerPoint 2010 提供了 3 类共 34 种的切换方案。为幻灯片添加切换效果的方法如下:

在幻灯片浏览视图或普通视图的"幻灯片/大纲窗格"中,选择一张或多张幻灯片,然后单击"切换"选项卡"切换到此幻灯片"组的"切换方案"列表中的切换效果,如"分割",如图 5-16 所示。

图 5-16  "切换"选项卡功能区

2）设置幻灯片切换属性

幻灯片切换属性包括效果选项、声音效果、持续时间和换片方式等。

● 效果选项：用来设置动画的动态方向，如"自左侧""中央向左右展开"等。

● 声音效果：用来设置幻灯片切换时是否伴随有声音效果，如"爆炸"、"掌声"、"风铃"等。

● 持续时间：用来设置幻灯片的切换速度。

● 换片方式：用来设置如何触发幻灯片进行切换。如单击鼠标时进行切换，或者设置自动换片的间隔时间。

若想将设置的切换效果应用于所有幻灯片，单击"计时"组中的"全部应用"按钮。

3）预览切换效果

单击"切换"选项卡中的"预览"按钮，可以预览当前幻灯片的切换效果。

### 5.4.2  设置对象自定义动画效果

为幻灯片中对象设置自定义动画可以使对象按一定的顺序运动起来，赋予它们进入、退出、缩放或移动等视觉效果，既能突出重点，吸引观众的注意力，又能使放映过程更加生动。

PowerPoint 提供了 4 类自定义动画效果："进入"、"强调"、"退出"和"动作路径"。

● 进入：设置对象从外部进入幻灯片放映画面的方式，即让对象从无到有，如"飞入"、"缩放"、"旋转"等。

● 强调：设置放映画面中需要突出显示的对象，起强调作用，即让对象产生变化以吸引注意，如"放大/缩小"、"跷跷板"、"填充颜色"等。

● 退出：设置对象离开放映画面的方式，即让对象从有到无，如"飞出"、"擦除"、"消失"等。

● 动作路径：设置对象在放映画面中运动的路径及方向，即让对象沿着规定的路线移动，如"直线"、"弧形"、"自定义路径"等。

1）为对象添加动画效果

添加动画的方法如下：在普通视图下，先选择需要添加动画的对象，然后单击"动画"选项卡"动画"组的"动画样式"列表中的相应按钮来完成，如图 5-17 所示。也可以单击"动画"选项卡"高级动画"组中的"添加动画"下拉按钮，在其下拉菜单中选择操作命令。如果想使用更多的效果，可以选择列表下面的"更多进入效果"、"更多强调效果"、"更多退出效果"、"其他动作路径"。单击"更多进入效果"后，打开的"更多进入效果"对话框，如

图5-18 所示。

> 提示：如果一个动画处于被选定的状态时又直接选择了另一个动画预设，则之前的动画就会被预设动画替换。如果同一个对象要添加多个动画效果，需使用"添加动画"按钮来完成多个动画效果的添加。

图 5-17　动画样式图　　　　图 5-18　"添加进入效果"对话框

2）设置动画效果属性

为对象添加动画后，需要对动画设置"动画效果"属性，如为动画设置运动方向、动画开始播放时间、动画持续时间、顺序、是否伴有声音效果等。让动画效果更加符合演示文稿的意图。设置动画效果属性有两种方法：

方法1：通过"动画"选项卡的"高级动画"组和"计时"组中的相关按钮，如图 5-19 所示。

方法2：在动画窗格中，选择一个动画，单击右侧的下拉箭头，在弹出的动画下拉菜单中设置，如图 5-20 所示。

动画设置的命令如下：

● "单击开始"：只有在单击一次鼠标之后动画才会出现。

● "从上一项开始"：该动作与上一个动作同时开始。

● "从上一项之后开始"：等上一个动作执行完之后，该动作自动执行。

● "延迟"：用于多个对象同时发生或依次自动执行时，是否设置一定的延迟时间。常与"从上一项开始"和"从上一项之后开始"配合使用。

● "持续时间"：用于设置一个动画效果运行完，所需要花费的时间，即运行的速度。

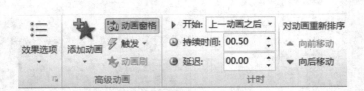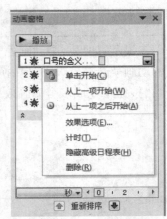

图 5-19　"动画"选项卡功能区　　　　　　图 5-20　动画下拉菜单

● "效果选项"：不同的动画效果，效果选项的内容会稍有不同。但主要都是设置动画效果的产生方向、是否伴随声音、动画播放后颜色是否变化等。图 5-21 所示的是"飞入"动画的效果选项。

● "动画文本"：设置文本框中的文字，是以一个整体来运动，还是按一段文字或每个字符来运动。

● "计时"：设置动画的开始方式、延迟时间、持续时间及重复的次数，如图 5-22 所示。

● "隐藏/显示高级日程表"：高级日程表会以甘特图形式详细显示每一个动画的执行开始时间、持续时间，可以查看对比多个动画对象的时间序列。

● "重新排序"：用于调整动画对象的先后顺序。在动画窗格中，选择动画对象后通过单击"向前移动" 🔼、"向后移动" 🔽 按钮调整顺序，也可以直接拖动对象到目标位置来调整顺序。

图 5-21　"飞入"动画的"效果"选项卡　　　图 5-22　"飞入"动画的"计时"选项卡

[例 5-4]为例 5-3 完成的"2014 年南京青奥会_母版. pptx"设置动画效果。为"目录"页中的目录内容设置自右侧"飞入"的效果。为"吉祥物"页中的文本设置"淡出"的进入效果，要求文本逐段进入，进入后一段文本时，前一段文本的颜色变成"灰色"。为"比赛项

目"页的 SmartArt 图形设置"形状"的进入效果,要求图形按"一次级别"自动地依次进入。设置"目录"页的切换效果为"推进",方向为"自底部"。

操作步骤如下:

①打开演示文稿"2014 年南京青奥会_母版. pptx"。

②选择"目录"页,单击目录 SmartArt 图,然后单击"动画"选项卡的"动画"组的"动画样式"列表中的"飞入"按钮,单击"效果选项"下拉列表中的"自右侧"按钮。

③选择"吉祥物"页,单击内容文本框,单击"动画"选项卡的"动画"组的"动画样式"列表中的"淡出"按钮,单击"效果选项"下拉列表中的"按段落"按钮。在动画窗格中,选择两个对象,然后单击下拉菜单中的"效果选项",弹出"淡出"对话框,将"效果"选项卡中的"动画播放后:"设置为"灰色"。

④选择"比赛项目"页中的 SmartArt 图形,单击"动画"选项卡的"动画"组的"动画样式"列表中的"形状"按钮,单击"效果选项"下拉列表中的"一次级别"按钮。在动画窗格中,将第 1 个对象的"开始"方式设为"从上一项开始",将第 2 个对象的"开始"方式设为"从上一项之后开始"。

⑤单击"目录"页,单击"切换"选项卡的"切换方案"中的"推进",然后单击"效果选项"下拉列表中的"自底部"按钮。

⑥单击"文件"选项卡中的"另存为"命令,存储为"2014 年南京青奥会_动画. pptx",然后放映该演示文稿。

## 5.5 演示文稿的放映和输出

### 5.5.1 幻灯片放映设置

演示文稿制作完成后,可以通过幻灯片放映来查看幻灯片的整体效果或让观众欣赏。在实际放映中,演讲者可能会对放映方式有不同的需要,例如循环放映,这就需要对幻灯片的放映进行相关的设置。"幻灯片放映"选项卡如图 5-23 所示。

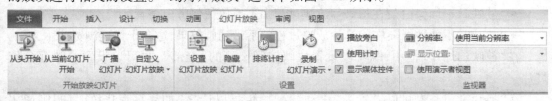

图 5-23　幻灯片放映功能区

1)设置放映方式

单击"幻灯片放映"选项卡的"设置"组中的"设置幻灯片放映"按钮,弹出"设置放映方式"对话框,如图 5-24 所示。

演示文稿有 3 种放映类型:演讲者放映(全屏幕)、观众自行浏览(窗口)和在展台浏览(全屏幕)。默认是"演讲者放映(全屏幕)"类型。

• "演讲者放映(全屏幕)":以全屏幕放映,常应用于演讲者亲自播放演示文稿。在放

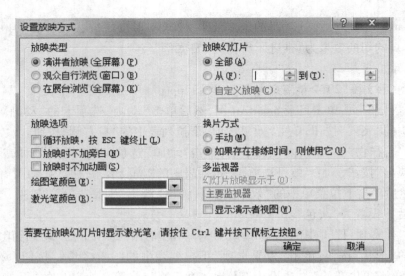

**图 5-24 "设置放映方式"对话框**

映过程中,演讲者根据需要,人工随意控制幻灯片放映的进度。此种放映方式多用于教学、会议、做报告等。

● "观众自行浏览(窗口)":以标准的 Windows 窗口放映演示文稿,观众可以操作自定义菜单和快捷菜单控制幻灯片的放映过程。该类型的放映环境一般是博物馆、展览中心等场所。

● "在展台浏览(全屏幕)":以全屏幕、自动循环放映。放映完最后一张幻灯片后,系统自动返回第一张幻灯片重新放映,直至按 Esc 键停止放映。若幻灯片放映时,无人看管,可以选择该类型。使用此种放映方式,必须先对演示文稿进行"排练计时",或者为每一张幻灯片都设置了放映时间。

在"放映选项"区域中,可以设置以下内容:

● "循环放映,按 Esc 键终止":该设置会在幻灯片放映到最后一张幻灯片时自动跳转到第一张幻灯片继续放映,直到按 Esc 键才会终止放映。

● "放映时不加旁白":在幻灯片放映过程中不播放任何旁白声音。

● "放映时不加动画":在幻灯片放映过程中不带动画效果,适合于快速浏览演示文稿。

在"放映幻灯片"框中,既可以设置放映演示文稿的"全部",也可以设置放映部分幻灯片。

在"换片方式"中,可以设置为"手动"换片,也可以选择"如果存在排练时间,则使用它"项,设置为自动放映。

2)设置放映时间

如果用户希望演示文稿能全程自动播放,无需人为操作,可以通过下面 2 种方式来完成:

(1)利用切换动画为每一张幻灯片设置放映时间

选择幻灯片,选择"切换"选项卡的"计时"组中的"设置自动换片时间"复选框,并调整放映时间。

（2）利用排练计时

排练计时是对幻灯片的放映进行排练,对每个动画使用的时间进行控制,并记录每张幻灯片的播放时间供自动播放使用。

单击"幻灯片放映"选项卡的"设置"组中的"排练计时"按钮,此时开始放映幻灯片,弹出"录制"工具栏,显示当前幻灯片的放映时间和当前总放映时间,如图 5-25 所示。

图 5-25 "录制"工具栏 图 5-26 保存排练计时消息框

单击"录制"工具栏中的"下一项"按钮 ➡,切换到下一页幻灯片。放映完毕后,弹出是否保存排练计时消息框,如图 5-26 所示。若选择"是",则保存排练的时间。在幻灯片浏览视图下可查看每一张幻灯片的放映时间。

3）放映幻灯片

放映演示文稿的方法主要有以下几种:

①单击"幻灯片放映"选项卡的"开始放映幻灯片"组中的"从头开始"按钮。

②直接按 F5 功能键。

③单击"幻灯片放映"选项卡的"开始放映幻灯片"组中的"从当前幻灯片开始"按钮。

④按 Shift + F5 组合键。

⑤单击状态栏右侧的"幻灯片放映"按钮 🖵。

注意:第①②种方法均从演示文稿的第一张幻灯片开始放映。第③④⑤种方法从当前幻灯片开始放映。

幻灯片放映时,可以使用鼠标或者键盘进行放映控制。单击鼠标左键、向后滚动鼠标滚轮、按 PageDn 键、向下光标键、向右光标键均可转到下一页;向前滚动鼠标滚轮、按 Page-Up 键、向上光标键,向左光标键则可转到上一页。右键单击幻灯片,在快捷菜单中可选择"上一页""下一页",或者在"定位至幻灯片"的子菜单中选择某张幻灯片。

按 Esc 键,则退出幻灯片放映。

幻灯片放映时,单击鼠标右键,在弹出的快捷菜单中可以选择"指针选项"下级列表中的"笔"、"荧光笔"等命令,可以利用鼠标在幻灯片上勾画重要内容。

## 5.5.2 演示文稿输出

当演示文稿制作完成后,可以将其转换成需要的类型文件,还可以对演示文稿进行不同形式的发送保存,以及对演示文稿进行打印。

主要是使用"文件"选项卡中的"保存并发送"命令,如图 5-27 所示。

1）打包成 CD

由于演示文稿不能在没有安装 PowerPoint 软件的计算机上直接放映。PowerPoint 提供

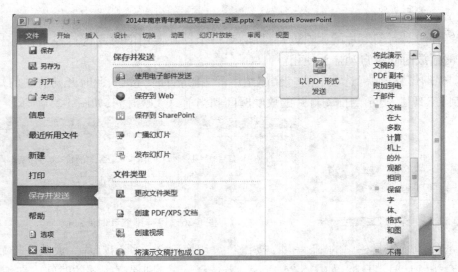

**图 5-27 "保存并发送"命令选项**

了演示文稿打包功能,将演示文稿和 PowerPoint 播放器一起打包到文件夹或 CD 中。这样即使没有安装 PowerPoint 软件的计算机也能放映演示文稿。方法如下:

打开演示文稿,单击"文件"选项卡中的"保存并发送"命令,双击"将演示文稿打包成 CD"命令,弹出"打包成 CD"对话框,如图 5-28 所示。若选择"复制到文件夹",则将演示文稿打包到指定的文件夹中;若选择"复制到 CD",则将演示文稿打包刻录到 CD 光盘中;还可以通过"添加"按钮将其他需要打包的演示文稿添加进来。

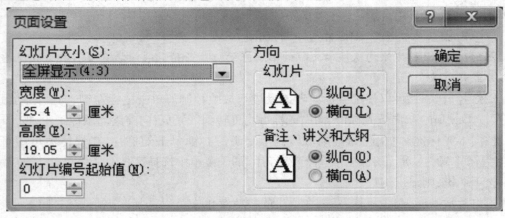

**图 5-28 "打包成 CD"对话框**

2)保存为直接放映格式

将演示文稿另存为直接放映格式(. ppsx),PowerPoint 会直接生成预览形式放映幻灯片。

3)输出为图形

PowerPoint 可以将演示文稿中的幻灯片保存为多种图形文件,如 jpg、png、gif 等。选择"文件"选项卡中的"另存为"命令,在"另存为"对话框的"保存类型"下拉列表框中选择需要的图形文件类型即可。每张幻灯片会以独立的图片形式存在。

### 5.5.3 演示文稿的打印

打印演示文稿之前,一般要进行页面设置,确定打印的一些具体参数。

单击"设计"选项卡的"页面设置"组中的"页面设置"按钮,打开"页面设置"对话框,如图 5-29 所示。根据要求设置要打印幻灯片的大小、页面方向、起始编号值等。

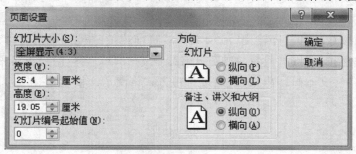

图 5-29 "页面设置"对话框

单击"文件"选项卡中"打印"命令,在打开的"打印"对话框中可以设置幻灯片的打印范围、打印版式、打印数量、打印方向机颜色等,如图 5-30 所示。

图 5-30 "打印"对话框          图 5-31 "打印版式"选项

若设置了打印"讲义",则可在"讲义"区域中设置"每页幻灯片数"以及排列顺序,如图 5-31 所示。

## 本章小结

本章主要介绍了利用 PowerPoint 2010 制作集文字、图形、声音、图表、视频于一身的演示文稿的方法。演示文稿是由多张幻灯片构成的,在幻灯片中可以插入文本、图形、图像、SmartArt 图形、图表、声音和视频等对象,并对插入的对象进行编辑。要特别说明的是文本只能利用占位符和文本框来输入。可以利用主题和幻灯片母版来统一设置幻灯片的外观,以美化幻灯片。制作好的演示文稿可以设置交互的动态效果。动画分为幻灯片切换动画和自定义动画两类。幻灯片切换动画描述的是幻灯片之间的过渡动态效果;自定义动画描述的是某张幻灯片内一些对象的动画效果,包括进入效果、强调效果、退出效果和动作路径。在设置自定义动画的时候应该注意多个对象的开始时间、持续时间、顺序,要运用好时间轴。

在制作演示文稿时,为了方便用户使用和查看,可以为其中的幻灯片添加超链接的功能,将其与相应的幻灯片进行连接,实现放映时的跳转。

演示文稿可以放映和打印输出,演示文稿放映前或放映过程中都有很多技巧,如对放映的演示文稿进行排练计时、设置放映方式和录制旁白等。当然用户也可根据需要将演示文稿、讲义或者备注文本打印出来,或通过打包方式将演示文稿发布。

# 习 题

一、单项选择题

1. 在 PowerPoint 2010 的(　　　)视图中,可以查看演示文稿中的图片、形状与动画效果。

  A. 普通视图            B. 幻灯片放映视图

  C. 备注视图            D. 幻灯片浏览视图

2. 在选定的幻灯片版式中输入文字,可以(　　　)。

  A. 直接输入文字

  B. 先删除占位符中系统显示的文字,然后输入文字

  C. 先单击占位符,然后输入文字

  D. 先删除占位符,然后输入文字

3. 用户可以在演示文稿中的大纲视图、占位符与(　　　)中输入文本。

  A. 幻灯片浏览视图         B. 幻灯片

  C. 幻灯片放映视图         D. 备注窗格

4. 当用户需要在幻灯片中放置 2 个标题、2 个正文与 2 个文本时,需要使用(　　　)版式。

  A. 两栏内容    B. 比较     C. 内容与标题    D. 图片与标题

5. 在为 PowerPoint 中的母版进行页面设置时,可以通过使用"页面设置"对话框中的(　　　)选项来设置幻灯片的方向。

  A. 每页幻灯片数量  B. 讲义方向    C. 幻灯片方向    D. 以上都不是

6. 除了设置图片的样式外,用户还可通过更改图片的版式来显示图片的随意性与可塑性。另外,还可以根据 PowerPoint 自带的(　　　)功能,更改图片的外观形状。

  A. 效果     B. 形状      C. 填充      D. 裁剪

7. SmartArt 图形是信息和观点的视觉表示形式,下列对于 SmartArt 图形描述错误的一项是(　　　)。

  A. 可以将幻灯片中的文本转换成 SmartArt 图形

  B. 可以将幻灯片中的 SmartArt 图形转换成文本

  C. 可以将幻灯片中的 SmartArt 图形转换成艺术字

  D. 可以将幻灯片中的 SmartArt 图形转换成形状

8. 在为幻灯片设置动画效果之后,可通过下列(　　)中的操作,删除已经添加的动画效果。

  A. "动画"选项卡"其他"组中的"无"按钮

  B. "动画"选项卡"其他"组中的"更多退出效果"命令

  C. 可以按 Ctrl + Del 组合键

  D. 可以按 Delete

9. PowerPoint 2010 提供了链接幻灯片的功能,一般情况下用户可以通过(　　)方法,链接本演示文稿中的幻灯片。

  A. 文本框　　　　　　B. 形状　　　　　　　C. 超链接　　　　　　D. 占位符

10. 在设置超链接的颜色时,用户可通过执行(　　)命令来设置已访问超链接的颜色。

  A. 超链接　　　　　　　　　　　　　B. 强调文字颜色

  C. 已访问的超链接　　　　　　　　　D. 访问过的超链接

11. PowerPoint 2010 放映演示文稿时,为用户提供了从头开始、(　　)和自定义放映 3 种放映方式。

  A. 从当前幻灯片开始　　　　　　　　B. 从第一张幻灯片开始

  C. 自动放映　　　　　　　　　　　　D. 固定放映

12. 在排练计时的过程中,可以按(　　)键退出幻灯片放映视图。

  A. Ctrl　　　　　　B. F5　　　　　　　C. Esc　　　　　　D. Shift + F5

13. 如果要调整动画顺序,可以单击(　　)中的"重新排序"。

  A. 功能区　　　　　　　　　　　　　B. 排序

  C. 动画窗格　　　　　　　　　　　　D. 幻灯片"设计"

14. 下面的(　　)放映类型是以窗口模式运行的。

  A. 在展台浏览　　　　　　　　　　　B. 演讲者放映

  C. 观众自行浏览　　　　　　　　　　D. 自定义放映

15. 使用下列(　　)命令可以同时改变所有幻灯片的背景。

  A. 替换　　　　　　B. 幻灯片母版　　　C. 普通视图　　　　D. 无法实现

16. 演示文稿中的每张幻灯片都是基于某种(　　)创建的,它预定义了新建幻灯片的各种占位符布局情况。

  A. 版式　　　　　　B. 模板　　　　　　C. 母版　　　　　　D. 幻灯片

17. 在(　　)视图方式下,显示的是幻灯片的缩略图,适用于对幻灯片进行组织和排序,添加切换功能和设置放映时间。

  A. 普通　　　　　　B. 大纲　　　　　　C. 幻灯片浏览　　　D. 备注页

18. 要使幻灯片在放映时能够自动播放,需要为其设置(　　)。

  A. 超链接　　　　　B. 动作按钮　　　　C. 排练计时　　　　D. 录制旁白

19. 如果希望在放映时能从第三张幻灯片跳转到第八张幻灯片,需要在第三张幻灯片上设置(　　)。

  A. 动作按钮　　　　B. 预设动画　　　　C. 幻灯片切换　　　D. 自定义动画

20. 如果需要在放映时从一个幻灯片淡入到下一个幻灯片,应使用(　　　)命令进行设置。

  A. 动作按钮　　　　　B. 预设动画　　　　　C. 幻灯片切换　　　　　D. 自定义动画

21. 在 PowerPoint 2010 的幻灯片浏览视图下,不能完成的操作是(　　　)。

  A. 调整个别幻灯片位置　　　　　　　B. 删除个别幻灯片

  C. 编辑个别幻灯片内容　　　　　　　D. 复制个别幻灯片

22. 若要在每页打印纸上打印多张幻灯片,可在"打印内容"框中选择(　　　)。

  A. 幻灯片　　　　　　B. 讲义　　　　　　C. 备注页　　　　　　D. 大纲视图

23. 在幻灯片母版设置中,可以起到(　　　)的作用。

  A. 统一整套幻灯片的风格　　　　　　B. 统一标题内容

  C. 统一图片内容　　　　　　　　　　D. 统一页码内容

24. PowetPoint 2010 模板文件的扩展名是(　　　)。

  A. . ppt　　　　　　B. . potx　　　　　　C. . pps　　　　　　D. . dot

25. 在 PowerPoint 2010 中,要选定多个图形时,需(　　　),然后用鼠标单击要选定的图形对象。

  A. 先按住 Alt 键　　　　　　　　　　B. 先按住 Home 键

  C. 先按住 Shift 键　　　　　　　　　D. 先按住 Esc 键

26. 在大纲视图方式下,不可以进行的操作是(　　　)。

  A. 创建新的幻灯片　　　　　　　　　B. 编辑幻灯片中的文本内容

  C. 删除幻灯片中的图片　　　　　　　D. 移动幻灯片的位置

27. 在幻灯片视图上,下列哪种操作不能进行(　　　)。

  A. 删除当前幻灯片上的文字　　　　　B. 删除幻灯片

  C. 复制当前幻灯片上的图形　　　　　D. 改变当前幻灯片上文字的大小

28. 幻灯片放映时下列操作中不能实现的是(　　　)。

  A. 改变屏幕颜色　　　　　　　　　　B. 改变幻灯片放映顺序

  C. 在画面上画图　　　　　　　　　　D. 按 + 键终止放映

29. 在 PowerPoint 2010 的(　　　)下,可以用拖动方法改变幻灯片的顺序。

  A. 幻灯片视图　　　　　　　　　　　B. 备注页视图

  C. 幻灯片浏览视图　　　　　　　　　D. 幻灯片放映

30. 在幻灯片放映中,要前进到下一页幻灯片,不可以按(　　　)。

  A. BackSpace 键　　　　　　　　　　B. →键

  C. Enter 键　　　　　　　　　　　　D. Page Down 键

二、填空题

1. PowerPoint 2010 默认的文件扩展名为_____。

2. 在 PowerPoint 2010 普通视图中,主要包括_____与_____两个选项卡。

3. 在幻灯片的版面上有一些带有文字提示的虚框,这些虚框称为_____,在该框内可以输入标题、正文、图表、表格和图片等对象。

4. 在大纲选项卡中,按_____键可换行输入下一级标题。

5. PowerPoint 2010 主要提供了_____、_____与_____ 3 种母版。

6. 在自定义动画时,可以为幻灯片添加进入、退出、_____与动作路径的动画效果。

7. 右击已经设置了超链接的对象,执行_____命令,可以删除超链接。

8. 在放映幻灯片时,选择幻灯片后按_____键,将从头开始放映幻灯片,按_____键可以结束放映。

三、判断题

1. 在一个幻灯片中只能插入一个演示文稿。 （ ）

2. 演示文稿的背景可以修改。 （ ）

3. 复制元素的超链接时是和链接地址一起复制。 （ ）

4. 在幻灯片母版中,标题页可以单独设置。 （ ）

5. 幻灯片母版的目的是使用户进行全局更改,并使该更改应用到演示文稿的所有幻灯片中。 （ ）

6. 占位符是指应用版式创建新幻灯片时出现的虚线方框。 （ ）

7. PowerPoint 允许在幻灯片上插入图片、声音和视频图像等多媒体信息,但是不能在幻灯片中插入 CD 音乐。 （ ）

8. 对演示文稿应用主题时只能应用于全部幻灯片,不能只应用于某一张幻灯片。 （ ）

9. 没有安装 PowerPoint 应用程序的计算机也可以放映演示文稿。 （ ）

10. 对设置了排练时间的演示文稿,也可以手动控制其放映。 （ ）

11. 设置循环放映时,需要按 Esc 键终止放映。 （ ）

12. 超链接的目标对象只能是某网页的网址。 （ ）

四、简答题

1. 创建演示文稿的方法有哪几种?

2. PowerPoint 2010 中有哪些视图,并简述各个视图的作用。

3. 为幻灯片插入图片之后,如何为图片设置特殊形状的外观?

4. 如何修改已经添加的对象动画?

5. 幻灯片母版有哪些类型? 作用分别是什么?

6. 简述设置幻灯片母版的操作步骤。

7. 简述幻灯片版式的类别与功能。

8. 如何自定义幻灯片的主题?

9. 如何在一个演示文稿中应用多个主题?

10. 如何为幻灯片中的动作添加声音效果?

11. 为什么要打包演示文稿? 怎样打包演示文稿?

12. 放映幻灯片的方法主要有哪几种?

# 第6章

# 计算机网络与 Internet 基础

计算机网络诞生于20世纪60年代，是计算机技术与通信技术相结合的产物，是一门涉及多种学科和技术领域的综合技术。如今的 Internet 已经遍布所有的国家和地区，它正在改变着人们的学习、生活和工作方式。

## 6.1 计算机网络概述

### 6.1.1 计算机网络的概念

在计算机网络不同的发展阶段，关于它的定义都不相同。目前公认的比较严密和完整的定义是，将分散各个地方的具有独立功能多个计算机系统，利用通信设备和线路相互连接起来，在网络协议和软件的支持下进行数据通信，实现资源共享和透明服务的计算机系统的集合。

如图6-1左图所示，将多个终端通过三条线路接入一个交换机，即能构成一个简单的网络。这样使用户之间能迅速地传输数据和获取数据（包括图像、文本、视频等各种多媒体），从而实现信息的共享。网络和网络也可以通过路由器互联起来，形成一个更大的网络，即互联网，如图6-1右图所示。

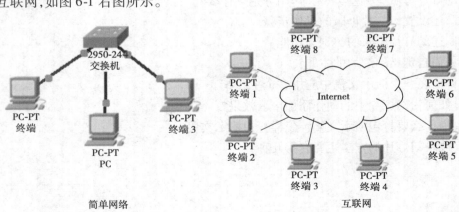

图 6-1　网络图

## 6.1.2　计算机网络的出现与发展

计算机网络是计算机技术与通信技术日益发展和密切结合的产物,现在的计算机网络大致可以划分为三个阶段。

第一个阶段:1969 年由美国国防部高级研究计划管理局( Defense Advanced Research Projects Agency)创建的第一个远程分组交换网 ARPANET(通常称为 ARPA 网)。考虑到不同类型主机联网的兼容性,所以只由分布在加利福尼亚州大学洛杉矶分校、加州大学圣巴巴拉分校、斯坦福大学、犹他州大学四所大学的 4 台大型计算机组成。而作为 Internet 的早期骨干网,ARPANET 奠定了 Internet 存在和发展的基础,较好地解决了异种机网络互联的一系列理论和技术问题。ARPANET 标志计算机网络的真正产生,是这一阶段的典型代表。

第二个阶段:1975 年左右,ARPANET 已经接入了一百多台主机,交由美国国防部国防通信局开始正式运行。在总结第一阶段建网实践经验后,研究人员开始了第二代网络协议的设计工作。这个阶段的重点是网络互联问题,网络互连技术研究的深入导致了 TCP/IP 协议(传输控制协议/因特网互联协议)的出现与发展。1979 年,越来越多的研究人员投入到了 TCP/IP 协议的研究与开发之中。在 1980 年左右,ARPANET 所有的主机都转向 TCP/IP 协议。到 1983 年 1 月,ARPANET 向 TCP/IP 的转换全部结束。同时,美国国防部国防通信局将 ARPANET 分为两个独立的部分:一部分仍叫 ARPANET,用于进一步的研究工作;另一部分稍大一些,成为著名的 MILNET,用于军方的非机密通信。1990 年 ARPANET 试验任务完成正式宣布关闭。

从 1985 年起,美国国家科学基金会 NSF 认识到计算机网络对科学研究的重要性,所以在 1986 年 NSF 就着手围绕六个大型计算机中心建设计算机网络,即国家科学基金网 NSF-NET。后来 NSFNET 成为因特网中的主要组成部分。1991 年,NSF 和美国政府机构开始认识到,因特网必定会扩大使用范围。在开放了因特网的接入后,世界上的许多公司开始接入因特网,网络通信量突然增大,导致原有容量不能满足需要,于是美国政府决定将因特网交由私人公司管理,并对接入者收费。至 1992 年因特网的主机就已经超过了 100 万台。

第三个阶段:从 1993 年开始,NSFNET 逐渐被若干个商用的因特网主干网所替代,美国政府退出了因特网的实际运营,之后的互联网出现了一个崭新的机构,ISP( Internet Service Provider)因特网服务提供商。简单地说,ISP 就是一个电信运营商,它为广大的互联网用户和企业提供互联网接入业务、信息业务、增值业务等各种电信服务。例如,中国移动、中国电信、中国联通就是我国最主要的 ISP。

## 6.1.3　计算机网络的功能

1)数据通信

数据通信是计算机网络最基本的功能。通过计算机网络可以实现计算机与终端、计算机与计算机之间的各种信息的快速可靠的双向数据传递和处理。各种信息包括文字信件、新闻消息、咨询信息、图片资料等。利用这一特点,可实现将分散在各个地区的单位或部门用计算机网络联系起来,进行统一的调配、控制和管理。

2）资源共享

（1）文件的共享

主要包括程序共享、文件共享等，可以避免软件的重复开发与大型软件的重复购买。在局域网中客户机可以调用主机中的应用程序，调看相关的文件，单机用户一旦连入计算机网络，在操作系统的控制下，该用户可以使用网络中其他计算机资源来处理用户提交的大型复杂问题。

（2）硬件的共享

利用计算机网络，可以共享网络中的硬件设备，避免重复购置，提高计算机硬件的利用率。可以使用网络上的高速打印机打印文档、报表，也可以使用网络中大容量的存储设备存放用户的资料。

（3）数据的共享

可以避免大型数据库的重复设置，以最大限度降低成本，提高效率。如现在很多网站和 APP 都使用了"第三方用户集成"，用户只需要有一个如 QQ 或者新浪微博账号即可登录，无需重复注册。

3）分布式处理

对于大型的任务或当网络中某台计算机的任务负荷太重时，可将任务分散到网络中的多台计算机上进行，或由网络中比较空闲的计算机分担负荷。

4）提高可靠性

计算机网络有较好的容错性，顾名思义就是计算机网络的抗故障能力，即保障网络在局部出现故障的情况下，整体网络系统还能保持正常运转。当然这一切都是以设备为基础的，因此要提高计算机网络的可靠性，最根本、最直接的方式莫过于加大网络系统的投入，提高网络系统软硬件设备性能。

5）综合服务

网络的一大发展趋势是多元化，在一套系统上提供集成的信息服务，包括来自政治、经济、生活等各个方面的资源，同时还能够提供多媒体信息。Internet 上的一些综合性的网站主要提供这种综合信息服务。

### 6.1.4 计算机网络主要性能指标

1）速率

网络技术中的速率是指连接在计算机网络上的主机在数字信道上的传输速率，也称为比特率，是 bps（比特每秒）。日常生活中所说的常常是额定速率或标称速率，而且常常省略，例如 100 M 以太网等。

2）带宽

计算机网络中，带宽用来表示网络的通信线路所能传送数据的能力，因此网络带宽表示在单位时间内从网络中的某一点到另一点所能通过的"最高数据率"。带宽的单位是b/s（比特每秒）。

3）吞吐量

吞吐量表示在单位时间内实际通过某个网络（或信道、接口）的数据量。吞吐量更经常用于对现实世界网络的一种测量，以便知道实际到底有多少数据能够通过网络。显然吞吐量将受到带宽或速率的限制。吞吐量的单位是 b/s（比特每秒），吞吐量的增大将会增加时延。

4）时延

时延是指数据从网络的一端传送到另一端所需的时间。

（1）发送时延

发送时延是主机或路由器发送数据帧所需要的时间，也就是从发送数据帧的第一个比特开始到最后一个比特发送完毕所需的时间，因此发送时延也叫传输时延。

计算公式：发送时延 = 数据帧长度（b）/发送速率（b/s）

（2）传播时延

传播时延是电磁波在信道中传播一定的距离需要花费的时间。

计算公式：传播时延 = 信道长度（m）/电磁波在信道上的传播速率（m/s）

（3）处理时延

主机或路由器在收到分组时要花费一定的时间进行处理。

（4）排队时延

分组在经过网络传输时，要经过许多的路由器。但分组在进入路由器后要先在输入队列中排队等待处理。在路由器确定转发接口后，还要在输出队列中排队等待转发。这样就产生了排队时延。

由此，数据在网络中经历的总时间，也就是总时延等于上述的 4 种时延之和，即

$$总时延 = 发送时延 + 传播时延 + 处理时延 + 排队时延$$

注意：对于高速网络链路，我们提高的仅仅是数据的发送速率而不是比特在链路上的传播速率。通常所说的"光纤信道的传输速率高"指的是光纤信道发送数据的速率可以很快，而光纤的实际传输速率还要比铜线的传播速率低一点。

5）往返时间（RTT）

往返时间也是一个非常重要的指标，它表示从发送方发送数据开始，到发送方收到来自接收方的确认，总共经历的时间。在互联网中 RTT 还包括中间各节点的处理时延、排队时延以及转发数据时的发送时延。

6）利用率

利用率有信道利用率和网络利用率两种，并且信道利用率并非越高越好。下面假定在适当的条件下有如下表达式：

$$D \text{ 当前时延} = D0（信道空闲时的时延）/（1 - U）（信道利用率）$$

由此我们可以看到，当 U 接近于 1 时，时延会趋于无穷大；由此我们可以知道：信道或网络利用率过高会产生非常大的时延。

### 6.1.5 计算机网络的分类

1）按地理位置划分

（1）广域网

广域网 WAN（Wide Area Network）又称远程网，是因特网的核心部分，它涉及范围广，一般将多个城市，甚至多个国家联系起来，网络长度可以达到几百千米甚至几千千米。常见的广域网如：公用电话交换网、分组交换网、数字数据网、公用帧中继等其他专用网络。

（2）城域网

城域网 MAN（Metropolitan Area Network）是介于广域网和局域网之间的一种高速网络，一般限制于一个城市内，网络长度在 5～60 km，常见的城域网如：大学的多校区网络，各校区互联后就形成了一个城域网。城域网的数据传输速率高，误码率低。由于广域网技术的发展，实际城域网并没有迅速的被推广，而逐渐被取代了。

（3）局域网

局域网 LAN（Local Area Network）是最常见的一种网络，它是传输速率高，以共享网路资源为目的，它涉及的范围较小（往往不超过 1 km），一般是由一个家庭、一个小型公司或者一个单位组成的网络。由于局域网规模较小，实现简单，所以目前得到迅速的发展。

局域网有以下特点：

①传输距离有限。加入局域网的设备往往只在几千米之内。

②有较高的通信带宽。局域网中的网速一般为 10 Mb/s，最高的可以达 1 Gb/s。

③通常采用双绞线或者同轴电缆作为介质，较长距离时采用光纤。

④误码率低，可靠性高。

⑤拓扑结构简单。一般都采用总线型、星型等容易配置和管理的结构。

⑥容易维护。

三种网络结构的关系，如图 6-2 所示。

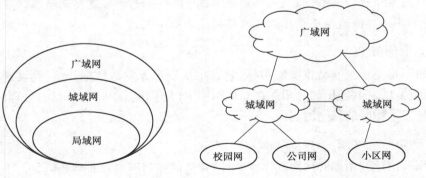

图 6-2　网络类型

2）按拓扑结构划分

计算机网络的拓扑结构就是计算机之间的物理连接方式。网络的拓扑结构会影响整个网络的功能、可靠性和通信费用等。常见的网络拓扑结构有 5 种：总线型、星型、环型、树型、网状,如图 6-3 所示。

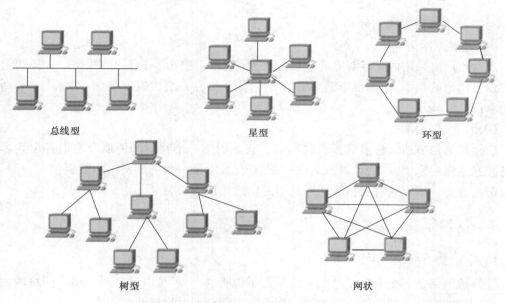

图 6-3　计算机网络拓扑结构示意图

（1）总线型结构

总线拓扑是将所有站点通过硬件接口连到单根传输介质——共享总线上。总线型网络具有布线简单、维护方便、成本低廉等优点。各节点的增加、减少或者位置的变动都相对容易,而且并不影响现有的网络正常运行,系统扩充性能良好。但是它也有相应的缺点,由于电气信号通路过多,干扰较大,所以对于信号的质量要求相对较高;容易出现网络竞争、容易出错,信息延时,故障隔离和检测困难等问题。

（2）星型结构

在星型拓扑中,每一个站点通过点到点链路连至中心接点,采用集中控制通信策略。通常使用双绞线将节点和中心单元进行连接。星型网络结构的优点是使用网络协议简单,出错后易检测和隔离,网络延迟时间短;缺点是各节点必须通过中心节点,如果当中心节点负荷较大或者出现问题时,会导致整个网络瘫痪;同时网络的共享能力差;线路利用率低。

（3）环型结构

环型拓扑是由一些中继器通过点到点链路连成的一个闭合环。优点是环状网中信息的流动方向是固定的,每两个节点之间只有一条通路,控制相对简单,可以很好地解决网络竞争问题;缺点是如果其中任何一个节点出现故障,整个网络都会出现问题,同时环型结构节点的增加和删除过程都很复杂,网络扩展和维护都不方便。

（4）树型结构

树型结构是总线结构的扩充形式,其特点是网络成本低,结构简单。

（5）网状型结构

网状拓扑结构是一种没有固定连接方式的结构,通常是由几种基本类型的网络混合而成。这种网络结构的优点是,节点路径多,减少了数据的碰撞和阻塞;可靠性高,通常情况下局部的故障并不会影响整个网络的正常工作;网络的扩充较为灵活;缺点是它的网络机制相对复杂,建网不容易。

3)按通信传播方式划分

(1)点对点网络

点对点网络采用的是点对点的连接方式,所有节点之间均有直达的线路。这样的组网方式没有信道的竞争,但是由于需要增加节点,通信线路就会大幅度增加,线路成本较高且利用率低。

(2)广播式网络

广播式通信方式又称点到多点式通信。它是利用一个共同的传播介质把各个计算机设备相互连接起来,所有的计算机共享一条信道,其中某一台主机发出的数据包,所有其他节点都会收到。所以这种通信方式容易引起信道的访问冲突。

## 6.1.6　网络体系结构与协议

1)网络体系结构

计算机网络是一个非常复杂的系统。为了说明这一点,可以设想对于接入网络的两台计算机如何才能相互通信和交换数据。那么用户就要面对这样几个问题:

①信息必须有一个发送者。

②必须要告诉网络如何识别接受者。

③信息的发送者必须查明接受者是否开机。

④信息的发送者必须清楚对方是否准备好接受数据。

⑤保证信息接受者能够正确识别发送的内容。

⑥如何识别在传输过程中出现的错误信息,并读取正确的信息。

由此可见,计算机网络是一个要涉及多种设备的复杂系统,所有设备必须要高度协调一致,才能正常工作。为了设计一个这样复杂的计算机网络,早在最初的 ARPANET 设计时就提出了"分层"的概念。1974 年,IBM 公司著名的系统网络体系结构 SNA(System Network Architecture)就是按照分层的方法制定的。随着时间的推移,一些公司都推出自己的体系结构。当不同的网络体系结构出现后,使得不同公司的设备很难再相互连通。所以为了解决这个问题,国际标准化组织 ISO 提出了著名的"开放系统互联基本参考模型 OSI/RM"(Open System Interconnection Reference Model),简称 OSI。然而在市场化方面 OSI 却事与愿违。如今规模最大的覆盖全世界的因特网并未使用 OSI 标准,而是非国际标准 TCP/IP。下面分别简要介绍两种参考模型。

2)OSI 参考模型

国际标准化组织(ISO)在 1977 年成立了一个专门研究计算机体系结构的分委会,并提出了一个开放系统互联参考模型 OSI/RM。ISO 分委会的任务是定义一组层次和层次所要完成的任务。

ISO/OSI 的参考模型共有 7 层,由低到高分别是:物理层、数据链路层、网络层、传输层、会话层、表示层、应用层,如图 6-4 所示。

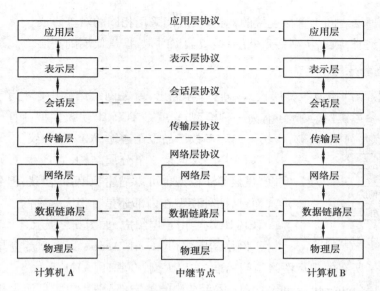

图 6-4　七层模型

OSI 参考模型中 1～3 层主要负责通信功能,5～7 层称为资源子网层,而传输层起着连接上下 3 层的作用。具体各层的功能如下:

①物理层(Physical layer)是参考模型的最底层。该层是网络通信的数据传输介质,由连接不同结点的电缆与设备共同构成。物理层规定了激活、维持、关闭通信端点之间的机械特性、电气特性、功能特性以及过程特性。该层为上层协议提供了一个传输数据的物理媒体。在这一层,数据的单位称为比特(bit)。

②数据链路层(Datalink layer)是参考模型的第 2 层。主要功能是:在物理层提供的服务基础上,在通信的实体间建立数据链路连接,传输以"帧"为单位的数据包,并采用差错控制与流量控制方法,使有差错的物理线路变成无差错的数据链路。

③网络层(Network layer)是参考模型的第 3 层。主要功能是:为数据在结点之间传输创建逻辑链路,通过路由选择算法为分组通过通信子网选择最适合的路径,以及实现拥塞控制、网络互联等功能。

④传输层(Transport layer)是参考模型的第 4 层。主要功能是:向用户提供可靠的端到端服务,处理数据包错误、数据包次序,以及其他一些关键传输问题。传输层向高层屏蔽了下层数据通信的细节,因此,它是计算机通信体系结构中关键的一层。

⑤会话层(Session layer)是参考模型的第 5 层。主要功能是:负责维护两个结点之间的传输链接,以确保点到点传输不中断,以及管理数据交换等功能。

⑥表示层(Presentation layer)是参考模型的第 6 层。主要功能是:用于处理在两个通信系统中交换信息的表示方式,主要包括数据格式变换、数据加密与解密、数据压缩与恢复等功能。

⑦应用层(Application layer)是参考模型的最高层,为操作系统或网络应用程序提供访问网络服务的接口。

OSI 模型有如下特点:

●属于分层网络互连模型,分为通信子网和资源子网两级结构。

- 只有物理层之间是直接连接的,对等层之间采用相同的对等协议。
- 发送数据时,数据从高层到低层;接收数据时,数据从低层到高层。

3) TCP/IP 网络模型

OSI 参考模型严格遵照分层模式。它一经推出,就在网络结构中起到了主要的作用。但是除了 OSI 参考模型,实际还有另一种模型,它就是 TCP/IP 协议模型,用户俗称"工业标准"。它的特点是简洁、高效,市场上的大多数产品也是遵循 TCP/IP 协议。

| 应用层 |
| 传输层 |
| 互联网层 |
| 网络访问层 |

图 6-5　TCP/IP 协议模型

TCP/IP 协议也是一个分层结构,它产生于实际的研究和实践,虽然 OSI 模型也可以描述 TCP/IP 协议,但是这只是一个形式而已,两种模型在内部还是有很大差别的。

TCP/IP 主要由 4 层组成,如图 6-5 所示。

①网络访问层(Network Access Layer)负责与物理网络的连接。它包含了所有的现行网络访问标准,如以太网、令牌环、ATM 等。

②互联网层(Internet Layer)是整个体系结构的关键部分,其功能是使主机可以把分组发往任何网络,并使分组独立地传向目标。这些分组可能经由不同的网络,到达的顺序和发送的顺序也可能不同。高层如果需要顺序收发,那么就必须自行处理对分组的排序。互联网层使用因特网协议(IP,Internet Protocol)。TCP/IP 参考模型的互联网层和 OSI 参考模型的网络层在功能上非常相似。

③传输层(Transport Layer)提供端到端的通信。在这一层定义了两个端到端的协议:传输控制协议(TCP,Transmission Control Protocol)和用户数据报协议(UDP,User Datagram Protocol)。TCP 是面向连接的协议,它提供可靠的报文传输和对上层应用的连接服务。为此,除了基本的数据传输外,它还有可靠性保证、流量控制、多路复用、优先权和安全性控制等功能。UDP 是面向无连接的不可靠传输的协议,主要用于不需要 TCP 的排序和流量控制等功能的应用程序。

④应用层(Application Layer)的协议负责将网络传输对象转换成用户能够识别的信息。它包含所有的高层协议,包括:远程登录协议(TELNET)、文件传输协议(FTP,File Transfer Protocol)、电子邮件传输协议(SMTP,Simple Mail Transfer Protocol)、域名解析服务(DNS,Domain Name Service)、网上新闻传输协议(NNTP,Net News Transfer Protocol)和超文本传送协议(HTTP,Hyper Text Transfer Protocol)等。TELNET 允许一台机器上的用户登录到远程机器上,并进行工作;FTP 提供有效地将文件从一台机器上移到另一台机器上的方法;SMTP 用于电子邮件的收发;DNS 用于把主机名映射到网络地址;NNTP 用于新闻的发布、检索和获取;HTTP 用于在 WWW 上获取主页。

4) 计算机网络协议

在一个复杂庞大的计算机网络中,为了使得网络中的各个计算机之间能够有条不紊、正确地传递和交换数据,所以必须建立规则、约定和标准。计算机网络协议就是这些规则、约定和标准的集合。

例如,网络中一个微机用户和一个大型主机的操作员进行通信,由于这两个数据终端所用字符集不同,因此操作员所输入的命令彼此不认识。为了能进行通信,规定每个终端都要将各自字符集中的字符先变换为标准字符集的字符后,才进入网络传送,到达目的终端之后,再变换为该终端字符集的字符。当然,对于不相容终端,除了需变换字符集字符外还需转换其他特性,如显示格式、行长、行数、屏幕滚动方式等也需作相应的变换。

常见的协议有:TCT/IP 协议、IPX/SPX 协议、NetBEUI 协议等。

## 6.2 Internet 基础

### 6.2.1 Internet 的接入方式

要想使用 Internet,第一步就需要使自己的主机或终端通过某种方式与 Internet 互联。用户接入 Internet 的方式主要有以下几种。

**1)专线接入**

专线上网不需要电话线,而是直接使用专用电缆或者双绞线将用户的计算机连接到某个 Internet 主机上。专线接入一般用于将一个局域网或几个机构接入 Internet,使用这种方式上网必须要有入网专线和专线设备。如公安部门、财务机构一般采用专线接入。

**2)拨号上网**

拨号上网是指用户的个人计算机通过电话线接入 Internet 的一种上网方式。拨号上网需要一个调制解调器(Modem)、一条电话线和一个拨号上网软件,当需要上网时,拨打一个特殊的电话号码(即上网账号),即可接入 Internet。

拨号上网的速度较慢,费用较高,上网时不能同时使用该电话线拨打电话,现在我国基本已经淘汰该上网方式。

**3)局域网上网**

所谓局域网接入,是指用户的计算机通过局域网接入 Internet。这种方式的提前是局域网已经以某种方式接入了 Internet。通过局域网上网的用户拥有自己固定的 IP 地址,可以访问 Internet 提供的所有服务。如目前公司网络或者学校网络大多采用局域网的接入。

**4)ADSL 上网**

非对称数字用户线 ADSL(Asymmetric Digital Subscriber Line)技术是用数字技术对现有的模拟电话用户线进行改造。所谓非对称,是指用户线的上行速率与下行速率不同,ADSL技术的上行速率低,下行速率高,比较适用于传输多媒体信息业务。正常情况下,ADSL接入,在不影响正常电话通信的情况下,可以提供最高 3.5 Mbit/s 的上行速率和最高 24 Mbit/s 的下行速率。

ADSL 上网在用户端需要一个 ADSL 调制解调器(如图 6-6 所示)、一个电话分离器(如图 6-7 所示)和一条可用电话线。ADSL 调制解调器有两个插口,较大的一个是 RJ45 插口,用来与计算机相连。较小的为 RJ11 接口,用来和电话分离器相连。

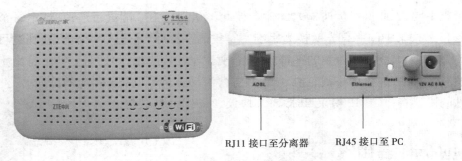

RJ11 接口至分离器　　　RJ45 接口至 PC

**图 6-6　ADSL 调制解调器**

5）无线上网

无线上网是使用无线电波将计算机或者移动终端接入一个可以发射无线信号并且已经接入 Internet 的设备。本书的 6.6 节专门介绍无线网络。

不管采用哪种方式入网，都必须在一家 Internet 服务提供商（ISP，Internet Service Provider）获取入网用户名、密码等信息。

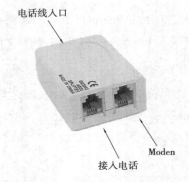

电话线入口

Moden

接入电话

**图 6-7　电话分离器（有 3 个 RJ11 插口）**

### 6.2.2　IP 地址

在 Internet 中，任何接入的设备之间的信息传播都需要满足两个条件，一是独一无二的地址（IP 地址），二是实现相互通信的一套规则（IP 协议）。任何厂家生产的计算机系统，只要遵守这两条规则就可以与因特网互连互通。

1）物理地址

每一台可以接入 Internet 的网络设备都会有一个全世界唯一的物理地址，这个地址通常称为"MAC"地址。

MAC（Media Access Control）地址，用来表示互联网上每一个站点的唯一标识符，采用十六进制数表示，共六个字节（48 位）。其中，前三个字节是由 IEEE 的注册管理机构 RA 负责给不同厂家分配的代码（高位 24 位），也称为"编制上唯一的标识符"，后三个字节（低位 24 位）由各厂家自行指派给生产的适配器接口，称为扩展标识符（唯一性）。一个地址块可以生成 $2^{24}$ 个不同的地址。

在 Windows 7 操作系统中，通过单击开始菜单，在搜索框中输入"CMD"，然后在弹出的"命令提示符"对话框中输入"ipconfig/all"命令即可查看本机物理地址，如图 6-8 所示。

2）IP 地址

IP 地址是由 TCP/IP 协议中使用的网络层地址表示。目前主要有 IPv4 和 IPv6 两个版本的协议。这两种协议的最大区别是表示地址的方式不同。

（1）IPv4

TCP/IP 规定，目前使用的 IPv4 采用长度由 32 位二进制数组成，分成四组，每 8 位构成

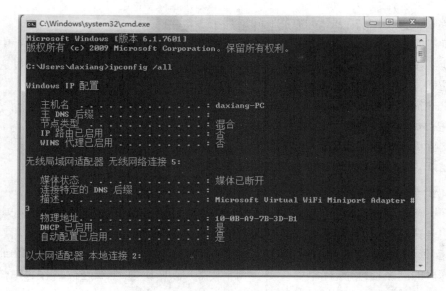

图 6-8　利用"ipconfig"查看本机地址

一组,对于 0～255 个十进制数,各组之间使用点号分隔,如 192.168.1.1。

为了 IP 地址进行方便的管理,还要考虑网络的差异性,TCP/IP 将 IP 地址分为了 5 个类,即 A 类、B 类、C 类、D 类、E 类。

A 类地址:一个 A 类 IP 地址由 1 字节的网络地址和 3 字节主机地址组成,网络地址的最高位必须是"0",地址范围从 0.0.0.0 到 127.255.255.255。可用的 A 类网络有 126 个,每个网络能容纳 1 亿多个主机。

B 类地址:一个 B 类 IP 地址由 2 个字节的网络地址和 2 个字节的主机地址组成,网络地址的最高位必须是"10",地址范围从 128.0.0.0 到 191.255.255.255。可用的 B 类网络有 16382 个,每个网络能容纳 6 万多个主机。

C 类地址:一个 C 类 IP 地址由 3 字节的网络地址和 1 字节的主机地址组成,网络地址的最高位必须是"110"。范围从 192.0.0.0 到 223.255.255.255。C 类网络可达 209 万余个,每个网络能容纳 254 个主机。

D 类地址:D 类 IP 地址是一个专门保留的地址,主机 IP 地址范围 224.0.0.0 到 239.255.255.255。它并不指向特定的网络,目前这一类地址被用在多点广播(Multicast)中。多点广播地址用来一次寻址一组计算机,它标志共享同一协议的一组计算机。

E 类地址:此类地址暂时保留,主机 IP 地址范围 240.0.0.0 到 255.255.255.255,适用于特殊实验和未来。

(2)IPv6

由于互联网的迅速发展,IPv4 定义的有限地址空间将被耗尽,地址空间的不足必将妨碍互联网的进一步发展。为了扩大地址空间,拟通过 IPv6 重新定义地址空间。IPv6 采用 128 位地址长度,几乎可以不受限制地提供地址。在 IPv6 的设计过程中除了一劳永逸地解决了地址短缺问题以外,还考虑了在 IPv4 中解决不好的其他问题,主要有端到端 IP 连接、服务质量(QoS)、安全性、多播、移动性、即插即用等。

IPv6 主要有以下特点:

①IPv6 地址长度为 128 位,地址空间增加了 $2^{128}$—$2^{32}$ 个。

②灵活的 IP 报文头部格式。使用一系列固定格式的扩展头部,取代了 IPv4 中可变长度的选项字段。IPv6 中选项部分的出现方式也有所变化,使路由器可以简单路过选项而不做任何处理,加快了报文处理速度。

③IPv6 简化了报文头部格式,字段只有 8 个,加快报文转发,提高了吞吐量。

④提高安全性。身份认证和隐私权是 IPv6 的关键特性。

⑤支持更多的服务类型。

⑥允许协议继续演变,增加新的功能,使之适应未来技术的发展。

3)MAC 和 IP 地址之间的关系

在一个稳定的网络中,IP 地址和 MAC 地址是成对出现的。如果一台计算机要和网络中另外一台计算机通信,那么要配置这两台计算机的 IP 地址,MAC 地址是网卡出厂时设定的,这样配置的 IP 地址就和 MAC 地址形成了一种对应关系。在数据通信时,IP 地址负责表示计算机的网络层地址,网络层设备(如路由器)根据 IP 地址来进行操作;MAC 地址负责表示计算机的数据链路层地址,数据链路层设备(如交换机)根据 MAC 地址来进行操作。IP 和 MAC 地址这种映射关系由 ARP(地址解析协议)协议完成。

IP 地址就如同一个工作岗位,而 MAC 地址则好像是去应聘这个工作岗位的人才,工作既可以让 A 做,也可以让 B 做。同样的道理,一个结点的 IP 地址对于网卡不做要求,基本上什么样的厂家都可以用,也就是说 IP 地址与 MAC 地址并不存在着绑定关系。

### 6.2.3 域名系统

1)域名

要访问 Internet 上的各种计算机,就需要知道每台设备的 IP 地址,而 IP 地址却不方便记忆,因此就需要给每台计算机取一个好记的名字,这个名字便是"域名"。域名采用了层次结构,各层次之间用点号作为分隔。一般格式是"主机名.组织机构名.二级域名.一级域名"。

例如:www.baidu.com 代表中国(cn)百度公司(baidu)内的(www)服务器主机。

域名地址的最右边的一部分(cn)为顶级域名。如 cn 表示中国大陆,hk 表示香港,如表 6-1 所示。

表 6-1　常用顶级域名

| 域名 | 含义 | 域名 | 含义 |
| --- | --- | --- | --- |
| com | 商业机构 | cn | 中国大陆 |
| edu | 教育机构 | tw | 中国台湾地区 |
| net | 网络服务提供商 | hk | 中国香港地区 |
| gov | 政府组织 | us | 美国 |

2)DNS

DNS(Domain Name System)是域名系统的简称,它是 Internet 的一项核心服务,DNS 的主要功能是对域名进行解析。

域名服务器为客户机/服务器模式中的服务器方,它主要有两种形式:主服务器和转发服务器。将域名映射为 IP 地址的过程就称为"域名解析"。在 Internet 上域名与 IP 地址之间是一对一(或者多对一)的,即域名必须对应一个 IP 地址,一个 IP 地址可以同时对应多个域名,但 IP 地址不一定有域名。域名虽然便于人们记忆,但机器之间只能互相认识 IP 地址,它们之间的转换工作称为域名解析,域名解析需要由专门的域名解析服务器来完成。

## 6.3 Internet 应用与服务

Internet 是一个全世界最庞大的网络,所以 Internet 提供的服务也相对较多,同时还在不断出现新的应用。目前 Internet 中最基本的服务包括 WWW、电子邮件、文件传输、远程登录等。

### 6.3.1 WWW 概述

WWW 是 World Wide Web 的简称,中文通常翻译成"万维网",常简称为 Web。但要注意万维网并不等同于互联网,万维网只是互联网所能提供的服务之一。

要了解 WWW 那就要了解几个和 WWW 相关的名词。

1)网页

网页又称"Web"页,在服务器上每一个超文本文件就是一个 Web 网页。

2)超文本标记语言

WWW 中有很多包含文本、图像、图形的文件提供给用户访问,这些文件主要由 HTML 写成,简称超文本文件。HTML 是一种专门用于编写超文本文件的编程语言,扩展名为. html 或者 htm。

3)超链接

超链接是 WWW 上的一种链接技巧,它是内嵌在文本或图像中的。通过已定义好的关键字和图形,只要单击某个图标或某段文字,就可以自动连上相对应的其他文件。文本超链接在浏览器中通常带下划线,而图像的超链接是看不到的;但如果用户的鼠标碰到它,鼠标的指标通常会变成手指状(文本的超链接也是如此)。

4)超文本传送协议

超文本传输协议(HTTP)是分布式、协作式的,是超媒体系统应用之间的通信协议,是万维网交换信息的基础。它允许将超文本标记语言(HTML)文档从 Web 服务器传送到 Web 浏览器。

### 6.3.2 电子邮件

电子邮件(E-mail)是 Internet 提供的最基本的,使用最多的一项服务。电子邮件也早已经作为一种最具代表性的网络交流方式取代了普通的纸张信件。电子邮件可以包含文字、图像、声音等多种内容。同时,用户可以得到大量免费的新闻、专题邮件,并实现轻松的信息搜索。电子邮件的及时性也极大地方便了人与人之间的沟通与交流,促进了社会的发展。

1）电子邮件账号

用户想通过 Internet 发送与接收电子邮件,必须先向提供电子邮件服务的网站申请一个属于自己的电子邮箱。电子邮箱包括"用户名"和"密码"两个部分,在同一个邮件服务器中,用户名必须唯一。

电子邮件地址的通用格式为"用户名@ 电子邮件服务器域名"。

用户名通常由用户自行设置,一般由字母、数字和下画线组成,但是不区分大小写。

电子邮件服务器域名是指提供电子邮件服务的主机域名。

如"jsj2015@ 163. com"是一个电子邮件地址,其中"163. com"表示电子邮件服务器域名,"jsj2015"表示用户名。

2）申请免费的电子邮箱

一旦用户拥有了电子邮箱,邮件服务器就会为该邮箱开辟一个存储邮件的空间,用户通过密码方式进入自己的电子邮箱,进行邮件的收发和相关管理。

Internet 上有许多提供电子邮件服务的网站,如新浪网、网易、搜狐、雅虎等。一般来说通常提供两类邮箱:免费邮箱和收费邮箱。用户只要通过简单的注册,就可以获得一个不错的免费邮箱。如果想获得高质量、更安全、容量更大的邮箱服务,可以选择收费邮箱。

例如,申请"wlxy201501234@ 126. com"邮箱的过程如下:

①进入 IE 浏览器输入"126"的地址 http：//www. 126. com。

②进入网站主页,单击"注册",填写相关信息后,单击"提交",就可以申请到 E-mail 地址,如图 6-9 所示。

3）使用浏览器查看电子邮件

成功申请到电子邮箱后,就可以立即使用该电子邮箱。具体操作如下:

①进入 IE 浏览器输入地址"http：//www. 126. com",在登录窗口输入用户名和密码,如图 6-10 所示。

图 6-9　注册页面　　　　　　　　　图 6-10　邮箱登录

②成功登录进入邮箱后,单击左侧菜单中的"收信",将在窗口右边查看到收件箱中的邮件,如图 6-11 所示。

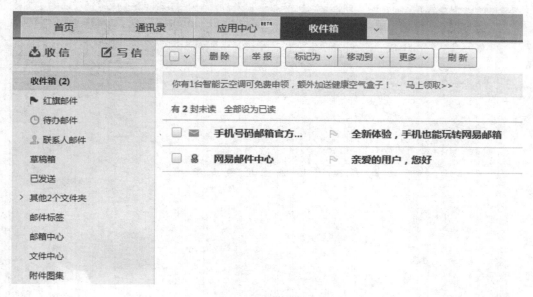

图 6-11 收件箱

③单击窗口中需要查看的邮件名,即可进入邮件查看正文,并且可以在该窗口进行删除、回复、转发等操作,如图 6-12 所示。

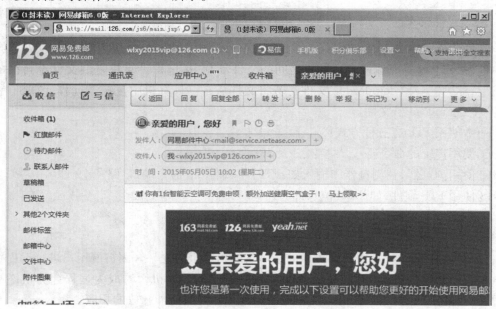

图 6-12 阅读邮件

④撰写并发送电子邮件。单击左侧的菜单中的"写信"按钮,在弹出的新窗口中即可撰写邮件,其中"收件人"地址、正文内容为必须输入,主题和附件为选填,如图 6-13 所示。

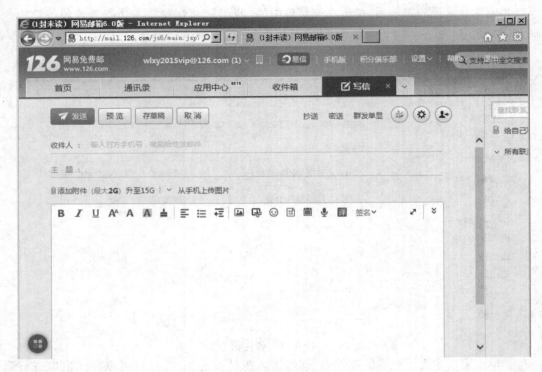

图 6-13　撰写邮件

### 6.3.3　文件传输

文件传输(File Transfer Protocol)用来实现 Internet 上多台计算机之间文件的双向传输。简单地说,FTP 就是完成两台计算机之间的文件复制,从远程计算机复制文件至自己的计算机上,称为"下载(download)"文件。若将文件从自己计算机中复制至远程计算机上,则称为"上载(upload)"文件。

通常使用 FTP 有三种方式:

①使用传统的命令行。

②使用浏览器,在浏览器中输入如:FTP://域名.ftp 命令端口/路径/文件名。

③使用 FTP 软件,如 flashftp、LeapFTP 等。

### 6.3.4　远程登录服务

远程登录(Telnet)是因特网提供的最基本的信息服务之一。因特网用户进行远程登录是一个在网络通信协议 Telnet 的支持下使用户自己的计算机暂时成为远程计算机终端的过程,一旦登录成功,用户就可以实时地使用远程计算机对外开放的相应资源。

使用 Telnet 协议进行远程登录时需要满足以下条件:①在本地计算机上必须装有包含 Telnet 协议的客户程序;②必须知道远程主机的 IP 地址或域名;③必须知道登录账号与口令。

## 6.4 计算机网络的硬件与软件

### 6.4.1 网络设备

1）网卡

网卡就是主板上的通信适配器或网络适配器（Net Adapter）或网络接口卡 NIC（Network Interface Card），主要用于计算机和网络的连接。独立网卡如图 6-14 所示。

还有一种网卡是无线网卡，无线网卡是终端无线网络的设备，是无线局域网的无线覆盖下通过无线连接网络进行上网使用的无线终端设备。具体来说，无线网卡就是使计算机可以利用无线来上网的装置。但是有了无线网卡，还需要一个可以连接的无线网络，如果所在地有无线路由器或者无线 AP（Access Point，无线接入点）的覆盖，就可以通过无线网卡以无线的方式连接上网。

图 6-14　独立网卡

2）路由器

路由器又称网关设备，是用于连接多个逻辑上分开的网络。它会根据信道的情况自动选择和设定路由，以最佳路径，按前后顺序发送信号，如图 6-15 所示。

（a）企业级路由　　　　　　　　　　（b）家用无线路由

图 6-15　路由器

3）交换机

交换机信号转发的网络设备。它可以为接入交换机的任意两个网络节点提供独享的电信号通路。最常见的交换机是以太网交换机，如图 6-16 所示。

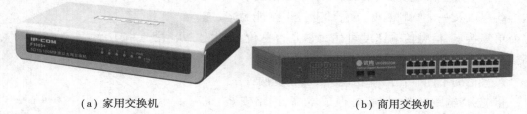

（a）家用交换机　　　　　　　　　　（b）商用交换机

图 6-16　交换机

交换机工作于 OSI 参考模型的第二层,即数据链路层。交换机内部的 CPU 会在每个端口成功连接时,通过将 MAC 地址和端口对应,形成一张 MAC 表。在今后的通信中,发往该 MAC 地址的数据包将仅送往其对应的端口,而不是所有的端口。因此,交换机可用于划分数据链路层广播,即冲突域;但它不能划分网络层广播,即广播域。

交换机拥有一条很高带宽的背部总线和内部交换矩阵。交换机的所有的端口都挂接在这条背部总线上,控制电路收到数据包以后,处理端口会查找内存中的地址对照表以确定目的 MAC(网卡的硬件地址)的 NIC(网卡)挂接在哪个端口上,通过内部交换矩阵迅速将数据包传送到目的端口,目的 MAC 若不存在,广播到所有的端口,接收端口回应后交换机会"学习"新的 MAC 地址,并把它添加入内部 MAC 地址表中。使用交换机也可以把网络"分段",通过对照 IP 地址表,交换机只允许必要的网络流量通过交换机。通过交换机的过滤和转发,可以有效地减少冲突域,但它不能划分网络层广播,即广播域。

### 6.4.2 网络传输介质

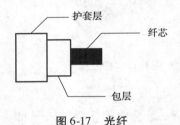

图 6-17 光纤

1)光纤

光纤又称光导纤维,主要由光导(玻璃)纤维组成,可作为光传导工具。光缆是由几层保护结构包裹的一根或多根光纤组成。在光纤的外面是一层玻璃封层,称为包层,在最外层是由塑料制成的护套层,如图 6-17 所示。

光纤应用光学原理,由光发送机产生光束,将电信号变为光信号,再把光信号导入光纤,在另一端由光接收机接收光纤上传来的光信号,并把它变为电信号,经解码后再处理。主要用于要求传输距离较长、布线条件特殊的主干网连接。光纤的主要特点如下:

(1)优点

①传输速率高,目前实际可达到每秒几十兆位至几千兆位。

②抗电磁干扰能力强、质量轻、体积小、韧性好和安全保密性高。

③传输衰减极小,使用光纤传输时,可以达到 6 ~ 8 km 内不使用中继器。

(2)缺点

①价格昂贵。

②光纤衔接和光纤分支均比较困难,而且分支时,信号能量损耗很大。

2)同轴电缆

同轴电缆包括绝缘层包围的一根中心铜线、一个网状屏蔽层以及一个塑料封套。它具有抗干扰能力强、连接简单等特点,信息传输速度可达每秒几百兆位,是中、高档局域网的首选传输介质,如图 6-18 所示。

按直径的不同,可分为"粗缆"和"细缆"两种:

粗缆:传输距离长,性能好但成本高、网络安装、维护困难,一般用于大型局域网的干线。

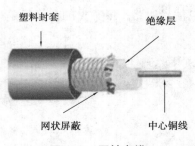

图 6-18 同轴电缆

细缆:细缆安装较容易,造价较低,但日常维护不方便,一旦一个用户出现故障,便会影响其他用户的正常工作。

同轴电缆的主要特点是屏蔽性能好、抗干扰能力强、能进行较高速率的传输。

注:同轴电脑的芯线于外环的导电网之间必须是绝缘的,在制作和配置同轴电缆线时,不要让中心导线部分与外界的导电网接触,以免因短路而导致网络不通。

3)双绞线

双绞线是将一对以上的双绞线封装在一个绝缘外套中,为了降低信号的干扰程度,电缆中的每一对双绞线一般是由两根绝缘铜导线相互缠绕而成,也因此把它称为双绞线,如图 6-19 所示。

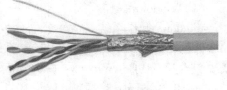

图 6-19　双绞线

双绞线需用 RJ-45 或 RJ-11 连接头插接。双绞线一般用于星型网的布线连接,两端安装有 RJ-45 头(水晶头),连接网卡与集线器。

(1)按照抗干扰类型的不同划分

①非屏蔽双绞线(UTP):价格便宜,传输速度偏低,抗干扰能力较差。

②屏蔽双绞线(STP):抗干扰能力较好,具有更高的传输速度,但价格相对较贵。

(2)按照线径粗细划分

①五类线。该类电缆增加了绕线密度,外套是一种高质量的绝缘材料,线缆最高频率带宽为 100 MHz,最高传输率为 100 Mbit/s,用于语音传输和最高传输速率为 100 Mbit/s 的数据传输,最大网段长为 100 m,采用 RJ 形式的连接器。这是最常用的以太网电缆。

②超五类线。超五类线具有衰减小,串扰少,更小的时延误差。超五类线主要用于千兆位以太网(1 000 Mbit/s)。

③六类线:该类电缆的频率带宽为 1~250 MHz,它提供 2 倍于超五类的带宽。六类布线的传输性能远远高于超五类标准,适用于传输速率高于 1 Gbit/s 的应用。

4)无线电波

无线电波是指在自由空间(包括空气和真空)传播的射频频段的电磁波。无线电技术是通过无线电波传播声音或其他信号的技术。无线电技术的原理在于,导体中电流强弱的改变会产生无线电波。利用这一现象,通过调制可将信息加载于无线电波之上。当电波通过空间传播到达收信端,电波引起的电磁场变化又会在导体中产生电流。通过解调将信息从电流变化中提取出来,就达到了信息传递的目的。

5)微波

微波是指频率为 300 MHz~300 GHz 的电磁波,是无线电波中一个有限频带的简称,即波长为 1 mm~1 m 的电磁波,是毫米波、厘米波、分米波、米波的统称。微波频率比一般的无线电波频率高,通常也称为"超高频电磁波"。微波作为一种电磁波也具有波粒二象性。微波的基本性质通常呈现为穿透、反射、吸收 3 个特性。对于玻璃、塑料和瓷器,微波几乎是穿越而不被吸收。对于水和食物等就会吸收微波而使自身发热。而对金属类东西,则会反射微波。

### 6.4.3　网络软件

网络软件是实现网络功能不可缺少的软件环境,主要包括网络操作系统、通信软件和协议软件。

1)网络操作系统

(1)Windows 操作系统

Windows 操作系统是微软公司研发的操作简便的网络化操作系统。随着计算机硬件和软件的不断升级,微软的 Windows 系统也在不断升级,从架构的 16 位、32 位再到 64 位,系统版本从最初的 Windows 1.0 到大家熟知的 Windows XP、Windows Vista、Windows 7、Windows 8、Windows 8.1、Windows 10 和 Windows Server 服务器企业级操作系统,Windows 操作系统支持即插即用,多任务,对称多处理和集群等一系列功能。

(2)Linux 操作系统

Linux 操作系统是 1991 年由芬兰学生 Linus Torvalds 自己编写的一个类似 UNIX 操作系统的新一代网络操作系统。Linux 采用集成化内核,由于遵循 GPL 协议,其源代码完全开放,任何用户都可以根据自己的需要修改 Linux 内核,使得 Linux 得到了蓬勃的发展。现在基于 Linux 开发的操作系统比比皆是,如知名的有 Red Hat、Mandrake、深度、红旗等。

(3)Unix 操作系统

Unix 操作系统是一种强大的多任务、多用户网络操作系统。20 世纪 60 年代末,AT&T Bell 实验室的 Ken Thompson、Dennis Ritchie 及其他研究人员为了满足研究环境的需要,结合多路存取计算机系统(Multiplexed Information and Computing System)研究项目的诸多特点,开发出了 Unix 操作系统。至今,Unix 本身固有的可移植性使它能够用于任何类型的计算机。

2)通信软件

通信软件是一种用于通信交流的互动式软件,使用者不必详细了解通信控制规则和协议就能很容易地控制程序与多个用户之间通信交流,比如 QQ、微博、阿里旺旺等。

## 6.5　IE 浏览器的使用

浏览网页就是用"浏览器"浏览互联网网络信息的过程。目前使用最多的浏览器是 IE 浏览器(Internet Explorer),这是一款 Windows 操作系统自带的免费浏览器。IE 浏览器自 1995 年与 Windows 95 发布到现在,已经到第 11 个版本了(简称 IE11)。Internet Explorer11 于 2013 年 11 月 7 日随 Windows 8.1 发行。

在微软开发者大会 Build 2015 上,微软宣布了为 Windows 10 操作系统开发一款代号为"Project Spartan"的浏览器,正式定名为 Microsoft Edge。

### 6.5.1　IE 浏览器使用介绍

1)启动 IE 浏览器

要使用浏览器就必须先打开浏览器,下面将介绍几种在 Windows 7 中,启动 IE 浏览器的方法：

    ①双击桌面上的 IE 浏览器快捷方式。

    ②单击"开始"菜单，单击"所有程序"→"Internet Explorer"图标。

    ③单击"任务栏"上的"Internet Explorer"图标。

2）关闭浏览器

关闭浏览器的方式：

    ①单击 IE 窗口右上角的"关闭"（即红色"X"）按钮。

    ②右击任务栏上的 IE 图标，在弹出的快捷菜单中单击"关闭窗口"。

    ③单击浏览器左上角"文件"菜单中的"退出"命令。

    ④双击浏览器左上角即可关闭浏览器。

    ⑤在当前浏览器窗口下使用快捷方式"Alt + F4"关闭浏览器。

## 6.5.2　IE 浏览器窗口结构

目前有很多种浏览器，这些浏览器在界面窗口的设计上基本不相同，这里主要介绍 Internet Explorer11（简称 IE11）的窗口结构。运行 IE11 浏览器后，系统将弹出一个 IE 浏览器窗口，界面如图 6-20 所示。

图 6-20　IE 浏览器

1）标题栏

IE11 中淡化了标题栏的概念。只在标题栏的最右边留下了三个按钮：最小化、最大化/还原、关闭。

2）地址栏

地址栏在标题栏的下左方，由 3 部分组成："前进""后退""地址栏"。

地址栏是输入和显示网页地址的。IE11 的地址栏集输入网址、获取建议、搜索信息多种功能于一身,使用起来更方便。

浏览器上的"前进"与"后退"按钮主要用于对历史浏览记录的前进和后退,它是使用频率最高的功能之一,在 IE11 中的"前进"和"后退"按钮是智能化的。单击按钮一秒以上,或者右键点击,或者用鼠标单击向下拖动按钮都可以调出历史记录,如图 6-21 所示。

图 6-21　前进和后退的使用

3）菜单栏

菜单中列出了 IE 的功能和命令,当单击菜单名后,便会出现相应的级联菜单。在 IE11 浏览器中菜单栏默认是隐藏的,可以通过右击"标题栏"或者按 Alt 键打开 IE 浏览器的菜单栏。

4）选项卡

使用 IE 浏览器时,每打开一个网页,浏览器就会生成一个窗口,如果打开得多,任务栏上就会排满 IE 的窗口,很不方便。IE 选项卡的出现解决了这个问题,选项卡可以把所有页面都放在一个 IE 窗口里,同时选项卡还可以显示该网页的标题,每一个选项卡就是一个网页,如图 6-22 所示。

图 6-22　选项卡

5）主窗口

该窗口主要用于显示网页内容。

6）状态栏

状态栏用于显示该网页的一些状态信息,左边用于显示超链接地址,右边显示网页内容缩放百分比设置。默认状态下,IE11 的状态栏是不显示的,可以右击"标题栏"打开"状态栏"。

### 6.5.3　IE 浏览器的常用操作

1）浏览网页

在 Internet 中,每一个网站都有一个地址,要访问该网站就需要在 IE 浏览器的地址栏输入相应的网址,例如"http://www.baidu.com"(输入地址时也可以不输入"http://"),然后按 Enter 键,便打开了百度网的主页。假如网页的内容较长,那在浏览器主窗口右侧便会出现滚动条,此时便可以使用鼠标上下滚动浏览网页的内容。

2)全屏浏览

在浏览网页的时候,由于有些内容无法完全显示,需要通过移动滚动条才能正常显示时,可以通过按 F11 键将网页全屏显示。当要恢复正常显示,仅需再按 F11 键即可。

3)主页设置

主页是指当打开 IE 浏览器时自动打开的网页,用户可以设置一个或者多个主页。用户可以通过单击"工具"打开"Internet 选项",在弹出的"Internet 选项"对话框中选择"常规",在"主页"栏中输入一个或者多个"网页地址"。

4)停止和刷新

当打开一个网页时加载时间过长,用户可以单击"地址栏"最后面的"X",将网页停止加载。

当打开一个网页后发现该网页的许多图片或者内容无法正常显示,用户可单击"刷新"按钮或者按 F5 键使网页重新加载显示。

5)历史记录

用户退出浏览器后,浏览过的网页部分内容会存在用户硬盘里,这些记录会按照时间和访问站点的顺序存储,如图 6-23 所示。

6)网页保存

用户可以将喜欢的网页存储在计算机中,这样在没有网络情况下也能浏览网页。具体方法如下:打开需要保存的网页,单击"工具"按钮,选择"文件"→"另存为"命令,在弹出的"保存网页"对话框中选择相应的保存类型(如需要将网页所有内容保存,请选择"网页,全部(＊.htm,＊.html)",单击"保存"按钮,即可将网页保存在本地计算机中,用户便可以随时通过 IE 浏览器访问该内容。如图 6-24 所示。

7)收藏夹的使用

利用 IE 浏览器的"收藏夹"可以将很多用户喜欢的网页收藏起来,以便随时查看。方法如下:首先打开用户需要收藏的网页,在网页的主窗口单击"添加到收藏夹",点击"添加"后,该网页就被收藏到该浏览器的收藏夹里。网页被收藏后,用户可以单击右

图 6-23　历史记录

上角五角星型的"收藏夹"按钮,即可看到已经收藏的网页,单击相应的名称就可以打开并浏览该网页,如图 6-25 所示。

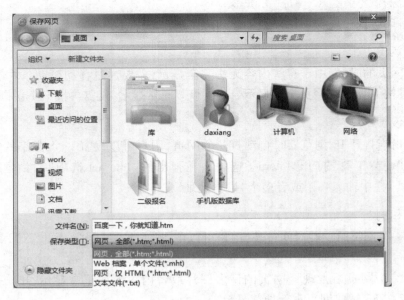

图 6-24　保存网页对话框

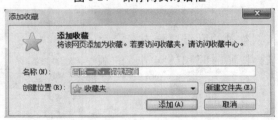

图 6-25　添加收藏夹

8）打印网页

用户如果需要将文章或者图片打印出来，IE 浏览器提供了强大的打印及打印预览功能。

首先打开需要打印的网页，右击"主窗口"的内容，选择"打印预览"，在打印预览窗口可以对"纸张"、"页边距"、"页眉"、"页脚"等多个属性进行设置，最后单击"打印"按钮对设置好的网页进行打印，如图 6-26 所示。

### 6.5.4　浏览器的基本设置

IE 浏览器是 Windows 操作系统自带的浏览器，一般用户会采用默认设置来浏览网页，但同时有部分用户也会对浏览器有更多的要求，如调整安全性设置，设置网页浏览方式、弹出窗口等。

用户单击"工具"按钮，选择"Internet 选项"命令，在弹出的"Internet 选项"对话框中对浏览器以下几个方面进行详细的功能设置，如图 6-27 所示。

1）"常规"选项卡

在常规选项卡可以更改默认的主页；设置 Internet 临时文件夹；设置历史记录是否保存

图 6-26　"打印预览"窗口

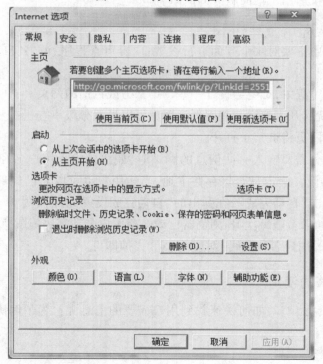

图 6-27　"Internet 选项"对话框

和删除;设置网页在选项卡中的显示方式;设置网页中的颜色、语言、字体和辅助功能。

2)"安全"选项卡

此选项卡主要针对不同信息的来源设置不同的安全等级。在 IE 浏览器中把信息分为 4 个区域:"Internet";"本地 intranet";"受信任的站点";"受限制的站点"。

对于每一个区域都可以设置"该区域的安全级别",在一栏中有 3 种选择:"自定义级别"、"默认级别"、"将所有区域重置为默认级别"。

如果想更改某区域的设置,需先单击该区域图标,然后在"该区域的安全级别"中设置相对应的级别。同时在修改了安全设置级别后,如果想恢复初始状态,用户可以单击"将所有区域重置为默认级别"。

3)"隐私"选项卡

该选项卡主要针对网页 Cookie 和弹出窗口进行设置。

Cookie 是指网站放置在计算机上的小文件,其中存储有关用户偏好的信息。Cookie 可让网站记住用户的偏好或者让用户避免在每次访问某些网站时都进行登录,从而可以改善用户的浏览体验。但是,有些 Cookie 可能会跟踪用户访问的站点,从而危及隐私安全,所以有些用户还需要针对不同的情况对 Cookie 的使用进行设置。

弹出窗口阻止程序可限制或阻止用户访问的站点。用户可以选择首选的阻止级别,启用或禁用弹出窗口阻止通知,也可以视需要创建弹出窗口不受阻止的站点列表。注意弹出窗口阻止程序设置仅适用于桌面版 Internet Explorer。

4)"内容"选项卡

在内容选项卡中主要对 4 个方面进行设置:内容审查程序、证书、自动完成、源和网页快讯。

用户浏览网页过程中,难免会打开一些宣扬暴力或色情的网页。有时并不是用户自愿的,可能在无意间就打开了这样一些网页。用户可以设置分级审查机制和证书机制。这样包含被审查内容的网页将被禁止打开。

当用户访问部分需要输入一些信息的网站时,如登录输入用户名和密码。IE 会对用户在"自动完成"的设置确定是否保存在本地,当然用户也可以对已经保存的信息进行删除。如用户可以单击"自动完成",在弹出的"自动完成设置"对话框中单击"删除自动完成历史记录"即可。如果希望每次 IE 浏览器自动保存用户名和密码等敏感信息,用户可以将"表单"和"表单中的用户名和密码"对应的"√"去掉即可。

## 6.5.5  搜索引擎的使用

Internet 中的资源众多,如何快速找到用户需要的信息呢? 为了解决这个问题就必须借助网络搜索引擎。

1)基本概念

搜索引擎是 Internet 上具有检索功能的网站,它的主要任务是"信息搜集"、"信息处理"、"信息查询"。它接收用户的具体查询指令,然后向用户提供符合其查询条件的具体内容和链接。

2)基本分类

搜索引擎按照工作方式的不同可以分为两类:

（1）基于关键词（Keywords）的搜索引擎，即通常所说"全文搜索引擎"，如百度、Google 等。

（2）基于分类目录型的搜索引擎。虽然目录索引有搜索功能，但严格来说不是真正的搜索引擎，它仅仅是按目录分类的网站链接列表而已。用户不用关键词查询，仅靠分类目录找到需要的信息，如 Yahoo 雅虎、搜狐、新浪等。

3）常用的搜索引擎

（1）百度（www. baidu. com）

百度是中国互联网用户最常用的搜索引擎，每天完成上亿次搜索，也是全球最大的中文搜索引擎，可查询数十亿中文网页。

（2）谷歌（www. google. com. hk）

谷歌是 Google 公司开发的一款互联网搜索引擎。可搜索网页、新闻、地图、影视音乐、图片、社区等，支持 132 种语言，并在搜索页面提供翻译功能。它是目前世界范围内规模最大的搜索引擎。

（3）搜狗（www. sogou. com）

搜狗是搜狐公司于 2004 年 8 月 3 日推出的全球首个第三代互动式中文搜索引擎。搜狗以搜索技术为核心，致力于中文互联网信息的深度挖掘，帮助中国上亿网民加快信息获取速度，为用户创造价值。

（4）Bing（必应）（cn. bing. com）

微软新搜索引擎 Bing（必应）中文版于 2009 年 6 月 1 日上线。微软必应搜索是国际领先的搜索引擎，为中国用户提供网页、图片、视频、词典、翻译、资讯、地图等全球信息搜索服务。

（5）雅虎（www. yahoo. com. cn）

雅虎全能搜索 Yahoo！全球性搜索技术（YST，Yahoo Search Technology）是一个涵盖全球 120 多亿网页（其中雅虎中国为 12 亿）的强大数据库，拥有数十项技术专利和精准的运算能力，支持 38 种语言，近 10 000 台服务器，服务全球 50% 以上互联网用户的搜索需求。

（6）SOSO（www. soso. com）

搜搜是 QQ 推出的独立搜索网站，提供综合、网页、图片、论坛、音乐、搜吧等搜索服务。

（7）有道（www. youdao. com）

有道是网易自主研发的搜索引擎。目前有道搜索已推出的产品包括网页搜索、博客搜索、图片搜索、新闻搜索、海量词典、桌面词典、工具栏和有道阅读。

4）搜索引擎的查询条件

用户除了采用目录索引查询信息外，大多数全文搜索引擎是采用关键词作为查询条件查询，下面简单介绍关键词的使用。

①关键词不区分大小写。

②允许使用多个关键词。

③使用"＋"号或者"空格"表示关键词的并列（AND）关系。

④使用"|"号表示关键词的"OR"的关系。

⑤使用减号"–"表示不希望包含这个内容。(注意在减号前面需留空格)

⑥对关键词使用引号表示精确查询该关键词。

5)CNKI 的使用

(1)CNKI 简介

CNKI 是中国文献资源总库,目前文献总量5005 万篇,是由中国政府支持、清华大学主办、中国学术期刊(光盘版)电子杂志社出版、清华同方知网(北京)技术有限公司发行的,全球文献总量最多、出版速度最快、检索功能最完备的中文全文数据库,还是中国最具权威、资源收录最全、文献信息量最大的动态资源体系,也是中国最先进的知识服务平台与数字化学习平台。

文献类型包括:学术期刊、博士学位论文、优秀硕士学位论文、工具书、重要会议论文、年鉴、专著、报纸、专利、标准、科技成果、知识元、哈佛商业评论数据库、古籍等,还可与德国Springer 公司期刊库等外文资源统一检索。

(2)CNKI 的使用

打开 IE 浏览器,在地址栏输入 www.cnki.net,进入 CNKI 首页,如图 6-28 所示。

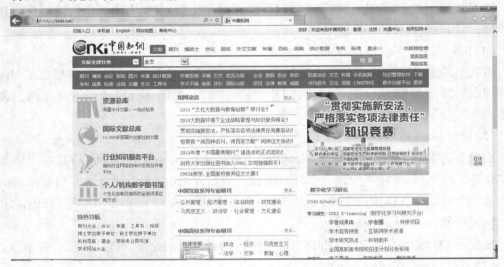

图 6-28　CNKI 主页

CNKI 提供各种类型的检索,如"文献"、"期刊"、"博硕士"、"会议"等。下面以搜索期刊为例进行介绍。

单击"高级检索",进入 CNKI 检索平台,如图 6-29 所示:

在"主题"后,输入"计算机基础",选择"精确",单击"检索"按钮,即可,如图 6-30所示。

在检索结果页面上,单击所需文章的篇名,进入知网节页面,如图 6-31 所示,单击"CAJ下载"或者"PDF 下载"。

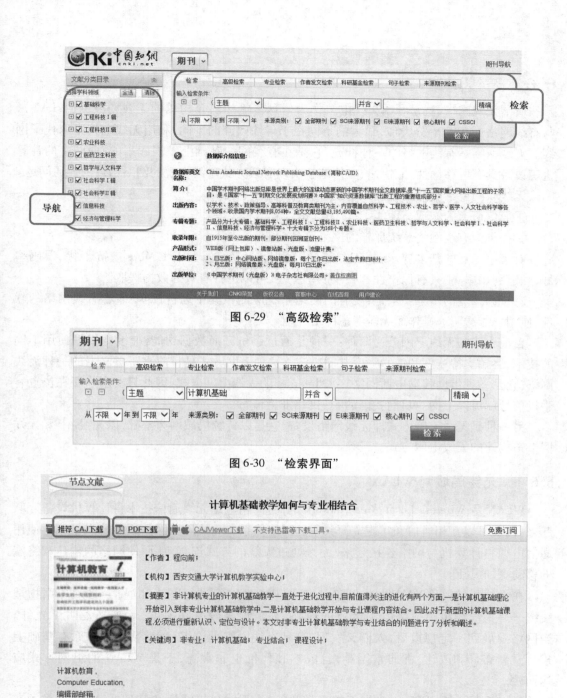

图6-29 "高级检索"

图6-30 "检索界面"

图6-31 "检索下载"

如果在检索之前,没有使用用户名和密码进行登录,此时,就会弹出请求登录页面。在相应的位置输入账户名称,单击"登录"按钮即可(高等学校一般都有购买授权,可以咨询图书馆等机构)。

## 6.6　无线网络

　　所谓无线网络,就是利用无线电波作为信息传输的媒介构成的无线局域网(WLAN),与有线网络的用途十分类似,最大的不同在于传输媒介的不同,利用无线电技术取代了网线。无线网络是有线网络的一种补充,它是在有线网的基础上发展起来的,使网上的计算机等设备具有可移动性,能快速、方便地解决以有线方式不易实现的网络信道的连通问题。

　　无线联网要解决两个主要问题:

　　①通信信道的实现与性能。

　　②提供像有线网络系统那样的网络服务功能。

　　对于第一点的基本要求是:工作稳定、数据传输率高(大于 1 Mbps)、抗干扰、误码率低、频道利用率高、具有保密性和收发的单一性、可以进行有效的数据提取。

　　对于第二点的基本要求是:现有的网络系统应能在其中运行,即要兼容有线网络的软件,使用户能透明地操作而无需考虑网络环境。

　　目前主流的无线上网分为两种:一种是通过手机开通数据功能,速度则根据使用不同的技术、终端支持速度和信号强度共同决定。这种上网方式是目前真正意义上的一种无线网络,它是一种借助移动电话网络接入 Internet 的无线上网方式,因此只要用户所在位置有手机信号就可以上网。目前我国的4G 网络非常流行。

　　另一种是无线上网方式即无线网络设备,它是以传统局域网为基础,以无线 AP 和无线网卡来构建的无线上网方式。

### 6.6.1　无线局域网 WLAN

　　WLAN 是 Wireless Local Area Network 的简称,指应用无线通信技术将计算机设备互联起来,构成可以互相通信和实现资源共享的网络体系。无线局域网本质的特点是不再使用通信电缆将计算机与网络连接起来,而是通过无线的方式连接,从而使网络的构建和终端的移动更加灵活。

　　在无线局域网 WLAN 发明之前,人们要想通过网络进行联络和通信,必须先用物理线缆——铜绞线组建一个电子运行的通路,为了提高效率和速度,后来又发明了光纤。当网络发展到一定规模后,人们又发现,这种有线网络无论组建、拆装还是在原有基础上进行重新布局和改建,都非常困难,且成本和代价也非常高,于是 WLAN 的组网方式应运而生。

　　WLAN 起步于1997 年。当年的6 月,第一个无线局域网标准 IEEE802.11 正式颁布实施,为无线局域网技术提供了统一标准,但当时的传输速率只有1 ~ 2 Mbit/s。随后,IEEE 委员会又开始制定新的 WLAN 标准,分别取名为 IEEE802.11a 和 IEEE802.11b。IEEE802.11b 标准首先于1999 年9 月正式颁布,其速率为 11 Mbit/s。经过改进的IEEE802.11a 标准,在2001 年年底才正式颁布,它的传输速率可达到 54 Mbit/s,几乎是IEEE802.11b 标准的5 倍。尽管如此,WLAN 的应用并未真正开始,因为整个 WLAN 应用环境并不成熟。

WLAN 的真正发展是从 2003 年 3 月 Intel 第一次推出带有 WLAN 无线网卡芯片模块的迅驰处理器开始的。尽管当时的无线网络环境还非常不成熟,最为发达的美国也不例外。但是由于 Intel 的捆绑销售,加上迅驰芯片的高性能、低功耗等非常明显的优点,使得许多无线网络服务商看到了商机,同时 11 Mbit/s 的接入速率在一般的小型局域网也可进行一些日常应用,于是各国的无线网络服务商开始在公共场所(如机场、宾馆、咖啡厅等)提供访问热点,实际上就是布置一些无线访问点(Access Point,AP),方便移动商务人士无线上网。

经过了两年多的发展,基于 IEEE802.11b 标准的无线网络产品和应用已相当成熟,但毕竟 11 Mbit/s 的接入速率还远远不能满足实际网络的应用需求。

在 2003 年 6 月,经过两年多的开发和多次改进,一种兼容原来的 IEEE802.11b 标准,同时也可提供 54 Mbit/s 接入速率的新标准——IEEE802.11g 在 IEEE 委员会的努力下正式发布了。

目前使用最多的是 802.11n(第四代)和 802.11ac(第五代)标准,它们既可以工作在 2.4 GHz 频段也可以工作在 5 GHz 频段上,传输速率可达 600 Mbit/s(理论值)。但严格来说只有支持 802.11ac 的才是真正 5 G,现来在说支持 2.4 G 和 5 G 双频的路由器其实很多都是只支持第四代无线标准,也就是 802.11n 的双频,而真正支持 ac5 G 的路由最便宜的都要四五百元甚至上千元。

与有线网络相比,WLAN 具有以下优点:

①安装便捷。无线局域网的安装工作简单,它无需施工许可证,不需要布线或开挖沟槽。它的安装时间只是安装有线网络所需时间的很少一部分。

②覆盖范围广。在有线网络中,网络设备的安放位置受网络信息点位置的限制。而无线局域网的通信范围不受环境条件的限制,网络的传输范围大大拓宽,最大传输范围可达到几千米。

③经济节约。由于有线网络缺少灵活性,这就要求网络规划者尽可能地考虑未来发展的需要,所以往往导致预设大量利用率较低的信息点。而一旦网络的发展超出了设计规划,又要花费较多费用进行网络改造。WLAN 不受布线接点位置的限制,具有传统局域网无法比拟的灵活性,可以避免或减少以上情况的发生。

④易于扩展。WLAN 有多种配置方式,能够根据需要灵活选择。这样,WLAN 就能胜任从只有几个用户的小型网络到上千用户的大型网络,并且能够提供"漫游"等有线网络无法提供的特性。

## 6.6.2　Wi-Fi

很多人会把 Wi-Fi 等同于 WLAN,其实两者是不一样的,事实上 Wi-Fi 就是 WLANA(无线局域网联盟)的一个商标。因为 Wi-Fi 主要采用 802.11b 协议,因此人们逐渐习惯用 Wi-Fi 来称呼 802.11b 协议。从包含关系上来说,Wi-Fi 是 WLAN 的一个标准,Wi-Fi 包含于 WLAN 中,属于采用 WLAN 协议中的一项新技术。Wi-Fi 的覆盖范围可达 90 m 左右,WLAN 的覆盖范围最大(加天线)可以达到 5 km。

对于多数人来说,用户只要知道 Wi-Fi 和 WLAN 都是实现无线上网的技术即可,并且

WLAN 无线上网其实包含 Wi-Fi 无线上网,WLAN 无线上网覆盖范围更宽,而 Wi-Fi 无线上网比较适合如智能手机、平板电脑等智能小型数码产品。

### 6.6.3　2 G、2.5 G、3 G 和 4 G 的关系

2 G:按照一般的理解,目前仍有部分移动用户使用的是 GSM 网络,可以认为其是 2 G 网络;

2.5 G:GPRS 是一种基于 GSM 系统的无线分组交换技术,提供端到端的、广域的无线 IP 连接,俗称 2.5 G;其中还出现过一种称为 EDGE 的网络,它主要介于 GPRS 和 3 G 之间,基于 GSM 网络,提供比 GPRS 更快速的网络速度。

3 G:是第三代移动通信技术的简称,也就是移动的 TD-SCDMA、电信的 CDMA2000 或者联通的 WCDMA,3 G 网络带宽更宽,从而承载的服务更多,打个比方:2 G 就好比是以前的拨号上网,3 G 好比是现在的 ADSL 宽带;除了 3 G 之外,欧美还流行过 HSDPA 网络,如果要用 G 来衡量,那么它就称为 3.5 G。

4 G:是第四代移动通信技术的简称,主要采用的技术有 TD-LTE 和 FDD-LTE,它的网速更快。

各种数据通信模式的技术和速度如表 6-2 所示。

表 6-2　各种数据通信模式使用的技术和速度

| 数字通信模式 | 使用技术 | 网　速 |
| --- | --- | --- |
| 2 G | GSM | 56 ~ 114 Kbit/s |
| 2.5 G | GPRS、CDMA | 最高速率可达 384 kbit/s,一般大约 200 kbit/s |
| 3 G | WCDMA,CDMA2000、TD-SCDMA | 2.8 ~ 3.6 Mit/s,WCDMA 理论最大值可达 14.4 Mbit/s,少部分地区可实现 7.2 Mbit/s 速率 |
| 4 G | TD-LTE、FDD-LTE | 下载速度可达 100 Mbit/s,上传的速度也能达到 20 Mbit/s |

## 6.7　网络安全

随着大数据时代的到来,网络购物、网络支付等技术的普及,网络安全问题变得越来越重要,在实际使用中有大量的数据存储和传输需要得到保护。

### 6.7.1　防火墙技术

互联网的发展给政府、企业、个人都带来了革命性的改革和开放。通过互联网,企业可以从异地取回重要数据,同时又要面对互联网开放带来的数据安全的新挑战和新危险:即客户、销售商、移动用户、异地员工和内部员工的安全访问;以及保护企业的机密信息不受黑客和工业间谍的入侵。因此企业必须加筑安全的“堡垒”,而这个“堡垒”就是防火墙。

1)防火墙的概念

防火墙技术是建立在现代通信网络技术和信息安全技术基础上的应用性安全技术,它

是设置在内网和外网之间的一道屏障,防止外部的非法入侵。它本身的抗攻击能力强,是提供信息安全和网络安全的基础设施。

2)防火墙的作用

(1)防火墙是网络安全的屏障

一个防火墙(作为阻塞点、控制点)能极大地提高一个内部网络的安全性,并通过过滤不安全的服务而降低风险。由于只有经过精心选择的应用协议才能通过防火墙,所以网络环境变得更安全。如防火墙可以禁止不安全的 NFS 协议来保护网络,这样外部的攻击者就不可能利用这些脆弱的协议来攻击内部网络。防火墙同时可以保护网络免受基于路由的攻击,如 IP 选项中的源路由攻击和 ICMP 重定向中的重定向路径。防火墙应该可以拒绝所有以上类型攻击的报文并通知防火墙管理员。

(2)防火墙可以强化网络安全策略

通过以防火墙为中心的安全方案配置,能将所有安全软件(如口令、加密、身份认证、审计等)配置在防火墙上。与将网络安全问题分散到各个主机上相比,防火墙的集中安全管理更经济。例如在网络访问时,一次一密码口令系统和其他的身份认证系统完全可以不必分散在各个主机上,而集中在防火墙身上。

(3)对网络存取和访问进行监控审计

如果所有的访问都经过防火墙,那么,防火墙就能记录下这些访问,同时也能提供网络使用情况的统计数据。当发生可疑动作时,防火墙能进行适当的报警,并提供网络是否受到监测和攻击的详细信息。另外,收集一个网络的使用和误用情况也是非常重要的。

(4)防止内部信息的外泄

通过利用防火墙对内部网络的划分,可实现内部网重点网段的隔离,从而限制了局部重点或敏感网络安全问题对全局网络造成的影响。再者,隐私是内部网络非常关心的问题,一个内部网络中不引人注意的细节可能包含了有关安全的线索而引起外部攻击者的兴趣,甚至因此而暴露了内部网络的某些安全漏洞。使用防火墙就可以隐蔽内部细节,如 Finger、DNS 等服务。

除了安全作用,防火墙还支持具有 Internet 服务特性的企业内部网络技术体系 VPN。通过 VPN,将企事业单位在地域上分布在全世界各地的 LAN 或专用子网,有机地联成一个整体。不仅省去了专用通信线路,而且为信息共享提供了技术保障。

3)防火墙的种类

防火墙技术可根据防范的方式和侧重点的不同而分为很多种类型,但总体来讲可分为两大类:分组过滤、应用代理。

分组过滤(Packet filtering):作用在网络层和传输层,它根据分组包头源地址,目的地址和端口号、协议类型等标志确定是否允许数据包通过。只有满足过滤逻辑的数据包才被转发到相应的目的地出口端,其余数据包则被从数据流中丢弃。

应用代理(Application Proxy):也称为应用网关(Application Gateway),它作用在应用层,其特点是完全"阻隔"了网络通信流,通过对每种应用服务编制专门的代理程序,实现监视和控制应用层通信流的作用。实际中的应用网关通常由专用工作站实现。

4）防火墙和操作系统

防火墙应该建立在安全的操作系统之上，而安全的操作系统来自对专用操作系统的安全加固和改造，从现有的诸多产品看，对安全操作系统内核的固化与改造主要从以下几方面进行：取消危险的系统调用；限制命令的执行权限；取消 IP 的转发功能；检查每个分组的接口；采用随机连接序号；驻留分组过滤模块；取消动态路由功能；采用多个安全内核等。

5）NAT 技术

NAT（Net Address Translation，网络地址转换）技术能透明地对所有内部地址作转换，使外部网络无法了解内部网络的结构，同时使用 NAT 的网络，与外部网络的连接只能由内部网络发起，极大地提高了内部网络的安全性。

NAT 的另一个显而易见的用途是解决 IP 地址匮乏问题。

6）防火墙的局限性

仍然有防火墙不能防范的安全威胁，如防火墙不能防范不经过防火墙的攻击。例如，如果允许从受保护的网络内部向外拨号，一些用户就可能形成与 Internet 的直接连接。另外，防火墙很难防范来自网络内部的攻击以及病毒的威胁。

## 6.7.2 计算机病毒

1）计算机病毒的概念

"计算机病毒"为什么叫作病毒。首先，与医学上的"病毒"不同，它不是天然存在的，是某些人利用计算机软、硬件所固有的脆弱性，编制的具有特殊功能的程序。它能通过某种途径潜伏在计算机存储介质（或程序）中，当达到某种条件时被激活，它用修改其他程序的方法将自己精确复制或者通过演化的形式放入其他程序中，从而感染它们，对计算机资源进行破坏。1994 年 2 月 18 日，我国正式颁布实施了《中华人民共和国计算机信息系统安全保护条例》，在《条例》第二十八条中明确指出："计算机病毒，是指编制或者在计算机程序中插入的破坏计算机功能或者毁坏数据，影响计算机使用，并能自我复制的一组计算机指令或者程序代码。"

2）计算机病毒的发展

我国计算机反病毒发展总共分为两个重要阶段：

第一个阶段：主要是查杀感染文件型和引导区病毒。

第二个阶段：主要是针对蠕虫和木马。

发展到今天，计算机病毒更加复杂，多数新病毒是集后门、木马、蠕虫等特征于一体的混合型病毒，而病毒技术也从以前以感染文件和复制自身，给计算机用户带来麻烦和恶作剧为目的，变成了以隐藏和对抗杀毒软件并最终实施盗号窃秘为目的。目前病毒逃避杀毒软件追杀的能力在不断提升，可以实现内核级驱动、映像劫持、ROOTKIT、注册表关联、插入进程/线程、加壳加密等。

3）计算机病毒的产生

计算机病毒的产生是计算机技术和以计算机为核心的社会信息化进程发展到一定阶

段的必然产物。其产生的过程可分为:程序设计——传播——潜伏——触发、运行——实行攻击。究其产生的原因不外乎以下几种:

①一些计算机爱好者出于好奇或兴趣,也有的是为了满足个人的表现欲,特意编制出一些特殊的计算机程序,让别人的电脑出现一些动画,或播放声音,或提出问题让使用者回答,以显示自己的能力。而此种程序流传出去就演变成计算机病毒,但此类病毒破坏性一般不大,当然也有特别厉害的,如熊猫烧香病毒。

②产生于对个别人的报复心理。

③来源于软件加密,一些商业软件公司为了不让自己的软件被非法复制和使用,运用加密技术,编写一些特殊程序附在正版软件上,如遇到非法使用,则此类程序自动激活,于是就会产生一些新病毒,如巴基斯坦病毒。

④盗取个人或企业信息。在信息化社会的今天,所有的信息都变得越来越有价值,如通信方式、游戏账号、家庭住址等,以前看似平常的一些信息都成为了不法分子盗取的对象,他们获取后再转卖给需要的人员,而往往这样的病毒是最不容易察觉的,含有这些盗号盗取信息的病毒的计算机看起来和正常的计算机一样。

⑤产生于游戏,编程人员在无聊时互相编制一些程序输入计算机,让程序去销毁对方的程序,如最早的"磁芯大战"。

⑥由于政治、经济和军事等特殊目的,一些组织或个人也会编制一些程序用于进攻对方的计算机,给对方造成灾难或直接性的经济损失。

4)病毒的传播途径

(1)移动设备(移动硬盘、U 盘)

因为 U 盘和移动硬盘存储数据多,在其互相借用时,将病毒传播到其他的计算机上。(主要传播方式)

(2)网络

在计算机日益普及的今天,人们通过计算机网络互相传递文件,加快了病毒的传播;因为资源共享,人们经常在网上下载免费、共享软件,病毒也难免会夹在其中。这也是最主要的传播方式。

(3)光盘

光盘的存储容量大,所以大多数软件都刻录在光盘上,以便互相传递;由于购买正版软件的人少,往往个人都是使用一些盗版软件或者盗版系统,所以一些非法商人就将病毒放在光盘上,由于光盘的只读性,上面即使有病毒也无法清除掉,导致光盘也是一种计算机病毒的传播途径。

(4)通信软件(E-mail 和聊天软件)

现在人们之间相互通信多使用聊天软件或者邮件的方式,这就给病毒的制造者带来了新的传播方式。他们把病毒放入某些网站,然后将生成的连接伪装后用邮件或者聊天软件转发给对方,一旦对方点击就会自动下载病毒并感染。

5）病毒的特征

（1）传染性

计算机病毒的传染性是指病毒具有把自身复制到其他程序中的特性。计算机病毒是一段人为编制的计算机程序代码，这段程序代码一旦进入计算机并得以执行，它会搜寻其他符合其传染条件的程序或存储介质，确定目标后再将自身代码插入其中，达到自我繁殖的目的。只要一台计算机染毒，如不及时处理，那么病毒会在这台计算机上迅速扩散，其中的大量文件（一般是可执行文件）会被感染。而被感染的文件又成了新的传染源，再与其他机器进行数据交换或通过网络接触，病毒会继续进行传染。

（2）非授权性

一般正常的程序是由用户调用，再由系统分配资源，完成用户交给的任务。其目的对用户是可见的、透明的。而病毒具有正常程序的一切特性，它隐藏在正常程序中，当用户调用正常程序时窃取到系统的控制权，先于正常程序执行，病毒的动作、目的对用户是未知的，是未经用户允许的。

（3）隐蔽性

病毒一般是具有很高编程技巧、短小精悍的程序，通常附在正常程序中或磁盘较隐蔽的地方，也有个别的以隐含文件形式出现。目的是不让用户发现它的存在。如果不经过代码分析，病毒程序与正常程序是不容易区别开来的。一般在没有防护措施的情况下，计算机病毒程序取得系统控制权后，可以在很短的时间里传染大量程序。而且受到传染后，计算机系统通常仍能正常运行，使用户不会感到任何异常。

（4）潜伏性

大部分的病毒感染系统之后一般不会马上发作，它可长期隐藏在系统中，只有在满足其特定条件时才启动其表现（破坏）模块。只有这样它才可进行广泛地传播。如"PETER-2"病毒在每年2月27日会提三个问题，答错后会将硬盘加密。著名的"黑色星期五"病毒在遇到13号的星期五发作。国内的"上海一号"病毒会在每年3、6、9月的13日发作。当然，最令人难忘的便是26日发作的CIH病毒。这些病毒在平时会隐藏得很好，只有在发作日才会露出本来面目。

（5）破坏性

任何病毒只要侵入系统，都会对系统及应用程序产生不同程度的影响。轻者会降低计算机工作效率，占用系统资源，重者可导致系统崩溃。由此特性可将病毒分为良性病毒与恶性病毒。良性病毒可能只显示画面或播放音乐，或者根本没有任何破坏动作，但会占用系统资源。这类病毒较多，如GENP、小球、W-BOOT等。恶性病毒则有明确的目的，或破坏数据、删除文件或加密磁盘、格式化磁盘，有的对数据造成不可挽回的破坏。

（6）不可预见性

从对病毒的检测方面来看，病毒还有不可预见性。不同种类的病毒，它们的代码千差万别，但有些操作是共有的（如驻内存，改中断）。有些人利用病毒的这种共性，制作了声称可查所有病毒的程序。这种程序的确可查出一些新病毒，但由于目前的软件种类极其丰富，且某些正常程序也使用了类似病毒的操作甚至借鉴了某些病毒的技术。使用这种方法对病毒进行检测势必会造成较多的误报情况。而且病毒的制作技术也在不断地提高,病毒对于反病毒软件永远是超前的。

### 6.7.3 黑客技术

黑客一词,源于英文 Hacker,特指对精通计算机技术的狂热爱好者,尤其是程序员。他们往往对操作系统和计算机网络等都非常精通,他们善于发现系统中的各种漏洞,乐于帮助他人并共享自己的研究成果,崇尚自由,追求共享所有信息,最重要是他们有"黑客原则"。

但到了今天,黑客一词已被用于泛指那些专门利用计算机搞破坏或恶作剧的家伙。对这些人的正确英文叫法是 Cracker,有人翻译成"骇客"。一字之差,却是两个完全不同的概念。

很显然 Hacker 是以保护网络为目的,而 Cracker 是利用网络漏洞,攻击和破坏计算机网络,所以在法律上,Hacker 的行为是合法的,而 Cracker 的行为是不合法的。

1)黑客攻击的一般步骤

通常黑客会对计算机网络系统进行各种各样的攻击,但是攻击的步骤有一定的共性,一般分为以下几个步骤:

(1)确定目标并收集信息

黑客通过 IP 地址或者域名可以很快地寻找到目标主机,一旦确定后就开始信息收集,往往信息收集并不对目标主机产生危害,只是为下一步入侵做好充分的准备。

黑客会利用公开的协议和工具,收集目标主机的硬件信息、操作系统信息、运行的应用程序、目标主机所在网络、用户的信息和各种漏洞。

(2)模拟攻击

在攻击前一般黑客会建立一个和攻击目标类似的环境,然后模拟攻击,从而制订一个详细周密的攻击计划。

(3)登录主机

黑客登录主机的方法一般有两种:

一种是获取管理员账号和密码。不过这样的方式会消耗大量的时间,同时会留下记录。

另一种是通过扫描到的漏洞来获取高一级别的权限,然后运行后门程序,从而控制目标主机,这种方式相对安全和隐蔽。

(4)获取资料

如果黑客获取了高级的权限,就可以对目标主机所有资源进行控制。

(5)清除记录,设置后门

黑客进入了目标主机并获得了控制权限,就会把入侵时的各种信息记录全部删除,以防止被管理员发现。同时黑客会对一些目标主机设置后门,以便以后进行远程控制。这些后门都是和系统同时运行的,即使重启主机后门程序也会同时自动运行,一般也很难察觉。

2)常见的攻击方法

(1)获取口令

主要分为三种:一是通过网络监听非法得到用户口令,这类方法有一定的局限性,但危害性极大,监听者往往能够获得其所在网段的所有用户账号和口令,对局域网安全威胁巨大。

二是在知道用户的账号后,就会利用一些专门软件强行破解用户口令,这种方法不受网段限制,但黑客要有足够的耐心和时间。

三是在获得一个服务器上的用户口令文件后,用暴力破解程序获得用户口令,该方法的使用前提是黑客先获得口令。

（2）防止特洛伊木马

特洛伊木马可以直接侵入用户的计算机并进行破坏,它常被伪装成工具程序或者其他视频等,诱使用户打开带有特洛伊木马程序的邮件附件或从网上直接下载,一旦用户打开了这些邮件的附件或者执行了这些程序之后,它们就会像古特洛伊人在敌人城外留下的藏满士兵的木马一样留在自己的计算机中,并在自己的计算机系统中隐藏一个可以在Windows启动时悄悄执行的程序。当用户连接到因特网上时,这个程序就会通知黑客,报告用户的 IP 地址以及预先设定的端口。黑客在收到这些信息后,再利用这个潜伏在其中的程序,就可以任意地修改用户计算机的参数设定、复制文件、窥视整个硬盘中的内容等,从而达到控制用户计算机的目的。

（3）Web 欺骗技术

Web 欺骗技术通俗点就是"钓鱼网站"。黑客将用户要浏览的网页的 URL 改写为指向黑客自己的服务器,当用户浏览目标网页的时候,实际上是向黑客服务器发出请求,那么黑客就可以达到欺骗的目的。

（4）DDoS 攻击

DDoS 即分布式拒绝服务（Distributed Denial of Service）攻击指借助于客户/服务器技术,这种技术伴随因特网一起出现。

DDoS 攻击简单点说就是将多个计算机联合起来作为攻击平台,利用合理的服务请求来占用过多的服务资源,从而使合法用户无法得到服务的响应,从而成倍地提高拒绝服务攻击的威力。由于这种攻击效果非常迅速,而且攻击时间长,通常可以达几个小时之久,所以这种攻击也经常发生。

（5）网络监听

网络监听是主机的一种工作模式,主机可以接受到本网段在同一条物理通道上传输的所有信息,而不管这些信息的发送方和接受方是谁。如果两台主机进行通信的信息没有加密,只要使用某些网络监听工具,如 NetXray、sniffit、solaries 等就可以轻而易举地截取包括口令和账号在内的信息资料。

3）如何提高网络安全

各种黑客攻击技术让人感觉防不胜防,其实只要用户做好相应的防范工作,就可以大大地降低被攻击的可能性。

（1）身份认证

通过密码、特征信息等技术,确认用户身份的真实性,只对确认了的用户给予相应的权限。

（2）隐藏 IP 地址

IP 地址在网络安全上是一个很重要的概念,如果攻击者不知道被攻击者的 IP 地址,那么他也就无从攻击,这样主机也就相对安全,所以隐藏 IP 地址是一个很有效的做法。通常隐藏 IP 的方法是使用代理服务器。代理服务器的原理是在客户机和远程主机之间架设一个中转站,当客户机向远程服务器提出服务请求后,代理服务器会截取信息,然后转发给远程服务器,这样即使黑客使用扫描也只是获得了代理服务器的地址,从而达到了隐藏 IP 地址的目的。另外,用户也可以在防火墙中设置"不允许使用 ping 命令"。这样无论是 ping 域名还是 IP 都无法确认服务器是否开启的,自然就减少了攻击机会。

(3)数据加密

数据加密的目的是保护系统数据,加密后的数据即使黑客通过截获而获得信息包,由于没有解密方法,从而使截获的信息没有意义。

(4)关闭不必要的服务

在默认情况下,系统会开启一些服务,但是有些服务是不需要的,用户对于这种服务应该关掉。这样不仅能够提高安全系数,还能提高服务器的运行速度。

(5)入侵检测

入侵检测是近些年出现的新型技术,主要是提供一种自动防御手段,如一旦检测到入侵,立刻记录并同时断网等。

(6)使用杀毒和防御软件

一定要安装杀毒和防御软件,把这些作为日常工作,定期升级病毒库和常驻内存。

(7)定期备份

攻击是不可避免的,所以一定要做好定期备份,把风险降到最小化。

总之,用户或者管理员一定要认真制订有效的保障方案,保证系统的安全,将实际的风险降到最低。

## 本章小结

本章介绍了计算机网络的基本概念和基础知识、Internet 基础知识及应用与服务、网络中的软硬件系统、浏览器的使用、无线网络及网络安全方面的知识,学生需要掌握网络基础知识,加强信息安全方面的教育,形成良好的信息素养。

## 习 题

一、单项选择题

1.计算机病毒主要破坏的对象是_____。

 A. 磁盘片  B. 磁盘驱动器  C. CPU  D. 程序和数据

2.下列域名中,表示教育机构的是_____。

 A. ftp. bta. net. cn    B. ftp. cnc. ac. cn

 C. www. ioa. ac. cn    D. www. buaa. edu. cn

3.下列各项中,非法的 IP 地址是_____。

 A. 126. 96. 2. 6    B. 190. 256. 38. 8

 C. 203. 113. 7. 15    D. 203. 226. 1. 68

4. 计算机病毒是一种_____。
　　A. 特殊的计算机部件　　　　　　　　B. 游戏软件
　　C. 人为编制的特殊程序　　　　　　　D. 能传染的生物病毒

5. _____是指连入网络的不同档次、不同型号的微机,它是网络中实际为用户操作的工作平台,它通过插在微机上的网卡和连接电缆与网络服务器相连。
　　A. 网络工作站　　　　　　　　　　　B. 网络服务器
　　C. 传输介质　　　　　　　　　　　　D. 网络操作系统

6. 计算机网络的目标是实现_____。
　　A. 数据处理　　　　　　　　　　　　B. 文献检索
　　C. 资源共享和信息传输　　　　　　　D. 信息传输

7. OSI(开放系统互联)参考模型的最低层是_____。
　　A. 传输层　　　　B. 网络层　　　　C. 物理层　　　　D. 应用层

8. 不属于 TCP/IP 参考模型中的层次是_____。
　　A. 应用层　　　　B. 传输层　　　　C. 会话层　　　　D. 网络层

9. 国家和地区代码为 CN 的国家是 _____。
　　A. 美国　　　　　B. 英国　　　　　C. 中国　　　　　D. 瑞典

10. 与 Web 站点和 Web 页面密切相关的一个概念称"统一资源定位器",它的英文缩写是_____。
　　A. UPS　　　　　B. USB　　　　　C. ULR　　　　　D. URL

11. 计算机网络按其覆盖的范围,可划分为_____。
　　A. 以太网和移动通信网　　　　　　　B. 电路交换网和分组交换网
　　C. 局域网、城域网和广域网　　　　　D. 星型结构、环型结构和总线结构

12. 统一资源定位器 URL 的格式是_____。
　　A. http 协议://IP 地址或域名/路径/文件名
　　B. 协议://路径/文件名
　　C. TCP/IP 协议
　　D. ftp 协议://IP 地址或域名/路径

13. 关于电子邮件,下列说法中错误的是_____。
　　A. 发送电子邮件需要 E-mail 软件支持
　　B. 发送电子邮件必须有自己的 E-mail 账号
　　C. 收件人必须有自己的邮政编码
　　D. 必须知道收件人的 E-mail 地址

14. 目前网络传输介质中传输速率最高的是_____。
　　A. 双绞线　　　　B. 同轴电缆　　　　C. 光缆　　　　D. 电话线

15. 网络中使用的传输介质中,抗干扰性能最好的是_____。
　　A. 双绞线　　　　B. 光缆　　　　　C. 细缆　　　　D. 粗缆

16. 接入 Internet 的每一台主机都有一个唯一的可识别地址,称为_____。
　　A. URL　　　　　B. TCP 地址　　　　C. IP 地址　　　　D. 域名

17. 下列 E-Mail 地址正确的是_____。

    A. @ yhm. jxbsu. com                   B. yhm@ jxbsu. com

    C. @ . jxbsu. com. yhm                 D. . jxbsu. com

18. 网络"黑客"是指_____。

    A. 用户的别名                       B. 非授权侵入别人站点的用户

    C. 一种网络病毒                     D. 一种网络协议

19. WWW 英文全称为_____。

    A. World Wide World               B. Work World Web

    C. World Web Wide                  D. World Wide Web

20. 超文本标记语言英文缩写为_____。

    A. HPTL           B. HTPL           C. HTML          D. HMPL

21. 计算机网络技术包含的两个主要技术是计算机技术和_____。

    A. 微电子技术       B. 通信技术       C. 数据处理技术       D. 自动化技术

22. 目前,Internet 为人们提供信息查询的最主要的服务方式是_____。

    A. TELNET 服务       B. FTP 服务       C. WWW 服务       D. WAIS 服务

23. 以下统一资源定位器各部分的名称(从左到右)_____解释是正确的。

    http://www. baidu. com/main/index. html

             1      2       3       4

    A. 1 主机域名 2 服务标志 3 目录名 4 文件名

    B. 1 服务标志 2 主机域名 3 目录名 4 文件名

    C. 1 服务标志 2 目录名 3 主机域名 4 文件名

    D. 1 目录名 2 主机域名 3 服务标志 4 文件名

24. 网卡(网络适配器)的主要功能不包括_____。

    A. 将计算机连接到通信介质上       B. 进行电信号匹配

    C. 实现数据传输                   D. 网络互连

25. Internet Explorer(IE)浏览器的"收藏夹"的主要作用是收藏_____。

    A. 图片            B. 邮件            C. 网址          D. 文档

26. 浏览网页过程中,当鼠标移动到已设置了超链接的区域时,鼠标指针形状一般变为_____。

    A. 小手形状       B. 双向箭头       C. 禁止图案       D. 下拉箭头

27. 下列关于搜索引擎的说法中,错误的是_____。

    A. 搜索引擎也是一种程序

    B. 搜索引擎也能查找网址

    C. 搜索引擎所找到的信息就是网上的实时信息

    D. 搜索引擎是某些网站提供的用于网上信息查询的搜索工具

二、简答题

    1. 什么是计算机网络?计算机网络具有哪些基本功能?

    2. 什么是计算机网络拓扑结构?它有几种类型?

3. 局域网有哪些特点？

4. ISO 制定的 OSI 参考模型有哪几层？各层的主要功能有哪些？

5. Internet 能提供哪些服务？

6. 域名系统的作用是什么？

7. 用户有哪些方式可以接入 Internet？

# 第7章

# 多媒体技术及应用基础

多媒体技术使计算机具有综合处理声音、文字、图像和视频的能力,它以形象丰富的声、文、图信息和方便的交互性,极大地改善了人机界面,改变了人们使用计算机的方式,从而为计算机进入人类生活和生产的各个领域打开了方便之门,给人们的工作、生活和娱乐带来深刻的变化。

## 7.1 多媒体的基础知识

### 7.1.1 多媒体的概念

1)媒体

媒体(Media)是日常工作和生活中经常用到的词汇,如电视、广播、报纸、杂志等都可以称为媒体。媒体一词来源于拉丁语"Medium",音译为媒介,意为两者之间。简而言之,媒体是指传播信息的媒介。通常所说的"媒体"(Media)包括两点:一是指存储和传播信息的载体,如书本、挂图、光盘、磁带以及相关的播放设备等;另一层含义是指信息的表现形式,如文字、声音、图像、动画等。多媒体计算机中所说的媒体指后者,即计算机不仅能处理文字、数值之类的信息,而且还能处理声音、图形、图像、视频等各种不同形式的信息。国际电信联盟 ITU 把媒体分成 5 类:

●感觉媒体(Perception Medium):指直接作用于人的感官,使人产生直接感觉的媒体。如引起听觉反应的声音,引起视觉反应的图像等。

●表示媒体(representation Medium):指感觉媒体在计算机内部的表示方法,即数据编码。如图像编码(JPEG、MPEG 等)、文本编码(ASCII 码、GB2312 等)和声音编码等。

●表现媒体(Presentation Medium):指信息输入和输出的媒体。如键盘、鼠标、扫描仪、话筒、摄像机等为输入媒体;显示器、打印机、喇叭等为输出媒体。

●存储媒体(Storage Medium):指用于存储表示媒体的物理介质。如硬盘、U 盘、光盘等。

●传输媒体(Transmission Medium):指传输表示媒体的物理介质。如同轴电缆、双绞线、光缆等。

2）多媒体和多媒体技术

多媒体（Multimedia）即"多种媒体的集合"。通常多媒体不仅仅包含多种媒体本身,而主要是指处理和应用它的一整套技术。因此多媒体实际上常被看作多媒体技术的同义词。

多媒体技术（Multimedia Technology）是把文字、图形、图像、声音、视频等多种媒体信息通过计算机进行数字化处理,集成为一个具有交互性系统的综合性技术。

3）多媒体计算机

多媒体计算机（MPC）是能够综合处理多种媒体信息（文本、图形、图像、声音和视频）,使多种信息建立逻辑连接,并集成为一个系统而具有交互性的计算机。与其他计算机一样,多媒体计算机同样包括硬件系统和软件系统,其中硬件系统主要包括计算机主要设备、外设以及连接它们的接口卡,如图7-1所示。

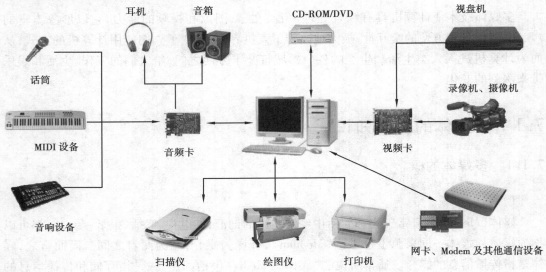

图 7-1　多媒体计算机硬件组成

软件系统包括多媒体驱动软件、多媒体操作系统、多媒体处理软件、媒体处理系统工具软件和多媒体应用软件。

## 7.1.2　多媒体技术的主要特征

多样性:是指信息媒体的多样性。20世纪90年代之前的计算机主要处理字符、数值,如今进入声、文、图的多媒体世界。

交互性:是指人机之间的交互。交互性使多媒体系统和内容更多地为用户服务,使人能够直接参与对信息的控制、使用。

集成性:是指各种媒体、设备、软件和数据组成系统,发挥更大的作用。

实时性:指当用户给出操作命令时,相应的多媒体信息能够得到实时控制。如播放网络视频时图像和声音保持同步和连续。

### 7.1.3 多媒体信息的类型

1）文本（Text）

文本是计算机中最基本的信息表达方式，主要用于记载和储存文字信息，如 ASCII 码、汉字及其他一些符号。常见的文档类型有：TXT、RTF、DOCX 等。

在多媒体作品如海报、电子期刊中，文本仍然扮演非常重要的角色。平常我们所接触的文字实际可以分为文本文字和图形文字，具体区别如表 7-1 所示。

**表 7-1　文本文字与图形文字的区别**

| 区　别 | 文本文字 | 图形文字 |
|---|---|---|
| 内部存储不同 | ASCII、机内码方式存储 | 像素、矢量方式存储 |
| 生成软件不同 | 多用字处理软件（如 Word 等） | 多用图形、图像处理软件（如 CorelDraw、Photoshop 等） |
| 存储格式不同 | TXT、RTF、DOCX 等 | BMP、JPG、TIFF 等 |
| 应用场合不同 | 文本说明，可以直接修改 | 艺术字，不易直接修改 |
| 显示效果不同 | 在不同软件中显示时可能出现乱码 | 转换成位图后不会出现乱码 |

如在 Word 中进行文字编辑时，普通的文本编辑主要针对文字，而插入的艺术字则是图形。

2）图形（Graphic）

图形一般是指计算机绘制的形状，如直线、圆、圆弧、曲线、图表等。图形文件存放的是描述生成图形的指令（图形的大小、形状及位置等），以矢量图形式存储。正是由于这种特性，所以对图形文件放大和缩小都不会失真。机械、建筑行业使用 AutoCAD 软件来绘制机械零件、房屋结构，艺术设计行业使用 Illustrator 进行 VI 设计等都属于图形制作。

3）图像（Image）

图像是由观测系统以不同的形式和手段观测客观世界而获得的影像数据。图像直接作用于人眼，进而产生视觉感知的实体。例如，照片、雷达图像、红外图像、CT 等都是典型的图像。

构成图像的基本单位是像素（Pixel），每个像素就是一个小方块，主要包含颜色信息。一副数字图像是由许多紧密排列的像素点组成的矩阵描述，也称为位图（Bitmap）。对图像进行放大或缩小时会出现锯齿，出现失真的情况，如图 7-2 所示是图形、图像放大之后的对比图。计算机中常用的图像文件格式有 BMP、PNG、JPEG、GIF、TIFF 等。

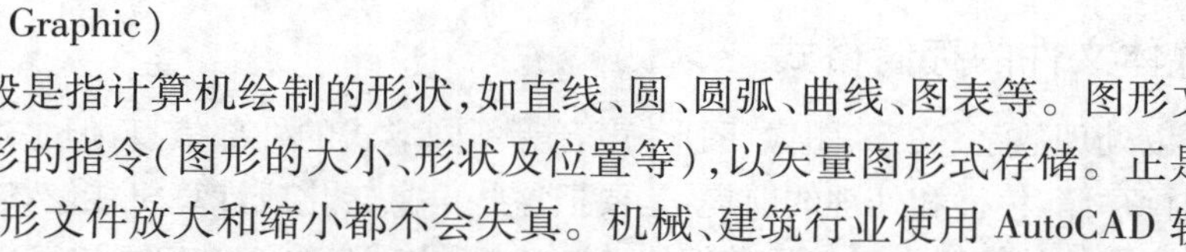

100% 矢量图→放大到 800% 的效果　　　　100% 位图→放大到 800% 的效果

**图 7-2　矢量图、位图放大效果对比图**

4）声音（Sound）

声音是由物体振动产生的机械波。在计算机领域,通常以数字音频为研究对象,可分为波形声音、语音和音乐。对声音的处理,主要是对声音进行录制、编辑、合成及不同声音文件的格式转换等。计算机中常用的声音文件有 WAV、MP3、MIDI 等。

5）动画（Animation）

动画是由连续播放的一幅幅静止的图形或图像组成。将一幅静态的图像称为一帧（Frame）。动画的机理来源于两个方面:一是人眼的"视觉残留",即当人眼所看到的影像消失后,人眼仍能继续保留其影像 0.1～0.4 s;二是心理上的"感官经验",也就是人们趋向将连续类似的图像在大脑中组织起来的心理作用。动画和视频图像不同的是,视频图像一般是指现实生活中所发生的事件的记录,而动画是指人工或计算机绘制出来的连续图形所组成的动态图像。常用的动画文件格式有 GIF、FLC 和 SWF 等。

6）视频（Video）

视频是一种动态影像,是若干幅相互关联的静止图像的连续播放。每秒出现的帧数称为帧速率或者帧频,单位为每秒帧数（fps）。当帧速率达到 24 fps 时,人眼就觉得画面是连续的。帧速率越高,每秒用来记录图像的帧数就越多,从而使得运动更加流畅,视频品质也就越高。计算机中的视频是数字化的,主要来自摄像机、录像机等视频设备,视频数据量大,必须进行压缩处理,才能进行网络传输,目前主要的视频文件格式有:AVI、MPEG、RM 等。

## 7.1.4  多媒体文件的存储格式

计算机可以处理数字、文字、图像、图形、声音等不同形式的外部信息,但是这些外部信息在计算机中进行存储、传播和处理的前提,是要把这些信息转化成计算机能够接收的数据,即用二进制编码表示的计算机内部信息的编码,这个过程也就是多媒体信息数字化的过程。

1）多媒体文件的存储格式

多媒体文件是对文字、音频、图像或视频等多种格式的外部信息进行压缩或解压缩形成的一种文件。多媒体文件主要包含文件头、数据和文件尾等部分。文件头记录了文件的名称、大小、采用的压缩算法、文件的存储格式等信息。文件头只占文件总数据量的一小部分,但是如果只有数据没有文件头,是无法解压和复原图像、视频、音频和动画文件的。以图像为例,其存储格式如图 7-3 所示。

| 文件头 | 多媒体数据 | 文件尾 |
| --- | --- | --- |
| 软件 ID<br>软件版本号<br>图像分辨率<br>图像尺寸<br>色彩深度<br>色彩类型<br>编码方式<br>压缩算法 | 图像数据　　色彩变换表 | 用户名称<br>注释<br>开发日期<br>工作时间 |

图 7-3　多媒体文件存储格式

2）流媒体文件

多媒体文件可分为静态多媒体文件和流式媒体文件（简称"流媒体"）。静态多媒体文件无法提供网络在线播放功能，只能先下载后观看，且占用网络带宽。

简单地说，流媒体就是指在网络中采用流式传输技术的媒体。它是将一连串的媒体数据压缩后，经过网络分段传送数据，在网络上实时传输影音以供观赏的技术与过程。流媒体使得数据分组得以像流水一样发送，避免播放的中断，实现了即时传送随时播放的良好用户体验。

流式传输方式具有以下优点：

①启动时延大幅度缩短。用户不用等待所有内容下载到硬盘上就可以开始浏览。

②对系统缓存容量的需求大大降低。由于 Internet 是以包传输为基础进行异步传输的，数据被分解为许多包进行传输，动态变化的网络使各个包可能选择不同的路由，故到达用户计算机的时间延迟也就不同。所以，在客户端需要缓存系统来弥补延迟和抖动的影响，并保证数据包传输顺序的正确，使媒体数据能连续输出，不会因网络暂时拥堵而停顿。虽然流式传输仍需要缓存，但由于不需要把所有的动画、视频或音频内容都下载到缓存中，因此，对缓存的要求相对降低。

③流式传输的实现有特定的实时传输协议，由于该传输方式采用 RTSP（Real Time Streaming Protocol，实时流传输协议）等协议，更加适合动画、视频或音频在网上的流式实时传输。

## 7.1.5 数据压缩

数据压缩在人们日常生活中有着广泛的应用。比如，把 Multimedia Personal Computer 简称为 MPC 等。人们在信息交流时，对信息量进行压缩且并不影响效果，利用这种方式提高了交流的效率。所谓数据压缩是采用一定的办法，对原始数据进行信息编码，使得原始数据所占空间减少，以便于存储和传输。

1）数据压缩的分类

数据压缩分为无损压缩和有损压缩。无损压缩是经过压缩的数据通过一系列的步骤可以精确恢复到压缩前的状态，而不引起任何失真，其压缩比一般在 2:1 到 5:1；不能完全恢复到压缩前的状态称为有损压缩，如采用 JPEG 图像压缩算法压缩比可以达到 40:1，视频在图像质量下降但不影响观看的情况下可以达到 300:1。

2）数据压缩的必要性

随着多媒体技术和计算机网络的发展，各行各业对数据压缩提出了更多的要求，尤其是数字化的多媒体数据具有极大的数据量，把这些数据集合会成为海量数据。下面是几个未经压缩的多媒体数据的例子：

［例 7-1］假定图像分辨率为 $800 \times 600$，采样深度为 24 位（真彩色图像，一个像素占 3 个字节），则这幅图像的数据量为：$800 \times 600 \times 24/8 \approx 1.44$ MB；若每秒播放 30 帧画面，则每秒的数据量为：$1.44 \times 30 = 43.2$ MB。对于这样的数据量，一张 650 MB 的光盘用来存放视频节目，仅能播放 15.1 s。

[ **例** 7-2]选取采样频率为 44.1 kHz,量化位数为 16 位,双声道立体声,录音时长为 1 min,对应的数字录音文件数据量为:44.1 k×16×2×60/8≈10.58 MB。

由上例可以看出,多媒体数据具有数据海量性。这无疑会给存储设备的容量、通信线路的带宽、计算机的处理速度带来巨大的压力。面对这一问题,采取扩大存储容量、增加通信线路带宽、提高计算机的处理速度不是解决问题的根本办法,因此采取数字压缩技术是非常重要的。

3)国际标准压缩算法

H.261 是被可视电话、电视会议中采用的视频、图像压缩编码标准,由 CCITT 制定,1990 年 12 月正式批准。

JPEG 是由 ISO 与 CCITT 成立的"联合图片专家组"(Joint Photograhpic Experts Grooup,JPEG)制定的用于灰度图、彩色图的连续变化静止图像编码标准,于 1992 年正式通过。

MPEG 是以 H.261 为基础发展而来的,它是由 IEC 和 ISO 成立的"运动图像专家组"(Moving Picture Experts Group,MPEG)制定,于 1992 年通过了 MPEG-1。

# 7.2 音频处理技术

声音是由于物体振动而产生的,能在各种介质(如空气、金属、水)当中传播,并能被人或动物的听觉器官所感知的波动现象。声音作为一种波,频率在 20 Hz～20 kHz 的声音是可以被人耳识别的。

声音是多媒体系统中一个基本的元素,是携带信息的重要媒体。在多媒体系统中,声音是指人耳能识别的音频信息,它的主要表现形式为语音、自然声、音乐以及各种人工合成的声音等。

## 7.2.1 声音的基本特性

1)声音及三个重要指标

声音是通过空气传播的一种周期性的连续波,称为声波。声音转换为电信号时,声音的电信号在时间和幅度上都是连续的模拟信号,如图 7-4 所示。

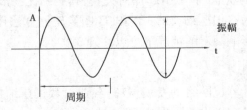

**图 7-4　声音模拟信号**

声波的振幅就是通常所说的音量。它是用来定量研究空气收到压力的大小。振动越强,振幅越大,声音也越大。其大小用分贝(dB)来表示,人可接受的声音振幅在 0～120 dB。

声波频率是指信号每秒变化的次数,用赫兹(Hz)表示,这种变化可快可慢。根据人们

对声波的感知能力,将声波分成以下几个层次:

①亚音信号(Subsonic):频率小于 20 Hz 的声音信号。

②语音信号(Speech):频率范围为 300 Hz ~ 3 kHz 的声音信号。

③音频信号(Audio):频率范围为 20 Hz ~ 20 kHz 的声音信号。

④超声波(Ultrasonic):频率范围大于 20 kHz 的信号。

声音的周期是两个相邻声波之间的时间长度,即重复出现的时间间隔,以秒(s)为单位。

2)声音的三要素

声音分为乐音和噪声。乐音的振动比较有规律,是让人愉悦的声音;而噪声的振动则毫无规则,是干扰人们正常工作、学习和休息的声音。人耳对于声音的感觉主要有三个方面,即声音的音调、音强和音色,通常称为声音的三要素。声音的三要素同声音的大小、高低和品质密切相关。

(1)音调

音调表示人的听觉分辨一个声音的调子高低的程度,又称音的高度。音调主要由声音的频率决定,同时也与声音强度有关。物体振动得快,发出声音的音调就高。振动得慢,发出声音的音调就低。一般说来,儿童说话的音调比成人的高,女子声音的音调比男子高。在小提琴的四根弦中,最细的弦,音调最高;最粗的弦,音调最低。在键盘乐器中,靠左边的音调低,靠右边的音调高。

(2)音强

音强就是声音的强度,也被称为声音的响度或大小,它取决于声波振幅的大小,振幅越大,强度越大。常说的音量就是指音强。比如闹市区音强约为 70 dB,一般的住宅内音强约为 40 dB 等。

(3)音色

音色即声音的品质,是人耳对声音的综合感受,与多种因素有关。如某某人的嗓子音色很美,或音色沙哑,小提琴的纤柔灵巧,大提琴的深沉醇厚,从根本上说就是音色不同。

3)声音的数字化

自然声音是连续变化的模拟量。如对着话筒讲话时,话筒根据周围空气压力的不同变化,输出连续变化的电压值。这种变化的电压值是对讲话声音的模拟,称为"模拟音频"。模拟音频电压值输入录音机时,电信号转换成磁信号记录在录音磁带上,因而记录了声音。但这种记录的声音不利于计算机存储和处理,要使计算机能存储和处理声音信号,就必须将模拟音频数字化。音频信号的数字化过程如图 7-5 所示。

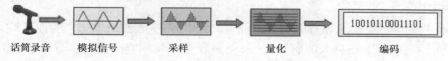

话筒录音　　模拟信号　　采样　　量化　　编码

图 7-5　音频信号的数字化过程

(1)采样

采样就是每隔一段时间从连续变化的模拟音频信号中取一个幅度值(也称为采样

值),从而把时间上的连续信号变成时间上的离散信号。采样的时间间隔称为采样周期;每秒内采样的次数称为采样频率;采样后所得的一系列在时间上离散的样本值称为样值序列。

（2）量化

采样是把模拟音频信号转变为时间上离散的样值序列,但每个样值的幅度仍然是一个连续的模拟量。因此还必须对其进行离散化处理,将其转换为有限个离散值,才能最终用数码来表示其幅度值。这种对采样值进行离散化的过程称为量化。

（3）编码

采样、量化后的信号还不是数字信号,需要把它转换成数字编码脉冲,这一过程称为编码。最简单的编码方式是二进制编码,就是用 n 位二进制码来表示已经量化了的采样值,每个二进制数对应一个量化值,然后把它们排列,得到一串由二值脉冲组成的数字信息流。

4）声音信号的输入与输出

数字音频信号可以通过存储设备（如存储卡、光盘等）、MIDI 接口等设备输入计算机。模拟音频信号一般先通过采集设备（如话筒）进行采集,再通过音频输入接口输入到计算机,最后由声卡转换为数字音频信号,这个过程称为"模数转换"。当需要将数字音频文件播放出来时,可以使用音频播放器来解压文件,然后通过声卡将离散的数字信号转换成连续的模拟声音信号（如电压）,再由音响设备播放出来,这一过程称为"数模转换"。

## 7.2.2　音频文件格式

音频文件存在多种格式,但音频文件只有两大类,即波形文件（如 WAV、MP3 等）和音乐文件（如 MIDI 音乐）。由于这两类文件对声音的记录方式存在本质区别,两者的文件大小和播放效果也存在很大差异。波形文件通过采集设备录入原始声音,直接记录声音的二进制采样数据,所以文件较大;MIDI 音乐文件存储的并不是声音的二进制采样数据,而是让播放设备产生某个声音的指令,其实质是一串指令的集合,所以文件较小。

常用音频文件格式有以下几种:

1）WAV 格式

WAV 格式是微软公司开发的一种声音文件格式,也叫波形声音文件,是最早的数字音频格式,被 Windows 平台及其应用程序广泛支持。WAV 格式支持许多压缩算法,支持多种音频位数、采样频率和声道,采用 44.1 kHz 的采样频率,16 位量化位数,因此 WAV 的音质与 CD 相差无几,但 WAV 格式对存储空间需求太大不便于交流和传播。

2）MP3 格式

MPEG-1 Audio Layer 3,简称 MP3,是一种符合 MPEG-1 音频压缩第 3 层标准的文件,压缩比高,支持有损压缩,根据人的听觉特性,剥离音频中频率较高的部分,从而大幅度地降低数据量,但对于大多数用户来说,重放的音质并不会比最初的未压缩音频有所下降。

3）WMA 格式

WMA（Windows Media Audio）是微软在互联网音频、视频领域的力作。WMA 格式是以减少数据流量但保持音质的方法来达到更高的压缩率目的,其压缩率一般可以达到 1∶18。此外,WMA 还可以通过 DRM(Digital Rights Management)方案加入防止拷贝,或者加入限制播放时间和播放次数,甚至是对播放机器的限制,可有力地防止盗版。

4)MIDI

MIDI(Musical Instrument Digital Interface,音乐设备数字接口)是用于在音乐合成器、乐器和计算机之间交换音乐信息的一种标准协议。它指示乐器做什么和怎么做,比如演奏什么音符、多大强度、生成某种音响效果等。

MIDI 文件不是声音或音乐的记录文件,而是让设备产生声音或执行某个动作的指令的集合,所以 MIDI 文件虽然数据量小,却可以播放较长的时间。而电子乐器能够发出的那些声音数据,是本来就存储在电子乐器的存储器上的,电子乐器收到 MIDI 指令时,会在自己的存储器上检索到对应的声音文件并播放它。

## 7.2.3　声音处理软件

1)Adobe Audition

Adobe Audition 是一个专业音频编辑软件,其前身是 Cool Edit Pro,被 Adobe 公司收购后改名为 Adobe Audition。它提供了音频混合、编辑、控制和效果处理的功能,最多支持 128 条音轨、多种音频特效和多种音频格式,可以很方便地对音频文件进行修改和合并,使用它可以轻松创建音乐、制作广播短片,为电影或游戏制作音频等。

Adobe Audition 工作界面如图 7-6 所示。Audition 有 3 种视图显示方式:波形编辑器、多轨编辑器和 CD 编辑器。波形编辑器是编辑单轨波形文件的界面,即利用该视图可以处理单个的音频文件,如波形的放大缩小、音量的设置、降噪、延迟等操作;多轨编辑器可以对多个音频文件进行混音,以创作复杂的音乐作品,如录音合成、淡入淡出效果设置、各音轨音量的调整、音频剪辑等方面;CD 编辑器可以集合音频文件,并将其转化为 CD 音轨,该视图下的主要功能为刻录 CD。

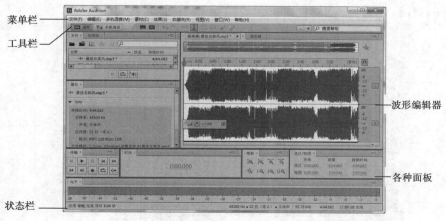

图 7-6　Adobe Audition 工作界面

2）Gold Wave

Gold Wave 是一个功能强大的数字音乐编辑器，它可以对音频内容进行播放、录制、编辑以及转换格式等处理，体积小巧，入门简单，允许使用多种声音效果。

3）Sonar

Sonar 支持 Wave、MP3、ACID 音频、WMA、AIFF 和其他流行的音频格式，并提供所需的所有处理工具，让用户快速、高效地完成专业质量的工作。Sonar 是专为音乐家、作曲家、编曲者、音频和制作工程师、多媒体和游戏开发者以及录音工程师而设计。Sonar 的前身是著名的音乐制作软件 Cakewalk，该软件至今仍有很多音乐人在使用。Sonar 在 Cakewalk 的基础上，增加了针对软件合成器的全面支持，并且增强了音频功能，使之成为新一代全能型超级音乐工作站。

## 7.3　Photoshop 图像处理

### 7.3.1　Photoshop 简介

Photoshop 是 Adobe 公司开发的一款功能强大的图像处理软件，主要用于处理像素图。目前最新的版本为 Photoshop CC，它支持多个平台，能在 Windows、安卓、苹果操作系统下运行，广泛运用于平面设计、网页设计、广告摄影、出版印刷等领域。随着多媒体技术在各个领域的广泛应用，Photoshop 的用户由专业设计人员扩展到普通的办公人员、工程技术人员、大学生等。本文将以 Photoshop CS4 版本来进行介绍。

### 7.3.2　Photoshop 的工作界面

Photoshop CS4 界面如图 7-7 所示。标题栏位于窗口顶端，左边是 Photoshop 图标及快速访问按钮，右边分别是最小化、最大化/还原和关闭按钮。菜单栏包括文件、编辑、图像、图层、选择、滤镜、分析、3D、视图、窗口和帮助等 11 个菜单。工具选项栏在选中某个工具

图 7-7　Photoshop CS4 工作界面

后,就会改变成相应工具的属性设置选项。左边是工具箱,提供了选择工具组、绘画与修饰工具组、矢量工具组以及其他一些工具组。中间是工作区,是主要进行显示和编辑图像。下方是状态栏,显示图像的缩放比例、当前图像的基本信息及打印预览等。右边是各种控制面板,默认情况下列出常用的控制面板,如颜色、图层、通道、历史记录等。不同的用户可以根据需要定制属于自己的工作环境,并进行保存。

### 7.3.3 工具箱及工具的使用

Photoshop CS4 提供了包含 60 多种工具的工具箱,如图 7-8 所示,通过鼠标单击就可以使用这些工具,有些工具的右下角有一个小三角形符号,表示这个工具上存在一个工具组,按住鼠标不放就可以将该工具组展开。

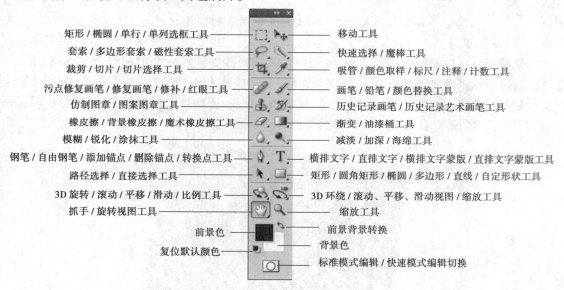

矩形 / 椭圆 / 单行 / 单列选框工具 —— 移动工具
套索 / 多边形套索 / 磁性套索工具 —— 快速选择 / 魔棒工具
裁剪 / 切片 / 切片选择工具 —— 吸管 / 颜色取样 / 标尺 / 注释 / 计数工具
污点修复画笔 / 修复画笔 / 修补 / 红眼工具 —— 画笔 / 铅笔 / 颜色替换工具
仿制图章 / 图案图章工具 —— 历史记录画笔 / 历史记录艺术画笔工具
橡皮擦 / 背景橡皮擦 / 魔术橡皮擦工具 —— 渐变 / 油漆桶工具
模糊 / 锐化 / 涂抹工具 —— 减淡 / 加深 / 海绵工具
钢笔 / 自由钢笔 / 添加锚点 / 删除锚点 / 转换点工具 —— 横排文字 / 直排文字 / 横排文字蒙版 / 直排文字蒙版工具
路径选择 / 直接选择工具 —— 矩形 / 圆角矩形 / 椭圆 / 多边形 / 直线 / 自定形状工具
3D 旋转 / 滚动 / 平移 / 滑动 / 比例工具 —— 3D 环绕 / 滚动、平移、滑动视图 / 缩放工具
抓手 / 旋转视图工具 —— 缩放工具
前景色 —— 前景背景转换
复位默认颜色 —— 背景色
标准模式编辑 / 快速模式编辑切换

**图 7-8　Photoshop CS4 工具箱**

1)选择工具组

(1)选框工具

选框工具共有 4 个:矩形选框工具、椭圆选框工具、单行选框工具、单列选框工具,往往用来选择规则的区域,区域之间可以进行交、并、差的运算,形成一个封闭的选区。

(2)移动工具

使用移动工具可以方便地将选择的内容或图层进行复制和移动。在实际工作中,灵活使用移动工具实现对多个图像或多个图层之间的操作,可以提高工作效率。

(3)套索工具

套索工具共有 3 个:普通套索工具、多边形套索工具、磁性套索工具。使用普通套索工具用于将鼠标移动的任意形状形成封闭的区域,多边形套索是由直线连成的多边形选区,磁性套索工具用于沿着图像的颜色轮廓进行区域选取。

(4)魔棒工具

魔棒工具用于选择图像中颜色相近的区域,如图 7-9 所示,是容差为 20 和容差为 50 时进行图像选择的区域对比,不难看出一般情况下容差值越大选取的区域越大,容差值越小选取区域越小,容差值的范围在 0 ~ 255。

图 7-9　容差为 20 和容差为 50 时图像选择的区域对比

（5）裁剪工具

裁剪工具可以对图像进行剪裁,使用该工具选择裁剪区域后会出现八个节点框,用户可以通过节点来控制图像区域的缩放与旋转,双击或按 Enter 键可以结束裁切,如图 7-10 所示是图像裁切示意图。除使用裁剪工具外,Photoshop 还提供了自动裁齐照片的功能,通过"文件"菜单下的"自动"→"裁剪并修齐照片"命令来实现。

图 7-10　图像裁剪示意图

（6）切片工具

切片工具用于切割图片,常用于网页设计,其作用是将一个完整的网页切割成许多小片,方便上传。

2）绘画与修饰工具

（1）污点修复画笔/修复画笔/修补工具/红眼工具

这组工具往往用于处理照片中的一些瑕疵,使用污点修复画笔只需要选择合适的笔头,在污点的位置直接涂抹就可以了;修复画笔与污点修复画笔工具略有不同,需要按住 Alt 键先进行取样,然后在污点位置进行涂抹;修补工具可以从图像的其他区域或使用图案来修补当前选中的区域;红眼工具用于处理数码照片中的红眼效果。这组工具最大的特色在于修复的结果能自然溶入周围图像,非常方便。

（2）画笔工具

画笔工具可以给图像上色，通过修改笔刷形状大小、颜色模式、间距、形状动态、颜色动态、不透明度、流量等可以创造出丰富的效果。

（3）仿制图章/图案图章工具

仿制图章工具与修复画笔工具类似，需要按住 Alt 键先取样，然后在图像中进行局部复制。图案图章工具也是用来复制图像，与仿制图章不同的是，它需要先用矩形选择一范围，然后再使用"编辑"菜单中的"定义图案"命令，选择合适的笔头，在图像中复制图案。

（4）历史记录画笔/历史记录艺术画笔工具

历史记录画笔的主要作用是将图像恢复到之前操作的状态，需要与历史记录调板一起使用。操作时先设置历史记录画笔的源，然后再用历史记录画笔进行绘画就可以恢复到源的状态。历史记录艺术画笔工具操作方法与其类似，实际做出的效果有点像水墨画。

（5）橡皮擦/背景橡皮擦/魔术橡皮擦工具

橡皮擦工具主要用来擦除不必要的像素，如果对背景层进行擦除，则背景色是什么颜色擦出来就是什么颜色；如果对背景层以上的图层进行擦除，则会将这层颜色擦除。使用背景橡皮擦和魔术橡皮擦类似于先用魔棒工具选择区域，然后再进行删除的操作。

（6）渐变/油漆桶工具

在 Photoshop 中提供线性渐变、径向渐变、角度渐变、对称渐变和菱形渐变 5 种方式，主要作用是对图像进行渐变填充，最有特色的地方是在蒙版中使用渐变，它将实现两张图片无缝拼接的效果。油漆桶工具用于填充颜色，是使用前景色进行图像填充的过程，其范围由容差值决定。

（7）模糊/锐化/涂抹工具

模糊工具主要是对图像局部加以模糊，一般用于颜色过渡比较生硬的地方。锐化工具与模糊工具相反，它是为了实现图像的清晰化，但锐化的程度不宜太高，否则就会出现杂色，需要注意的是模糊和锐化过程并不是可逆的，即对一个图像先进行模糊再进行锐化并不能够使得图像还原，因为图像的像素已经重组。涂抹工具的效果类似于在一幅颜料未干的图像上用手指涂抹的感觉，常用于修复图像的操作中。

（8）减淡/加深/海绵工具

减淡工具也称为加亮工具，主要是对图像局部进行变亮以达到对图像颜色的减淡。加深工具与减淡工具相反，主要是对图像局部进行变暗以达到对图像的颜色加深。海绵工具可以对图像进行加色或减色，可以在选项栏中进行设置决定是进行加色操作还是减色操作。

3）矢量工具组

（1）钢笔工具

钢笔工具是一种矢量绘图工具，用于创建路径，与选区不同的是，它可以是不封闭的，往往用于勾勒物体的轮廓。操作时先定位起点，移动鼠标在下一位置单击，可以创建出直线，将用于定位的节点称为锚点；如要创建曲线，则需要按住鼠标左键不放再拖动鼠标，此时节点两边会出现控制柄，可以按住 Ctrl 键对控制柄进行弧度调整，按住 Alt 键可以消除节点后面的控制柄。本组的其他工具如自由钢笔工具、添加锚点工具、删除锚点工具、转换点工具都是为创建路径服务的。

（2）文字工具

文字工具可分为两组：第一组是横排文字工具和直排文字工具，其作用是建立横排、竖排的文本；第二组是横排文字蒙版工具和直排文字蒙版工具，其作用是建立文字形状的选区。创建文字时，可以根据需要设置字体、字号、字形及各种变形效果等操作，需要注意的是对文本进行栅格化操作后，文本层会转变为图层，此时将不能修改文本属性。

（3）路径选择/直接选择工具

这组工具实现对路径的修改，路径选择工具针对的是整个路径，直接选择工具针对的是细节的调整，如选择点、移动点及调整曲线曲率等。

（4）形状工具

形状工具用于创建矩形、圆角矩形、椭圆、多边形、直线及自定形状，在选项栏中可以决定创建的形状是形状图层、路径，还是填充像素。

4）3D 工具及其他工具组

（1）3D 工具

在 Photoshop CS4 中，3D 工具主要包括 3D 对象变换工具和 3D 对象遥摄工具，其中 3D 对象工具可以对图像进行移动、旋转和缩放等变换操作；3D 对象遥摄工具主要控制虚拟摄像机的机位从而改变 3D 对象的视图效果，但不会影响 3D 对象本身。

（2）吸管工具

吸管工具用于提取图像中某一位置的颜色为前景色，一般用于要用到相同的颜色，利用色板又难以达到的情况。

（3）标尺工具

标尺工具主要对图像中的长度、角度进行测量。在图像某点处单击鼠标并按住左键不放，拖动到另一点形成一条直线，则在选项栏中就会显示该直线的长度和角度。

（4）颜色取样器工具

颜色取样器工具主要将图像的颜色进行对比，它可以取出 4 个样点，每一个样点的颜色组成 RGB 值和 CMYK 值都会在信息面板中显示，常用于印刷。

（5）抓手工具

抓手工具主要用于移动画布。

（6）缩放工具

缩放工具用于放大或缩小图像，默认情况下进行放大，如按住 Alt 键就切换为缩小。图像的放大与缩小也可以用快捷键 Ctrl + " + "和 Ctrl + " - "来实现。

## 7.3.4　Photoshop 常用术语介绍

1）分辨率

分辨率是数字化图像的重要指标，分辨率越大，图片文件的尺寸越大，越能表现更丰富的图像细节；如果分辨率较低，图片的清晰度就很差，画面显得相当模糊。按照不同的场合分辨率可以分为以下几种形式：

（1）图像分辨率

图像分辨率是水平和垂直方向像素的总和，以 PPI 为单位，代表每一英寸的像素个数。图像分辨率越大，图像的尺寸也越大，对于同样的画面场景，能够表现出更多的细节，但同时也会占用更多的存储空间；图像空间分辨率越低，图像的尺寸越小，图像中的细节越模糊，但同时也更加节约存储空间。所以，对于同一幅图像，并不一定是空间分辨率越大越好，当然也不是越小越好，而是要看实际应用的需要。例如，人物写真照片，希望分辨率越大越好，但是视频会议或监控视频中，如果每帧的图像都要求很高的分辨率的话，必然会给通信带宽和存储空间带来很大的负担，影响通信速度和资料的存储备份，所以在实际应用中会选择降低图像的空间分辨率，减小数据量，提高通信速度，节约存储空间。如图 7-11 所示，就是将同一幅图像采样为不同分辨率的效果。

图 7-11　不同图像分辨率效果对比图

（2）屏幕分辨率

一般指显示设备如显示器、投影仪、手机的分辨率，用水平像素×垂直像素表示。其比例一般有 4∶3,16∶9,16∶10 等,4∶3 为最常见屏幕比例，从电视时代流传下来的古老标准；16∶10 就是常见的宽屏幕比例；16∶9 主要是 HD 电视在用的比例。屏幕尺寸一样的情况下，分辨率越高，显示效果就越精细。

（3）印刷分辨率

印刷分辨率是图像在打印时，每英寸像素的个数，一般用 dpi（像素/英寸）表示。例如，普通书刊采用的印刷分辨率为 300 dpi，精致画册的印刷分辨率为 1 200 dpi。

2）颜色模式

Photoshop 中提供多种颜色模式，包括有 RGB 颜色模式、CMYK 颜色模式、HSB 颜色模式、Lab 颜色模式、灰度模式等。

（1）RGB 颜色模式

自然界中绝大部分的可见光谱可以用红、绿和蓝三色光按不同比例和强度的混合来表示。R、G、B 分别代表红色、绿色和蓝色。RGB 颜色模式也称为加色模式，主要用于屏幕显示。RGB 色彩模式中每个分量 R、G、B 的取值范围都在 0～255，例如：纯红色 R 值为 255，G 值为 0,B 值为 0；白色的 R、G、B 都为 255；黑色的 R、G、B 都为 0；灰色的 R、G、B 三个值相等。RGB 图像使用 3 种颜色，按照不同的比例混合，在屏幕上可以实现 $256^3$ 种颜色。

（2）CMYK 颜色模式

CMYK 色彩模式以打印油墨在纸张上的光线吸收特性为基础，图像中每个像素都是由青（C）、品红（M）、黄（Y）和黑（K）色按照不同的比例合成。CMYK 色彩模式也称为减色模式,主要用于印刷。每个像素的每种印刷油墨会被分配一个百分比值,最亮(高光)的颜色分配较低的印刷油墨颜色百分比值,较暗(暗调)的颜色分配较高的百分比值。例如,明亮的红色可能会包含 2% 青色、93% 洋红、90% 黄色和 0% 黑色。在 CMYK 图像中,当所有 4 种分量的值都是 0% 时,就会产生纯白色,其色域比 RGB 颜色模式要小。

(3) HSB 色彩模式

HSB 色彩模式是根据人眼的视觉特征而制订的一种色彩模式,最接近于人类对色彩辨认的思考方式。HSB 色彩模式以色相(H)、饱和度(S)和亮度(B)描述颜色的基本特征。

色相指从物体反射或透过物体传播的颜色。色相是按位置计量的。在通常的使用中,色相由颜色名称标示,比如红、橙或绿色。饱和度是指颜色的强度或纯度,即颜色的鲜艳程度。用色相中灰色成分所占的比例来表示,0% 为纯灰色,100% 为完全饱和。亮度是指颜色的相对明暗程度,通常将 0% 定义为黑色,100% 定义为白色。

(4) Lab 色彩模式

Lab 色彩模式是一种理论的色彩模型,由亮度分量(L)和两个色度分量组成,这两个分量即 a 分量(从绿到红)和 b 分量(从蓝到黄)。Lab 色彩模式与设备无关,不管使用什么设备(如显示器、打印机或扫描仪)创建或输出图像,这种色彩模式产生的颜色都保持一致,其色域比 RGB 颜色模式、CMYK 颜色模式都要大。

(5) 灰度模式

灰度图像中只有灰度颜色而没有彩色,在 Photoshop 中灰度图可以看成是只有一种颜色通道的数字图像,它可以设置灰阶的级别,如常用的 8 位/通道,16 位/通道等,其位数的大小代表了通道中所包含的颜色信息量的多少,8 位就是 2 的 8 次方,即 256 色,这是最常见的通道,16 位就是 2 的 16 次方,即 65 536 色。

3) 选区

选区在 Photoshop 中主要是为了进行图像的区域保护。例如某人穿了一件蓝色的衣服,现在需要对画面进行局部修改,将衣服的颜色调整为黄色,此时可以将衣服选中形成选区,然后使用"色相饱和度"命令进行调整。在使用选区时,必须明确选区是封闭的区域,一旦建立,大部分操作只针对选区范围内有效。如果要针对全图操作,必须先取消选区。

选区大部分是使用选取工具来实现的,分别是矩形选框工具▭、椭圆选框工具◯、单行选框工具⋯、单列选框工具▯、套索工具◯、多边形套索工具◯、磁性套索工具◯、快速选择工具◯、魔棒工具◯。前 4 个属于规则形状选取工具,后 5 个属于非规则形状选取工具。

选区之间可以进行并集、差集和交集的运算,分别是:添加到选区◻、从选区减去◻、与选区交叉◻。

4) 图层

图层是 Photoshop 中非常重要的概念,可以把图层看作是透明的玻璃纸。比如我们在纸上要画一个笑脸,先画脸,再画嘴巴和眼睛,画完以后发现眼睛的位置高了一些。那么只能把眼睛擦掉重新画过,这当然很不方便。在设计的过程中也是这样,很少有一次成型的作品,常常是经历若干次修改以后才得到比较满意的效果。可以想象一下,如果我们不是直接画在纸上,而是通过一些透明的纸,把脸、嘴巴、眼睛分别画在这三张透明纸上,最后组成的效果,如图 7-12 所示。这样完成之后的成品,和先前那幅在视觉效果上是一致的。

虽然视觉效果一致,但分层绘制的作品具有很强的可修改性,如果觉得眼睛的位置不对,可以单独移动眼睛所在的玻璃纸以达到修改的效果,甚至可以把这张玻璃纸丢弃重新再画眼睛。而其余的脸、嘴巴等部分不受影响,因为它们被画在不同层的玻璃纸上。这种方式,极大地提高了后期修改的便利度,最大可能地避免重复劳动。因此,将图像分层制作是明智的。

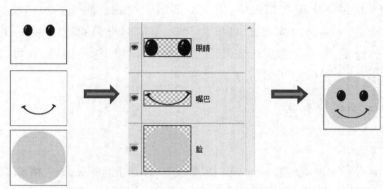

**图 7-12　图层显示效果**

5）通道

通道是 Photoshop 中比较难理解的一个概念,主要有 3 种通道:颜色通道、alpha 通道和专色通道。

（1）颜色通道

当打开一个图像时,Photoshop 会根据图像的色彩模式自动创建颜色通道,如打开一个 RGB 图,在通道调板上会出现红色通道、绿色通道和蓝色通道。每个通道都是灰度图,所看到的彩色图像就是由每一个单色通道共同作用的结果,如纯白的数值为 255,纯黑的数值为 0,灰度从 1 ~ 254。因此,颜色通道中记录的是图像的颜色信息。

（2）alpha 通道

Alpha 通道主要记录图像的选择信息。其中白色代表选择的区域,黑色代表未被选择的区域,灰色代表羽化(半透明)的区域。

（3）专色通道

专色通道主要用于印刷,如喜帖上的烫金字、封面广告设计等。但在处理时,专色通道与颜色通道恰好相反,用黑色代表选取(即喷绘油墨),用白色代表不选取(不喷绘油墨)。

6）蒙版

蒙版是特殊的通道,通俗地说就是"蒙住的板子"。它用来控制图像的显示区域,显示了图像的一部分,同时隐藏另一部分,是临时的通道。PS 中的蒙版通常分为 3 种,即图层蒙版、剪贴蒙版、矢量蒙版。

7）路径

路径是使用钢笔工具创建的任意形状的线段,可以是开放的也可以是封闭的,其主要用于进行图像的精确选取及辅助抠图,绘制光滑的贝塞尔曲线,定义画笔工具的绘制轨迹,与选择区域之间相互转换等。使用路径的意义不是为了让画面效果更出色,而是为了让创建及修改的过程更简单、更方便。在 Photoshop 中可以通过很多方式使用路径,其中最常用也最有意义的方式就是将其作为蒙版,也称为矢量蒙版。与通过选区所建立的点阵蒙版相比,它具有缩放不失真,修改方便等优点。

### 8)滤镜

"滤镜"这个词最早出现在相机中,指镜头前用于过滤自然光的附加镜头。Photoshop 中的滤镜分为两类:一类是内部滤镜,即安装 Photoshop 时自带的滤镜;另一类是第三方提供的滤镜即外挂滤镜,需要单独进行安装后才能使用。使用这些滤镜,就可以快速制作出各种艺术效果,节约大量的时间和精力。

## 7.3.5　常用图像格式介绍

### 1)BMP 图像格式

BMP(Bitmap,位图)是 Windows 操作系统中标准的位图文件格式,其扩展名为".bmp"。这种格式的特点是包含的图像信息较丰富,能够被大多数软件接受,但不采用压缩技术,占用存储空间过大,也不利于网络传输。

### 2)TIFF 图像格式

TIFF(Tagged Image File,标记图像文件)是由 Aldus 和 Microsoft 公司为扫描仪和台式计算机出版软件开发的,是为存储黑白图像、灰度图像和彩色图像而定义的存储格式,文件的扩展名为".tif"或".tiff"。TIFF 格式独立于操作系统和文件系统,可在多种操作系统和色彩模式中使用,且图像质量非常高,但占用存储空间非常大。

### 3)JPEG 图像格式

JPEG 是 Joint Photographic Experts Group(联合图像专家组)的缩写,是图像最常用的有损压缩格式,在图像复原时,不重建原始画面,只是生成类似图像,文件的扩展名为".jpg"或".jpeg"。JPEG 格式可以在保证图像质量的前提下,获得较高的压缩比,是目前静止图像的压缩标准,适合于彩色图像和灰度图像的压缩处理。大多数数码相机拍摄的图像都是经过 JPEG 压缩后再进入存储设备的。

### 4)GIF 图像格式

GIF(Graphics Interchange Format,图像互换格式)是由 CompuServe 公司开发的图像文件格式,采用无损压缩,文件的扩展名为".gif"。GIF 格式的颜色数目较少,最多只能有 256种,因此色彩不够丰富,只能用于小幅图像。并且该格式允许在一个文件中存储多个图像,可以实现动画效果,目前网上很多小动画都是 GIF 格式的。

### 5)PNG 图像格式

PNG(Portable Network Graphic,可移植网络图像)是 20 世纪 90 年代中期开始开发的一种位图存储格式,其目的是替代 GIF 和 TIFF。PNG 采用无损压缩,可用于真彩色图像和灰度图像的压缩,是一种新兴的网络图像格式。

6)PSD 图像格式

PSD 是 Photoshop 图像处理软件的专用格式。PSD 文件可以存储成 RGB 或 CMYK 模式,可以保存 Photoshop 的图层、通道、路径等信息,是目前唯一能够支持全部图像色彩模式的格式。由于 PSD 格式记录的信息很多,且未经压缩,因此当图层较多时会占用很大的存储空间。

## 7.4  Flash 动画制作

Flash 最早由 Macromedia 公司推出,之后被 Adobe 公司收购,是一款非常优秀的矢量动画制作软件。它具有跨平台、高品质、体积小的特点,非常适合在网络中传播,同时在 Flash 中可以非常便捷地嵌入文字、声音、视频等其他媒体,具有强大的交互能力,因此成为网页设计师和动画制作者的首选工具。本文将以 Flash CS4 版本进行介绍。

### 7.4.1  Flash 的特点

1)体积小、适合在网络中传播

在 Flash 动画中主要使用的是矢量图,从而使得其文件较小、图像细腻,无论怎么放大和缩小都不会失真,对网络带宽要求低,非常适合在网络中传播。

2)交互性强

Flash 凭借内置的 ActionScript3.0 脚本语言,可以非常轻松地实现与用户的交互。这样观众不仅能够欣赏到动画,还可以成为其中的一员,借助于鼠标、键盘或其他设备触发交互功能,从而实现人机交互。

3)跨平台、应用领域广

Flash 动画不仅可以在本机和网络上播放,也可以在电视甚至电影中播放,大大拓宽了它的使用范围,广泛用于网页设计、动画制作、游戏编程等领域。

4)更具特色的视觉效果

Flash 能够把音乐、动画、视频交互融合在一起,凭借强大的动画编辑功能,使设计者能轻松制作出高质量的动画,具有非常独特的视觉效果,比传统动画更能贴近观众。

5)节省成本

使用 Flash 制作动画,极大地降低了制作成本,可以大大减少人力、物力资源上的消耗,同时制作的周期也大为缩短。

### 7.4.2  Flash 窗口简介

Flash CS4 的主界面如图 7-13 所示。

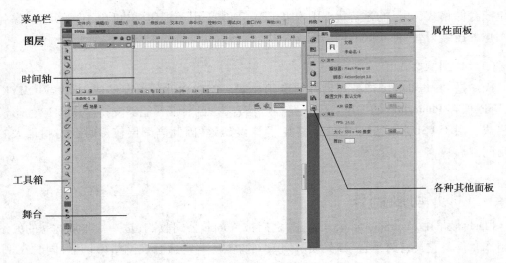

**图 7-13  Flash 界面介绍**

1）工具箱

工具箱的使用方法与 Photoshop 相似,基本功能是用来绘画和编辑图形。同时在 Flash CS3 的基础上新加入了 3 组工具:3D 工具、deco 工具和骨骼工具。3D 工具是使用 3D 空间为 2D 对象创建动画, deco 工具可以快速完成大量相同元素的绘制,骨骼工具是将多个部分绑定在一起,常用来做人物的动画。

2）时间轴

Flash 采用时间轴的方式设计和安排每一个对象的出场顺序和表现方式。它相当于电影导演使用的摄影表,即在什么时间,哪位演员上场,说什么台词,做什么动作。时间轴的主要组件是帧、图层和播放头,帧就是拍摄的每一个画面,对象则存储在图层中,播放头用于控制时间的进度。

图层在时间轴的左侧,每个图层是彼此独立的,其概念与 Photoshop 中的概念类似。时间轴顶部的时间轴标题表示帧的编号。播放头显示舞台中的当前帧。播放动画时,播放头从左向右。时间轴底部显示时间轴状态,它显示了当前帧的编号、帧频及运行时间,如图 7-14 所示。

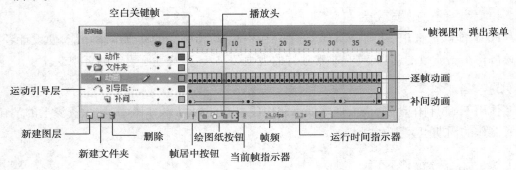

**图 7-14  时间轴**

3）舞台

舞台即背景,是播放动画时的显示区域,舞台外的动画在播放时是无法看到的。舞台提供的是一个工作环境,用户在舞台上可以方便地进行图形绘制、导入外部素材、创建文本等。

4）属性面板

属性面板用于查看文档或选定对象的常用属性。它是一个动态面板,选择的对象不同则显示的属性信息也不同。

5）其他一些面板

Flash 提供了非常丰富的面板,如颜色面板、库面板、对齐面板、组件面板等,利用这些面板可以非常方便地来完成 Flash 中的操作。如果不小心将面板关闭了,也可以使用"窗口"菜单中的对应命令来还原。

## 7.4.3  Flash 中的基本术语

1）帧

帧是进行 Flash 动画制作最基本的单位。每一个 Flash 动画都是由一系列的帧组成的,在时间轴上的每一帧都可以包含需要显示的所有内容,包括图形、声音、各种素材和其他多种对象。Flash 的时间轴上的小方块代表一帧,它在时间轴中出现的顺序决定它在动画中显示的顺序。帧的主要类型有:关键帧、空白关键帧、过渡帧、静止帧和静止帧结束,其含义如表7-2 所示。

表7-2  帧的类别及含义

| 类  别 | 含  义 | 图  示 |
|---|---|---|
| 关键帧 | 有关键内容,用来定义动画变化、更改状态的帧,即能对舞台上的实例对象进行编辑的帧,显示为实心的圆点 | |
| 空白关键帧 | 没有包含舞台上的实例内容的关键帧,显示为空心的圆点 | |
| 过渡帧 | 在两个关键帧之间自动生成的过渡画面,显示为带箭头的线段 | |
| 静止帧 | 静止帧是用来延续上一个关键帧的内容,不可以编辑,显示为灰色小方块 | |
| 静止帧结束 | 静止帧的结束标识,显示为内部带矩形的小方块 | |

2）图层

图层可以看作是叠放在一起的透明的胶片,可以根据需要,在不同的层上编辑不同的动画而互不影响。在放映时是各图层合成的效果。制作复杂的动画时,通常把动画角色单独放在一个图层里,这样相互不会影响,编辑修改也非常方便。

3）场景

场景就像拍电影中的场次，当制作动画内容较多时就会用到场景。场景是 Flash 作品中相互独立的动画内容，一个 Flash 作品可以由若干个场景组成，每个场景中的图层和帧均相互独立。当包含多个场景时，播放器在播放完第一个场景后自动播放下一个场景的内容，直至播放完最后一个场景。除自动切换外，用户还可以通过编写脚本代码控制场景之间的切换、跳转。

4）元件

元件是 Flash 中组成动画的基本元素。它是位于当前动画库面板中的可以反复使用的图形、按钮、动画等资源，按照其类型可以分为图形元件、按钮和影片剪辑，合理使用元件可以减小文件的容量。

把元件从库中拖动到场景时，就创建了该元件的实例。改变实例，不会影响元件，但改变元件，会影响实例。元件的运用提高了效率，又可减少 Flash 动画文件的大小。在实际制作 Flash 动画时，应多使用元件。建立元件的方法有以下几种：

①直接创建元件：使用"插入"菜单下的"新建元件"命令，弹出"创建新元件"对话框，如图 7-15 所示。输入元件的名称，并根据需要选择元件的类型，当单击"确定"按钮后进入元件编辑模式。

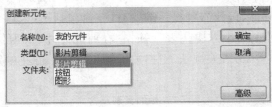

图 7-15 "创建新元件"对话框

②转换元件：选中已绘制好的图形，选择"修改"菜单下的"转换为元件"命令，在弹出的"转换为元件"对话框中，根据需要确定元件的名称及类型。

③共享其他库中的元件：可以将其他文档中元件直接复制到本文档中。

5）对象

Flash 中的动画都是由对象组成的，对象可以分为 4 类：形状、组、元件和文本。

①形状：通过绘图工具绘制的圆、矩形等形状；对象被选中，以网点覆盖，对象不是整体，各部分的形状、大小、轮廓线等都可以修改。

②组：选中形状对象，通过"修改"菜单下的"组合"命令或者使用快捷键 Ctrl + G 可以将形状对象转换为组对象。组对象是一个整体，只能改变组对象的大小、角度等。组对象可以通过"修改"菜单下的"分离"命令打散转变为形状对象。

③元件：使用"创建新元件"或"转换为元件"进行创建，与组不一样的是，库中存储的有元件但没有组。

④文本：通过文本工具创建。将文本分离两次可以转换为形状。一次分离的结果是将文字打散，二次分离则将字符转换为形状。

图 7-16 所示表示了不同对象选中的状态,对象之间可以相互转换。要制作 Flash 动画时,要根据动画的类别选择正确的对象类型,否则将会出现错误。

形状　　　　组　　　　元件　　　　文本

**图 7-16　对象选中时的状态**

6)引导层

引导层是 Flash 动画中绘制路径的图层,主要用来设置对象的运动轨迹。在影片播放时是看不到绘制的引导层的,这与 Photoshop 中的路径是相同的。它不会增加文件的大小,而且可以多次使用。

7)遮罩层

遮罩层是为了实现图像区域的遮挡,至少需要两个图层,上面的图层为"遮罩层",下面的图层为"被遮罩层",播放时只有两个图层相重叠的区域才会被显示。使用遮罩,用户更可以创建出丰富多彩的动画效果,如图像切换、火焰背景文字、管中窥豹等。

### 7.4.4　Flash 动画类型

1)逐帧动画

逐帧动画是一种常见的动画形式,是在时间轴的每帧上绘制不同的内容,使其连续播放而成动画,类似于使用数码相机进行连拍,形成视频的原理是相同的。由于逐帧动画的帧序列内容不一样,因此完成工作量较大。但也有它的优势,逐帧动画非常灵活,只要绘图能力强几乎可以表现任何想表现的内容,很适合于细腻的动画制作,如人物的转身、头发及衣服的飘动、走路、说话以及精致的 3D 效果等。

2)补间动画

(1)形状补间动画

形状补间动画,实际上是由一个对象变换成另一个对象,用户只需要提供两个变形前和变形后对象的关键帧,中间过程将由 Flash 自动完成。操作时在一个关键帧中绘制一个形状,然后在后一个关键帧中更改该形状或绘制另一个形状,Flash 根据两者之间帧的形状来创建的动画。形状补间动画可以实现两个图形之间颜色、形状、大小、位置的相互变化,使用的元素多为鼠标或压感笔绘制出的形状。

(2)动作补间动画

动作补间动画是 Flash 中非常重要的动画表现形式之一,在 Flash 中制作动作补间动画的对象必须是"元件"或"组"对象。操作时在一个关键帧上放置一个元件,然后在另一个关键帧上改变该元件的大小、颜色、位置、透明度等,Flash 根据两者之间帧的变化自动创建的动画。

形状补间动画和动作补间动画都是 Flash 动画的重要表现形式,刚使用的用户往往因为创建动画对象类型的问题,导致动画补间不成功,具体区别如表 7-3 所示。

表7-3　形状补间动画和动作补间动画的区别

| 比　较 | 动作补间动画 | 形状补间动画 |
|---|---|---|
| 在时间轴上的表现 | 淡紫色背景长箭头 | 淡绿色背景长箭头 |
| 对象的组成元素 | 影片剪辑、图形元件、按钮、文字、位图等 | 形状,如果使用图形元件、按钮、文字,则必先分离再变形 |
| 完成的作用 | 实现一个元件的大小、位置、颜色、透明等的变化 | 实现两个形状之间的变化,或一个形状的大小、位置、颜色等的变化 |

引导层动画和遮罩动画一般与动作补间动画相结合,制作出绚烂丰富的效果。

## 7.5　视频处理技术

视频是多媒体的重要组成部分,是最能吸引人的一种信息媒体的表示形式。当连续的图像变化每秒超过 24 帧画面时,根据视觉暂留原理,人眼无法辨别单幅的静态画面,看上去是平滑连续的视觉效果,这样的连续画面叫做视频。

### 7.5.1　模拟视频数字化

1)模拟视频的数字化

与模拟视频相比,数字视频的优点很多,要想计算机处理视频信息,首先需要解决视频数字化的问题。视频的数字化过程包括扫描、采样、量化、编码的过程,如图 7-17 所示。

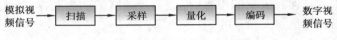

图 7-17　视频信号数字化过程

(1)视频采样

模拟视频一般采用分量数字化的方法,使用 RGB 模型中的 R、G、B 分量或 YUV 模型中的 Y、U、V 分量表示图像上的数据,这是模拟视频转换成数字视频常用的方法。数字视频常用的采样格式有 4:4:4、4:2:2、4:1:1、4:2:0 4 种。4:4:4 采样格式称为全采样格式,其他采样格式称为子采样格式。

(2)视频量化

对视频图像进行离散化处理,如果信号的量化精度为 8 位二进制,信号就有 $2^8$,即 256 个量化等级。相对于以上不同的采样格式,如果使用相同的量化精度,则每个像素的采样数据也不同。

(3)编码

数字视频信号要经过编码压缩后才能以视频文件的形式存储或传输,最后由解码器将压缩后的数字视频还原输出,实现视频播放。

2）数字视频技术的发展概况

第一个发展阶段，此时的硬盘存储容量一般只有几百兆字节，数字视频技术基本上用于专业视频影像领域，可编辑的视频信号长度非常有限。

第二个发展阶段，随着计算机硬件技术的发展，外存储器的存储容量成倍地增长，可编辑的数字视频信号在时间上得到延长。

第三个发展阶段，数据压缩算法的快速发展，使得对视频数据序列进行压缩处理并保存得以实现，解决了数字视频信号数据量大的问题。然而，标准化的问题却日渐突出，尽快解决标准化的问题变得非常迫切。

第四个发展阶段，定义了数字视频信号的标准文件格式，比如 AVI（Audio Video Interleaved）格式，使得数字视频信号实现了标准化，同时进一步完善了视频信号的压缩和解压缩技术，使个人计算机处理、交换、网络传输和保存视频信号成为可能。

3）数字视频的主要技术参数

（1）帧频

为了产生动感，视频信号在连续播放时，采用快速切换帧的方法。不同制式的视频信号帧率不同。电影的帧率是 24 帧/秒，NTSC 制式（主要用于美国、加拿大、日本等国以及中国的台湾地区）的帧率为 30 帧/秒，PAL 制式（主要用于德国、中国、澳大利亚等国）的帧率为 25 帧/秒。在互联网中，有时有意减少数据量，帧率降低至 16 帧/秒或更低，视觉效果尽管不如 25 帧/秒的播放效果，但大大提高了视频信号的传送速度。

（2）数据量

视频信号原始的大数据量会使计算机和显示器的运行速度跟不上，因此数据压缩是减少数据量最常用的方法，此外，通过减小画面尺寸、降低帧率、减少彩色数量等也可以达到减少数据量的目的。当然过分减少数据量的结果，会使视觉效果不佳，应根据具体应用的视觉效果和清晰度需求来设置视频的数据量。

（3）图像质量

过分压缩的结果，使图像质量明显下降。因此需要掌握多种应用下的适当的压缩倍数，在图像质量与数据量之间寻求平衡。

## 7.5.2 视频文件格式

随着视频从模拟到数字化的转变，同时人们也对视频质量的清晰度、流畅度、实时度、交互性的要求越来越高，视频压缩技术成为解决此问题的一个重要环节。数字化的视频信息数据量巨大，且会占用极大的存储空间和信道带宽。从目前多媒体通信的现状及未来的发展趋势来看，接下来在相当长的时间内，以压缩形式存储和传输数字化的视频信息仍将是唯一的途径。不同的公司和组织推出了自己的视频文件压缩存储格式，常见的格式有以下几种：

1）AVI

AVI（Audio Video Interactive）是把视频和音频编码混合在一起储存。AVI 是最早出现的视频格式，AVI 格式上限制比较多，只能有一个视频轨道和一个音频轨道，还可以有一些附加轨道，如文字等，但是 AVI 格式不提供任何控制功能。

2）WMV

WMV（Windows Media Video）是微软公司开发的一组数字视频编解码格式的通称，ASF（Advanced Systems Format）是其封装格式。ASF 封装的 WMV 文件具有数码版权保护功能。

3）MPEG

MPEG（Moving Picture Experts Group）是运动图像专家组的简称。它是一个国际标准组织认可的媒体封装形式，支持大部份硬件。其储存方式多样，可以适应不同的应用环境。MPEG 的控制功能丰富，可以有多个视频、音轨、字幕等。

4）MKV

MKV（Matroska）是一种新的多媒体封装格式，这个封装格式可把多种不同编码的视频、不同格式的音频和语言及不同格式的字幕封装到一个 MSK 文档内。它也是一种开源的多媒体封装格式，具有很好的应用前景。MSK 同时还可以提供非常好的交互功能，而且比 MPEG 的功能更方便、更强大。

5）RM／RMVB

RM（Real Media）由 Real Networks 公司开发。它通常只能容纳 Real Video 和 Real Audio 编码的媒体，带有一定的交互功能，允许编写脚本以控制播放。RM 格式体积很小，在网络应用中非常受欢迎。

6）MOV

MOV（QuickTime Movie）是由苹果公司开发的视频制作软件，由于苹果电脑在专业图形领域的统治地位，QuickTime 格式基本上成为电影制作行业的通用格式。1998 年 2 月 11 日，国际标准组织认可 QuickTime 格式作为 MPEG-4 标准的基础。QT 可储存的内容相当丰富，除了视频、音频以外还可支持图片、文字（文本字幕）等。

7）OGM

OGG Media 是一个完全开放性的多媒体系统计划，由于它的开放性，在 Linux 系统中被广泛应用，这种视频格式在嵌入式开发、移动终端等领域前景广阔。OGM 可以支援多视频、音频、字幕等多种轨道。

### 7.5.3　视频编辑软件

在一个多媒体计算机系统中，硬件能提供的音频和视频数据的输入、输出、压缩、解压缩、存储等工作的处理环境，对于视频音频的编辑则要通过非线性编辑应用软件才能实现，即数字视频的后期编辑工作主要依靠视频编辑软件来完成。目前市场上的视频编辑软件种类较多，比较流行的有 Adobe 公司的 Premiere 和 Ulead 公司的 Video Studio（会声会影）等。在工作原理上这两款软件基本相似，都采用了时间轴合成各种素材的方法。下面以 Adobe Premiere CS4 版本为例介绍数字视频编辑软件的功能和使用。

1) Adobe Premiere 功能介绍

①广泛的素材兼容性。

②精确剪辑视频素材。

③方便的镜头转换功能。

④丰富的视频特技功能。

⑤素材叠加功能。

⑥直观的音频合成。

⑦标题和滚动字幕的创作。

2) 影视制作的一般过程

（1）准备原始素材

原始素材通常以文件的形式存在，若有些素材以非文件的形式存在，如录像带、CD、印刷品等，就需要先用音视频采集工具将这些素材转化为 Premiere 可识别的文件。

（2）设计脚本

如同盖房子需要建筑图纸一样，进行 Premiere 节目的制作，要先有一个脚本。脚本充分体现了编导者的意图，是整个影视作品的总体规划和最终目标，也是编辑制作人员的工作指南。准备脚本，是一步不可缺少的前期准备工作，其内容主要包括确定各种素材的编辑顺序、持续时间、转换效果、滤镜效果等。

（3）编辑制作

完成了上述的准备工作后，即可开始影视节目的编辑制作。包括创建新项目、输入原始片段、剪辑原始片段、装配片段、加入特技、加入字母、配音、效果预演、影片生成等。

3) Premiere 工作环境

Premiere 的工作界面如图 7-18 所示。

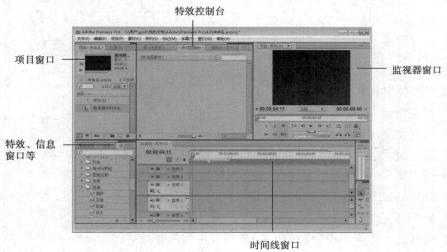

图 7-18　Adobe Premiere CS4 工作界面

（1）项目（Project）窗口

项目窗口用来组织和管理当前影片中所需的素材。Adobe Premiere 的素材来源是多种多样的，可以是摄像机采集的视频，扫描仪得到的图片，自己制作的动画，用录音设备捕获的声音等。

（2）时间线（Timeline）窗口

Premiere 是沿时间线来合成和编辑素材的。电影是由剪辑（Clip）组成的，它可以是特定地点、角色及场景组成的一段画面，也可以是声音、字幕或静态图像。

（3）监视器（Monitor）窗口

也称预览窗口。它不仅可用来显示单个素材，还可用来显示合成的节目效果。窗口中有两个显示区域。左边的是来源素材显示区域，右边的是合成素材显示区域。移动时间线的滑块，可查看当前的状态。

（4）特效（Transitions）窗口

用来选择两个素材之间过渡的特殊效果。Adobe Premier 提供了多种特技，默认情况下分为了预置、音频特效、音频过渡、视频特效、视频切换等五个大类。

（5）信息（Info）窗口

显示素材的相关信息，包括名称、格式、速度、长度、尺寸、起始与终止时间等。

## 本章小结

本章主要介绍了多媒体相关的基础知识和基本概念，以及图像、动画、音频、视频的相关知识，还分别介绍了 Photoshop 图像处理软件、Flash 动画制作软件、Audition 音频编辑软件、Premiere 视频编辑软件的使用。在实际多媒体作品的制作中，往往需要综合运用上述软件，用户只有熟练掌握这些软件，再发挥丰富的创作力和想象力，才可以制作出非常优秀的作品。

## 习　题

一、单项选择题

1. 多媒体数据具有的特点是（　　）。

　　A. 数据量大、数据类型多

　　B. 数据类型间区别大、数据量小

　　C. 数据量大、数据类型多、数据类型间区别小、输入和输出不复杂

　　D. 数据量大、数据类型多、数据类型间区别大、输入和输出复杂

2. 下面关于 MIDI 的叙述不正确的是（　　）。

　　A. MIDI 是合成音乐

　　B. 同样的音乐用 MIDI 格式比 WAV 格式占用的存储空间大

　　C. MIDI 文件是一系列指令的集合

　　D. 使用 MIDI 需要许多乐理知识

3. 下面的叙述中错误的是(　　　)。

　　A. 绘制和显示矢量图的软件通常称为画图程序

　　B. 位图文件的大小与分辨率和颜色深度有关

　　C. 颜色深度用位数表示

　　D. 分辨率决定了图像的细致程度

4. 下面的叙述中错误的是(　　　)。

　　A. WAV 格式文件也称为波形文件

　　B. 相同长度的音乐用 MP3 格式存储,一般只有 WAV 格式的 1/10,但音质次于 WAV 格式

　　C. Windows 自带的应用程序"录音机",可以录制 MP3 格式文件

　　D. 采样频率用 Hz 表示

5. 下列不属于图像文件格式的是(　　　)。

　　A. BMP　　　　　　B. JPG　　　　　　C. WAV　　　　　　D. GIF

6. 某同学使用 Flash 制作动画,下课时还没有完成作品,他准备将文件暂时保存,下次上课时接着做,则所保存的文件类型应该是(　　　)。

　　A. SWF　　　　　　B. JPEG　　　　　　C. FLA　　　　　　D. PSD

7. 某同学使用 Photoshop 软件处理一幅图像时,将人物、背景分别放在不同图层中修改,为使下次能继续在不同图层中单独修改,在保存作品时应该选择的文件格式为(　　　)。

　　A. BMP　　　　　　B. JPG　　　　　　C. GIF　　　　　　D. PSD

8. 既可以存储静态图像,又可以存储动画的图像文件格式是(　　　)。

　　A. BMP　　　　　　B. GIF　　　　　　C. TIFF　　　　　　D. JPEG

9. 某同学使用 Photoshop 软件编辑一张图片,图像的大小参数为:宽度为 400 像素,高度为 300 像素,采用 RGB 色彩模式,色彩深度为 24 位,存储时采用 BMP 格式,则其存储容量约为(　　　)。

　　A. 117.2 kB　　　　B. 351.6 kB　　　　C. 8.2 MB　　　　D. 24.7 MB

10. 下列关于声音素材的处理,描述正确的是(　　　)。

　　A. 声音数据压缩编码的标准是 JPEG

　　B. 为了能够得到更好的声音质量,人们经常将 WAVE 格式转换成 MP3 格式

　　C. Windows 中的"画图"软件,可以将 WAVE 格式转换成 MP3 格式

　　D. Windows 中的"录音机"软件,可以对 WAVE 格式文件进行插入和删除操作

11. 一段图像分辨率为 1024×768,32 位色深的视频影像,若该视频以 25 帧/秒的速度播放,则每秒钟播放的数据量约为(　　　)。

　　A. 24 MB　　　　　B. 75 MB　　　　　C. 600 MB　　　　D. 800 MB

12. 存储一幅未经压缩的 640×480 像素黑白位图图像,所占的磁盘空间约为(　　　)。

　　A. 37.5 B　　　　　B. 300 kB　　　　　C. 37.5 kB　　　　D. 300 B

13. 图像数据压缩的主要目的是(　　　)。

　　A. 提高图像的清晰度　　　　　　　　B. 提高图像的对比度

　　C. 使图像更鲜艳　　　　　　　　　　D. 减少存储空间

二、填空题

1. 声音文件的常用存储格式有_____、_____、_____。

2. 常用的图像文件的存储格式有_____、_____、_____、_____。

3. 44.10 kHz 的采样频率,每个采样点用 16 位的精度存储,则录制 1 分钟的立体声(双声道)节目,其 WAV 格式文件所需要的存储量为_____。

4. 640×480 的 256 级灰度图像需要的存储空间为_____。

5. 24 位 640×480 图像需要的存储空间为_____。

6. 声音的三要素是_____、_____和_____。

7. 矢量图形采用_____和_____对图形进行表示和存储。

8. 音调与_____有关,音强与_____有关,音色由混入基音的泛音所决定。

三、判断题

1. 音频在 20～20 MHz 的频率范围内。                           (    )

2. 声音质量与它的频率范围无关。                              (    )

3. 在计算机系统的音频数据存储和传输中,数据压缩会造成音频质量的下降。(    )

4. 在数字视频信息获取与处理过程中,正确的顺序是采样、D/A 转换、压缩、存储、解压缩、A/D 转换。                                          (    )

5. BMP 格式转换为 JPG 格式,文件大小基本不变。                 (    )

6. 波形淡入是指将波形音频从 0 分贝逐渐放大到正常音量值。        (    )

7. 在相同条件下,位图所占的空间比矢量图小。                    (    )

8. JPEG 标准适合于静止图像。                                  (    )

9. MPEG 标准适用于动态图像。                                  (    )

10. 矢量图形放大后不会降低图形品质。                          (    )

四、简答题

1. 简述"多媒体"的概念。

2. 简述音频信号的数字化过程。

3. 位图图像和矢量图形的区别有哪些?

4. 简述多媒体计算机获取图像的方法有哪些?

5. 制作一段视频一般经历哪些过程?

# 第8章

# 数据库技术基础

不管我们是在计算机还是在手机上登录 QQ,我们都会发现好友列表的信息都是相同的。不禁要问,好友列表中的信息保存在什么位置呢?

我们持着中国农业银行的储蓄卡可以到中国建设银行、中国工商银行等银行去取钱,其他银行是怎么知道银行卡上的余额和支取情况的呢?

我们在食堂就餐、图书馆借还书、乘公交刷卡……每次使用后都涉及数据的变化,这些数据到底存在哪? 会不会出错? 我们所有的这些疑问,都离不开数据库技术的应用。

## 8.1 数据库系统概述

### 8.1.1 数据管理技术的发展

计算机对数据的管理包括数据组织、分类、编码、存储、检索和维护。随着硬件、软件技术和计算机应用范围的发展,计算机管理数据的方式也在不停地改进,到目前为止大致经历了人工管理、文件管理、数据库管理 3 个不同发展阶段。随着互联网的广泛使用,一些新的数据库管理技术不断涌现,例如分布式数据库技术、并行数据库技术、数据仓库技术、面向对象数据库管理技术等。

1) 人工管理阶段

20 世纪 50 年代中期以前,计算机主要用于科学计算。外存储器只有纸带、磁带、卡片等。软件方面,没有专门管理数据的软件,数据由计算或处理它的程序自行携带。数据管理任务,包括存储结构、存取方法、输入输出方式等完全由程序设计人员负责。

这一时期的特点是:数据与程序不具有独立性,一组数据对应一组程序,数据只为本组程序使用;数据不能共享,一个程序中的数据无法被其他程序利用,因此程序与程序之间存在大量的重复数据。

2) 文件管理阶段

20 世纪 50 年代中期到 60 年代中期,计算机开始大量地用于管理中的数据处理工作。在硬件方面,磁鼓、磁盘成为主要的外存。软件方面出现了高级语言和操作系统。操作系统中的专门管理数据的软件，一般称为"文件系统"。

在这一时期的特点是：数据和程序具有一定的独立性；数据以文件的形式长期保存在外存储器上，并能够对其进行查询、修改、插入、删除等操作；数据的存取以记录为基本单位，并出现在多个文件中，没有形成数据共享，并且不易统一修改，容易造成数据的不一致。在这一时期存在着数据冗余度大，缺乏数据独立性和数据无集中管理等缺点。

3）数据库管理阶段

随着社会信息量的迅速增长，计算机处理的数据量不断增加，文件管理系统采用的一次最多存取一个记录的访问方式，以及在不同文件之间缺乏相互联系的结构，越来越不能适应管理大量数据的需要。从 20 世纪 60 年代后期开始，根据实际需要，发展了数据库技术。数据库技术的主要目的是研究计算机环境下如何合理组织数据、有效地管理数据和高效处理数据，包括：提高数据的共享性，使多个用户能够同时访问数据库中的数据；减小数据的冗余度，以提高数据的一致性和完整性；数据与应用程序之间完全独立，从而减少应用程序的开发和维护代价。

在这一时期的特点是：数据库共享，数据库系统采用复杂结构化的数据模型，不仅表示数据本身，还描述数据之间的联系；具有较高的数据独立性；减少了数据冗余度；有统一的数据控制功能。

数据管理的各个阶段中程序和数据之间的对应关系如图 8-1 所示。

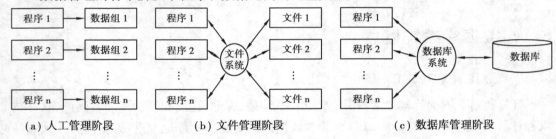

（a）人工管理阶段　　　　（b）文件管理阶段　　　　（c）数据库管理阶段

图 8-1　数据管理各阶段中程序与数据之间的对应关系

4）数据管理新技术

（1）分布式数据库技术

分布式数据库系统是数据库技术、网络技术和通信技术相结合的产物。分布式数据库在逻辑上类似一个集中式数据库系统，实际上，数据存储在计算机网络的不同地域的节点上。每个节点有自己的局部数据库管理系统，它有很高的独立性。用户可以由分布式数据库管理系统通过网络相互传输数据。通常用于银行业务、订飞机票、火车票等。

（2）并行数据库技术

并行数据库系统是在集群并行计算环境的基础上建立的数据库系统。并行数据库系统的目标是高性能和高可用性，通过多个处理节点并行执行数据库任务，提高整个数据库系统的性能和可用性。该技术主要针对海量数据的并行计算，快速得到结果。

（3）数据仓库技术

数据仓库技术就是基于数学及统计学严谨逻辑思维的并达成"科学的判断、有效的行

"为"的一个工具。数据仓库中的数据是在对原有分散的数据库数据抽取、清理的基础上经过系统加工、汇总和整理得到的,必须消除源数据中的不一致性,以保证数据仓库内的信息是关于整个企业的一致的全局信息。

数据仓库的数据主要供企业决策分析之用。典型的数据仓库系统,如经营分析系统,决策支持系统等。

(4)数据挖掘技术

随着信息技术的快速发展,数据库的规模不断扩大,产生了海量的数据。为了从这些海量的数据中提取能够支持决策的信息,数据挖掘技术应运而生。

数据挖掘一般是指从大量的数据中通过算法搜索隐藏于其中的信息的过程。数据挖掘通常与计算机科学有关,并通过统计、在线分析处理、情报检索、机器学习、专家系统和模式识别等诸多方法来实现上述目标。

(5)大数据技术

大数据是一个体量特别大,数据类别繁多的数据集,并且这样的数据集无法用传统的数据库概念对其内容进行抓取、管理和处理。一般认为大数据具有 4V 特点:Volume、Velocity、Variety、Veracity。针对这些特点,大数据技术的特色在于对海量数据进行分布式数据挖掘,但它必须依托云计算的分布式处理、分布式数据库和云存储、虚拟化技术。

## 8.1.2 数据库系统的基本概念

1)数据库(DataBase)

数据库(DB)从字面上可以理解为存放数据的仓库。严格地讲,数据库是以一定的组织方式将相关的数据组织在一起存放在计算机外存储器上,并能为多个用户共享的与应用程序彼此独立的一组相关数据的集合。它不仅包括描述事物的数据本身,而且包括相关事物之间的联系。

2)数据库管理系统(DBMS)

数据库管理系统(DBMS)是一种用于管理数据库的系统软件,提供了安全性和完整性等统一控制机制,方便用户管理和存取数据库中的数据资源。它是数据库系统的核心组成部分。DBMS 的基本功能有数据定义、数据操纵、数据库的运行管理和控制、数据库的建立和维护等。

①数据库定义功能:对数据库中数据对象的定义,如库、表、视图、索引、触发器等。

②数据操纵功能:对数据库中数据对象的基本操作,如查询、更新等。

③运行管理功能:对数据库中数据对象的统一控制,主要包括数据的安全性、完整性、多用户的并发控制和故障恢复等。

④系统维护功能:对数据库中数据对象的输入、转换、转储、重组、性能监视等。

3)数据库系统

数据库系统是指引进数据库技术后的计算机系统。其由 5 部分组成:硬件系统、软件系统、数据库应用系统、数据库和各类用户。

①硬件系统。数据库系统建立在计算机系统上,运行数据库系统的计算机需要有足够大的内存以存放系统软件;需要足够大容量的磁盘等联机存取设备存储数据库庞大的数据;需要具有较高的数据传输能力。

②软件系统。软件系统包括操作系统、数据库管理系统和数据库系统开发工具软件等。

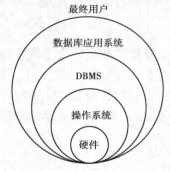

③数据库应用系统。对数据库中的数据进行处理和加工的软件,它面向特定的应用。是基于数据库的各类管理软件,例如管家婆财务软件、用友财务软件等。

④数据库。数据库是数据库系统的管理对象。

⑤用户。包括数据库管理员、数据库开发人员和最终用户。

在数据库系统中,各层次之间的相互关系如图8-2所示。

**图8-2 数据库系统的组成层次**

4)数据库系统的特点

数据库技术是在文件系统基础上发展产生的,两者都以数据文件的形式组织数据,但由于数据库文件在文件系统之上加入了DBMS对数据进行管理,从而使得数据库系统具有如下特点:

(1)数据库的高共享性与低冗余度

数据库系统从整体角度看待和描述数据,数据不再面向某个应用而是面向整个系统。因此数据可以被多个用户、多个应用共享使用。数据共享可以大大减少数据冗余,节约存储空间。数据共享还能够避免数据之间的不相容性与不一致性。由于数据面向整个系统,是有结构的数据,不仅可以被多个应用共享使用,而且容易增加新的应用,这就使得数据库系统弹性大,易于扩充,可以适应各种用户的要求。

(2)数据结构化

数据结构化是数据库系统与文件系统的根本区别。数据结构不仅描述数据本身的特点,而且描述数据之间的联系。

(3)数据独立性高

数据的独立是指数据与应用程序之间彼此独立,不存在相互依赖的关系。数据的独立性包含两个方面:物理独立性和逻辑独立性。

物理独立性:数据的物理结构(包括存储结构,存取方式等)的改变,如存储设备的更换、物理存储的更换、存取方式改变等都不影响数据库的逻辑结构,从而不致引起应用程序的变化。

逻辑独立性:数据库总体逻辑结构的改变,如修改数据模式、增加新的数据类型、改变数据间联系等,不需要相应修改应用程序。

(4)由专门的数据管理软件即数据库管理系统对数据进行统一管理

数据的统一管理包括数据的完整性检查、安全性检查和并发控制等。

## 8.1.3 常用的数据库管理系统

目前,市场上比较流行的数据库管理系统主要有 Oracle、SQL Server、DB2、MySQL、Sybase、Access、Visual FoxPro、SQLite 等。

1）Oracle

Oracle 数据库是美国 ORACLE 公司（甲骨文）推出的，是世界上第一个开放式商品化关系型数据库管理系统。它支持标准 SQL 语言，支持多种数据类型，提供面向对象存储的数据支持，具有良好的并行处理功能，支持 Unix、Windows、OS/2、Novell 等多种平台。Oracle 数据库系统是目前世界上流行的关系数据库管理系统，系统可移植性好、使用方便、功能强，适用于各类大、中、小、微机环境。

2）SQL Server

SQL Server 是 Microsoft 公司推出的关系型数据库管理系统。1988 年，由 Microsoft、Sybase 和 Ashton-Tate 三家公司共同开发推出了第一个 OS/2 版本。后来 Microsoft 和 Sybase 分道扬镳，Microsoft 将 SQL Server 移植到 Windows NT 系统上，专注于开发推广 SQL Server 的 Windows NT 版本。Sybase 则较专注于 SQL Server 在 Unix 操作系统上的应用。

SQL Server 的功能比较全面，效率高，可伸缩性与可靠性强，可以与 Windows 操作系统紧密集成。SQL Server 继承了微软产品界面友好、易学易用的特点，但只能在 Windows 系统下运行。

3）DB2

DB2 是美国 IBM 公司开发的一套关系型数据库管理系统。它是一个多媒体、Web 关系型数据库管理系统。DB2 是基于 SQL 的关系型数据库产品，其功能满足大中公司的需要，并可灵活地服务于中小型电子商务解决方案。DB2 在企业级的应用十分广泛，全球用户超过 6 000 万。主要应用于金融、商业、铁路、航空、医院等领域，以金融系统的应用最为突出。

4）MySQL

MySQL 是一个关系型数据库管理系统，由瑞典 MySQL AB 公司开发，目前属于 Oracle 公司。MySQL 数据库体积小、速度快、成本低、源码开放，搭配 PHP 和 Apache 可组成良好的开发环境，一般中小型网站的开发都选择 MySQL 作为网站数据库。

5）Sybase

Sybase 公司成立于 1984 年 11 月，总部设在美国加州，是全球最大的独立软件厂商之一，Sybase 公司致力于帮助企业等各种机构进行应用、内容及数据的管理和发布。Sybase 数据库是一种典型的 Unix 或 Windows NT 平台上客户机/服务器环境下的大型数据库系统。该数据库应用主要集中在金融服务业、政府部门、电信、医疗保健和媒体服务业。

Sybase 通常与 SybaseSQLAnywhere 用于客户机/服务器环境，前者作为服务器数据库，后者为客户机数据库，采用该公司研制的 PowerBuilder 为开发工具。

6）Access

Access 是在 Windows 操作系统下工作的关系型数据库管理系统，是微软 Office 办公套件中一个重要成员，具有 Office 系列软件的一般特点，如菜单、工具栏等。它采用了 Windows 程序设计理念，以 Windows 特有的技术设计查询、用户界面、报表等数据对象，内嵌了 VBA（Visual Basic Application）程序设计语言，具有集成的开发环境。

7) Visual FoxPro

Visual FoxPro(简称 VFP)是微软公司开发的一个微机平台关系型数据库管理系统,是在 dBASE 和 FoxBase 系统的基础上发展而成的。20 世纪 80 年代初期,dBASE 成为 PC 机上最流行的数据库管理系统。当时绝大多数的管理信息系统采用 dBASE 作为系统开发平台。后来出现的 FoxBase 完全支持了 dBase 的所有功能,已经具有了强大的数据处理能力。1995 年 Visual FoxPro 的出现是 xBASE 系列数据库系统的一个飞跃,给 PC 数据库开发带来了革命性的变化。Visual FoxPro 不仅在图形用户界面的设计方面采用了一些新技术,还提供了所见即所得的报表设计工具。目前 Visual FoxPro 的最新版本是 Visual FoxPro 9.0。

8) SQLite

SQLite 是一款优秀的嵌入式数据库管理系统,它的设计目标是嵌入式的,而且目前已经在很多嵌入式产品中使用了它,它占用资源非常少,在嵌入式设备中,可能只需要几百千字节的内存就够了。例如,现在智能手机中的一些 App 就采用它作为数据库。

SQLite 的特点是:简单、小巧、方便、开源、事务和并发性。

## 8.1.4 数据模型

数据库中的数据是高度结构化的,即数据库不仅要考虑记录内部数据项之间的关系,还要考虑记录之间的关系,数据模型就是描述这些联系的数据库结构形式。在数据库的发展历史中,数据模型主要有层次模型、网状模型和关系模型。

• 层次模型( Hierarchical Model)是数据库系统中最早采用的数据模型,它是通过从属关系结构表示数据间的联系,层次模型是有向"树"结构。

• 网状模型( Network Model)是层次模型的扩展,是一种更具有普遍性的结构,它表示多个从属关系的层次结构,呈现一种交叉关系的网络结构,网状模型是有向"图"结构。

• 关系模型( Relational Model)不仅可以表示从属关系,也表示具有相关性而非从属性的按照某种平行序列排列的数据集。

## 8.1.5 关系数据库

关系模型中最基本的概念是关系(Relation)。关系模型用一组二维表来表示数据和数据之间的联系。每一张二维表组成一个关系,如表 8-1 所示。

表 8-1　学生表

| 学号 | 姓名 | 性别 | 出生日期 | 政治面貌 | 班级编号 | 照片 |
|---|---|---|---|---|---|---|
| 201340350 | 丁海亮 | 男 | 1994/2/2 | 群众 | 201301 | |
| 201340351 | 纪宣 | 女 | 1995/8/25 | 中共党员 | 201301 | |
| 201340352 | 尹晨 | 女 | 1994/12/30 | 群众 | 201402 | |
| 201340353 | 李金丹 | 女 | 1996/1/1 | 中共党员 | 201301 | |

1）关系的特征

并非任何一个二维表都是一个关系。只有具备以下特征的二维表才是一个关系。

- 在一个关系中，每一个数据项不可再分，它是最基本的数据单位。
- 在一个关系中，每一列数据项要具有相同的数据类型。
- 在一个关系中，不允许有相同的字段名。
- 在一个关系中，不允许有相同的记录行。
- 在一个关系中，行和列的次序可以任意调换，不影响它们的信息内容。

2）关系模型中的基本概念

关系：一个关系就是一张二维表，每个关系有一个关系名。在计算机中，一个关系可以存储为一个文件。

元组：表中的行称为元组。在数据表中，一个元组对应一条记录。

属性：表中的列称为属性，每一列有一个属性名。在数据表中，一个属性对应着一个字段，属性名即字段名。如学生表中的学号、姓名，性别等字段。

域：属性的取值范围，即不同元组对同一个属性值所限定的范围。例如，成绩表中的分数字段的取值范围是 0 ~ 100。

主键：表中的某个属性或某些属性的集合，能唯一确定一个元组。例如，学生表中的学号属性，即每个学生的学号都是唯一的。

外键：如果一个关系中的属性并非该关系的关键字，但它们是另外一个关系的关键字，则称其为该关系的外键，一般用来与其他表建立联系。

3）关系型数据库

关系型数据库是若干个依照关系模型设计的若干个关系的集合，也就是说，是由若干个符合关系模型的二维表组成的。一张二维表通常也称为一个数据表文件，简称数据表。数据表是由数据及表结构组成的。表结构是数据表的框架，是由若干个字段名组成的数据项。数据是表的内容，是按照表结构填充的有着排列关系的数据项。

## 8.1.6 数据库设计步骤

数据库设计是指根据用户需求研制数据库结构并应用的过程。按照规范化的设计方法，以及数据库应用系统开发过程，数据库的设计过程可分为以下 6 个设计阶段：

①需求分析：收集和分析各项应用对信息和处理两方面的需求，这有助于确定需要数据库保存哪些信息，是设计数据库的基础和前提。

②概念结构设计：对用户的信息要求进行综合、归纳、抽象，统一到一个概念模型中。

③逻辑结构设计：将概念模型转换成某个 DBMS 支持的数据模型，并对其优化。

④物理结构设计：为逻辑数据模型选取一个最合适的物理结构。

⑤数据库的实施：建立数据库，编制和调试程序，组织数据入库，并试运行。

⑥数据库运行和维护：数据库系统时间正常运行使用，并实时进行评价、调整。

在数据库设计中，前两个阶段是面向用户的应用要求，面向具体的问题，中间两个阶段是面向数据库管理系统，最后两个阶段是面向具体的实现方法。前四个阶段可统称为"分析和设计阶段",后面两个阶段统称为"实现和运行阶段"。

数据库设计应该与应用系统设计相结合,也就是说要把行为设计和结构设计密切结合起来,是一种"反复探寻,逐步求精的过程"。

## 8.2 Access 2010 数据库简介

### 8.2.1 Access 2010 概述

Access 是微软公司推出的 Office 办公系列软件的主要组件之一,是一个基于关系数据模型且功能强大的数据库管理系统,在许多企事业单位的日常数据管理中得到广泛的应用。

1992 年 11 月,Microsoft 公司推出了第一个供个人使用的关系数据库系统 Access 1.0,很快成为桌面数据库的领导者。此后 Access 不断地改进和优化,从 1995 年开始,Access 作为 MS-Office 套装软件的一部分,先后推出了多个版本,最新的版本是 Access 2013。

Access 具有与 Word、Excel、PowerPoint 等应用程序统一的操作界面,并且它们彼此之间可以通过更快捷的方式进行协同工作和数据交换。Access 易学易用,只需使用 Access 所提供的操作向导即可完成对数据库的管理、数据查询和报表打印等操作。即使开发复杂的应用数据库系统,也只需编写少量的程序代码,甚至无需编写程序代码即可实现。

为了与前面章节的软件版本保持一致性,本节以 Access 2010 为例进行说明。

1)Access 2010 工作界面

打开某个数据库后,Access 2010 的工作界面,如图 8-3 所示。

图 8-3　Access 2010 工作界面

Access 2010 工作界面中最突出的是"功能区""导航窗格"和"工作区"。

"功能区"以选项卡的形式,将各种相关的功能组合在一起。"功能区"中的选项卡分别为"文件"、"开始"、"创建"、"外部数据"、"数据库工具",在每个选项卡下,都有不同的操作工具。

"导航窗格"位于功能区下方窗口的左侧,按类别显示当前数据库中的各种数据库对象,如表、窗体、报表、查询等。导航窗格有两种状态,折叠和展开状态。通过单击导航窗格上方的按钮《、》,可以折叠或展开导航窗格。

"工作区"是操作各类对象的工作区域。该工作区域可以使用选项卡或窗口方式显示各种对象。

2)Access 的基本对象

数据库是与特定主题和目标相联系的信息的集合。Access 2010 数据库是一个默认扩展名为. accdb 的文件,该文件由若干个对象构成,包括用来存储数据的"表",用于查找数据的"查询",提供友好用户界面的"窗体"、"报表",以及用于开发系统的"宏"、"模块"等。

(1)表

表是特定数据的集合,是数据库中最基础的对象。其他类型的对象如查询、窗体、报表等,都可以由表来提供数据来源。数据库中的全部信息都放在一个或多个表中。表是由行和列组成的二维表格。表中的每一行称为一条记录,反映了某一事物的全部信息;每一列称为一个字段,反映了某一事物的某种属性。能够唯一标识各个记录的字段或字段集称为主关键字。

(2)查询

查询是根据给定的条件从数据库中的一个表或多个表中筛选出符合条件的记录,组成数据的集合。在数据库的实际应用中,并不是简单地使用这个表或那个表中的数据,而是将有"关系"的很多表中的数据一起调出使用,有时还要对这些数据进行一定的计算,然后才能使用。解决此问题的最好办法是使用"查询"。查询可以从一个表、一组相关的表或其他查询中提取数据,并将结果形成一个集合提供给用户。把查询保存为一个数据库对象后,就可以在任何时候运行查询,进行数据的查找。

"查询"的字段可以来自很多相互之间有"关系"的表,这些字段组合成一个新的数据表视图,但它并不存储任何数据。当"表"中数据改变时,"查询"中的数据也会随之改变,而且也可以通过查询完成复杂的计算工作。

(3)窗体

窗体是数据库和用户联系的界面,提供了一种方便浏览、输入及更改数据的界面。窗体并不存储数据,是用来处理数据的界面,通常还包含一些可执行各种命令的按钮。

(4)报表

如果要对数据库中的数据进行打印,使用报表是最简单且有效的方法。报表用于将选定的数据以特定的版式显示或打印,是表现用户数据的一种有效方式,其内容可以来自某一个表也可来自某个查询。在 Access 中,报表能对数据进行多重的数据分组并可将分组的结果作为另一个分组的依据,报表还支持对数据的各种统计操作,如求和、求平均值或汇总等。

报表和窗体的建立过程基本是一样的,只是一个显示在屏幕上,一个显示在纸上;窗体可以有交互,而报表没有交互罢了。

（5）宏

宏是一个或多个命令的集合,其中每个命令都可以实现特定的功能,通过将这些命令组合起来,可以自动完成某些经常重复或复杂的操作。也可以将宏看作是一种简化的编程语言。利用宏,用户不必编写任何代码,就可以实现一定的交互功能,如弹出对话框、单击按钮、打开窗体等。

（6）模块

模块是用 VBA（Visual Basic for Applications）语言编写的程序单元,可用于实现复杂的功能。模块中的每一个过程都可以是一个函数过程或一个子程序。模块可以与报表、窗体等对象结合使用,以建立完整的应用程序。

### 8.2.2 创建 Access 数据库

在 Access 2010 中,既可利用模板建立数据库,也可以直接建立一个空数据库。

[**例** 8-1]在桌面创建名为"学生成绩管理.accdb"的空白数据库。

操作步骤如下:

①启动 Access 2010。

②在 Access 启动窗口中单击"空数据库"。在右侧窗格的文件名文本框中,给出一个默认的文件名"Database1.accdb",把它修改为"学生成绩管理"。

③单击文件夹按钮,在打开的"文件新建数据库"对话框中,选择数据库的保存位置在"C:\桌面"文件夹中,单击"确定"按钮。

### 8.2.3 创建表

表是数据库的核心内容,表中记录了数据库中的全部数据。其他的对象,例如查询、报表、页等都以表中的数据为基础。没有表的数据库是没有意义的,所有的表都是基于数据库而存在的。

表由表结构和表记录两个部分构成。表结构描述了表有哪些字段,字段的名称及每个字段的特征,如表 8-2 所示。表记录是向表中输入的数据。

**表 8-2　课程表结构**

| 字段名称 | 数据类型 | 字段大小（格式） |
| --- | --- | --- |
| 课程编号 | 文本 | 5 |
| 课程名称 | 文本 | 20 |
| 课程类别 | 文本 | 10 |
| 学分 | 数字 | 单精度 |
| 学时 | 数字 | 整型 |
| 开课单位 | 文本 | 10 |
| 开课学期 | 文本 | 1 |

在创建表时,应该先构建表结构,然后输入表记录。下面介绍 2 种常用的创建表的方法。

1) 利用表设计创建表

[**例 8-2**] 在"学生成绩管理"数据库中创建"课程"表。

操作步骤如下:

①打开已经创建的"学生成绩管理"数据库。

②切换到"创建"选项卡,单击"表格"组中的"表设计"按钮,进入表的设计视图,如图 8-4 所示。

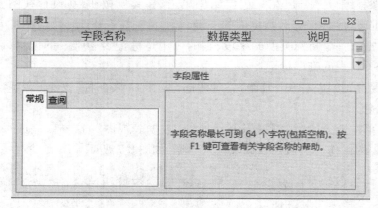

图 8-4  表设计视图

③在"字段名称"栏中输入字段的名称"课程编号",在"数据类型"下拉列表框中选择该字段为文本类型,在字段属性列表中将"字段大小"设为 5,如图 8-5 所示。

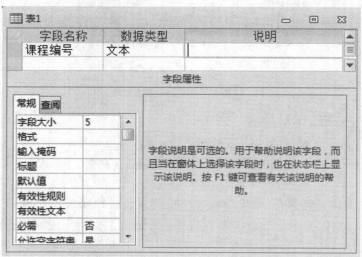

图 8-5  设置字段的属性

④用同样的方法,输入其他字段名称,并设置相应的数据类型和字段属性,结果如图8-6 所示。

课程

| 字段名称 | 数据类型 | 说明 |
| --- | --- | --- |
| 课程编号 | 文本 | |
| 课程名称 | 文本 | |
| 课程类别 | 文本 | |
| 学分 | 数字 | |
| 学时 | 数字 | |
| 开课单位 | 文本 | |
| 开课学期 | 文本 | |

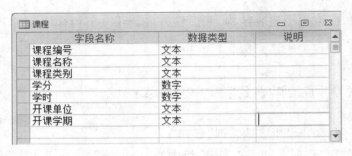

图 8-6　课程表结构

⑤选择“课程编号”字段，在“工具”组中单击“主键” 按钮，在设计视图上显示主键标志。将“课程编号”字段设置为数据表的主键。

主键是数据表一个特殊类型的字段，它的作用是标记表中唯一的记录，以便用作创建数据表关系时关联表的唯一标记。

⑥单击“保存”按钮，弹出“另存为”对话框，然后在“表名称”文本框中输入“课程”，再单击“确定”按钮。

⑦单击屏幕左上方的“视图”按钮，切换到“数据表视图”，这样就完成了利用表的“设计视图”创建表的操作。然后在数据表输入数据，如图 8-7 所示。

课程

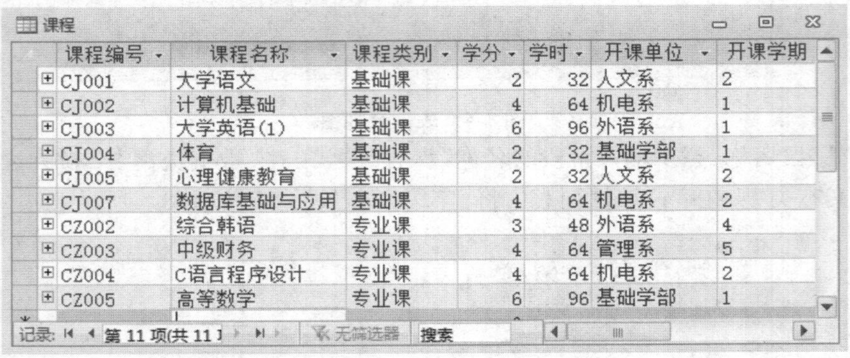

| 课程编号 | 课程名称 | 课程类别 | 学分 | 学时 | 开课单位 | 开课学期 |
| --- | --- | --- | --- | --- | --- | --- |
| CJ001 | 大学语文 | 基础课 | 2 | 32 | 人文系 | 2 |
| CJ002 | 计算机基础 | 基础课 | 4 | 64 | 机电系 | 1 |
| CJ003 | 大学英语(1) | 基础课 | 6 | 96 | 外语系 | 1 |
| CJ004 | 体育 | 基础课 | 2 | 32 | 基础学部 | 1 |
| CJ005 | 心理健康教育 | 基础课 | 2 | 32 | 人文系 | 2 |
| CJ007 | 数据库基础与应用 | 基础课 | 4 | 64 | 机电系 | 2 |
| CZ002 | 综合韩语 | 专业课 | 3 | 48 | 外语系 | 4 |
| CZ003 | 中级财务 | 专业课 | 4 | 64 | 管理系 | 5 |
| CZ004 | C语言程序设计 | 专业课 | 4 | 64 | 机电系 | 2 |
| CZ005 | 高等数学 | 专业课 | 6 | 96 | 基础学部 | 1 |

记录: 第 11 项(共 11 项) 无筛选器 搜索

图 8-7　课程表数据

2) 利用导入数据的方法创建表

通过导入自其他位置存储的信息来创建表。例如，可以导入自 Excel 工作表、文本文件、其他 Access 数据库以及其他数据源中存储的信息。在导入数据后，一般还得为表设置字段的属性。

[**例 8-3**] 在桌面已经存有“学生. xlsx”文件，要求将该电子表格文件导入到“学生成绩管理”数据库中，命名为“学生”表，并按下表 8-3 所示要求更改字段属性，并为照片字段添加每位学生的照片信息。

**表 8-3　学生表的表结构**

| 字段名称 | 数据类型 | 字段大小(格式) |
| --- | --- | --- |
| 学号 | 文本 | 9 |
| 姓名 | 文本 | 8 |

续表

| 字段名称 | 数据类型 | 字段大小（格式） |
|---|---|---|
| 性别 | 文本 | 2 |
| 出生日期 | 日期/时间 | 常规日期 |
| 政治面貌 | 文本 | 10 |
| 班级编号 | 文本 | 8 |
| 照片 | OLE 对象 | |

操作步骤如下：

①打开"学生成绩管理"数据库，单击"外部数据"选项卡的"导入并链接"组中的"Excel"按钮，弹出如图 8-8 所示的界面。在该界面中单击"浏览"按钮选中要导入的 Excel 文件，这里选择"学生.xlsx"表，单击"确定"按钮。

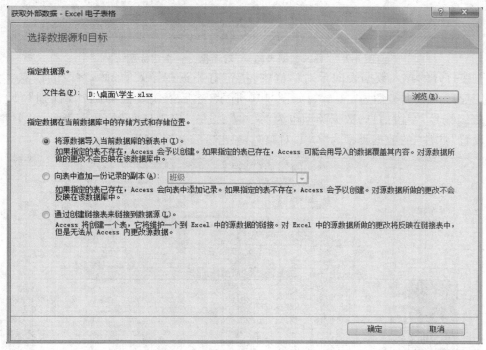

图 8-8　获取外部数据—Excel 电子表格

说明：在数据目标选择区，提供了 3 种方式：将源数据导入数据库的新表中；将数据追加到数据库中已存在的表中和将数据链接到数据库中。此题选择的是"将源数据导入到数据库的新表中"方式。

②在打开的"请选择合适的工作表或区域"对话框中，选中要导入的工作表，这里选择"Sheet1"表，单击"下一步"按钮。

③在导入数据表向导对话框中，请指定第一行是否包含标题。依据本题实际，勾选"第一行包含列标题"复选框，然后单击"下一步"按钮，如图 8-9 所示。

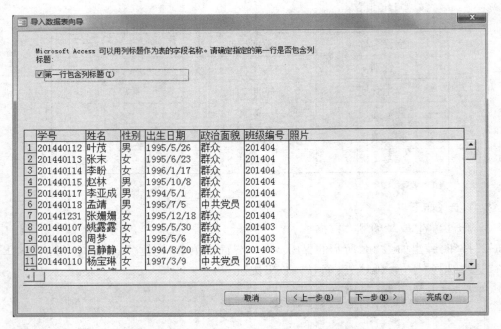

图 8-9  "导入数据表向导"对话框——指定标题行

④在打开的导入数据表向导对话框中,指定有关正在导入的每一字段的信息。指定"学号"字段的数据类型为"文本",如图 8-10 所示,然后依次设置"姓名""性别""政治面貌""班级编号"字段信息,数据类型也为"文本";设置"出生日期"的数据类型为"日期/时间";设置"照片"的数据类型为"OLE 对象",单击"下一步"按钮。

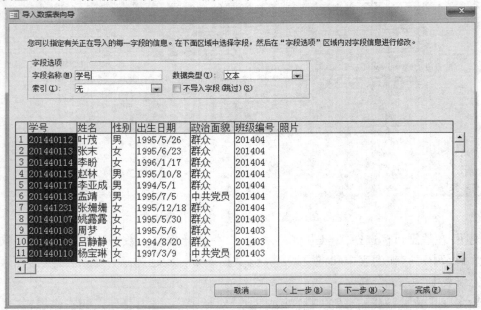

图 8-10  "导入数据表向导"对话框——设置数据类型

⑤在打开的导入数据表向导对话框中"指定主键",选中"我自己选择主键"单选按钮,然后在其后的下拉列表中选择"学号"字段,然后单击"下一步"按钮,如图 8-11 所示。

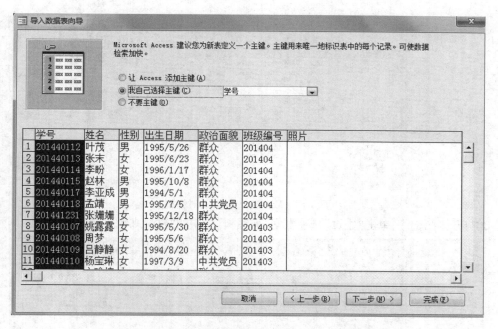

图 8-11 "导入数据表向导"对话框——设置主键

⑥在打开的导入数据表向导对话框中，指定表的名称。在"导入到表"文本框中，输入"学生"，然后单击"完成"按钮。将打开"保存导入步骤"对话框，在对话框中取消选择"保存导入步骤"复选框，单击"关闭"按钮。

⑦在导航窗格中右键"学生"表，在弹出的快捷菜单中选择"设计视图"命令，以设计视图打开学生表，为每个字段设置字段长度。单击"开始"选项卡的"视图"组中的"数据表视图"按钮，切换到数据表视图，效果如图 8-12 所示。

| | 学号 | 姓名 | 性别 | 出生日期 | 政治面貌 | 班级编号 | 照片 |
|---|---|---|---|---|---|---|---|
| ⊞ | 201340350 | 丁亮亮 | 男 | 1994/2/8 | 群众 | 201301 | |
| ⊞ | 201340351 | 任海霞 | 女 | 1995/8/25 | 中共党员 | 201301 | |
| ⊞ | 201340352 | 尹一晨 | 女 | 1994/11/30 | 群众 | 201402 | |
| ⊞ | 201340353 | 李弘扬 | 男 | 1996/1/10 | 中共党员 | 201301 | |
| ⊞ | 201340354 | 沈桐桐 | 女 | 1997/6/6 | 群众 | 201301 | |
| ⊞ | 201340355 | 张星鑫 | 女 | 1994/4/11 | 中共党员 | 201301 | |
| ⊞ | 201340356 | 梁灿 | 女 | 1994/11/18 | 群众 | 201301 | |
| ⊞ | 201340357 | 王冠 | 男 | 1993/11/1 | 群众 | 201302 | |

记录: ◄ ◄ 第1项(共42项) ► ►► ▶ 、 未筛选 搜索

图 8-12 学生表数据表视图

⑧通过图 8-12 可知，每位学生的照片信息是空白的。现在为学号为"201340350"的学生添加照片信息。右击该同学的照片单元格，弹出快捷菜单，选择"插入对象"命令，弹出"Microsoft Access"对话框，如图 8-13 所示。

⑨选择"新建"单选按钮，在"对象类型"列表中选择"Bitmap Image"，然后单击"确定"按钮。（说明："由文件创建"方式，通过指定已有照片的位置来添加照片信息。通过这种方式添加照片，对照片的格式有要求。若是 bmp 格式，在后续的窗体、报表中则可以正常显示。若是 jpg 格式，在后续的窗体、报表中则不能正常显示）

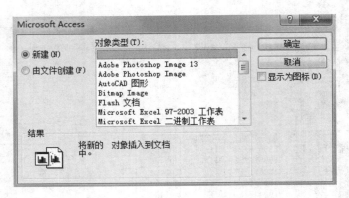

图 8-13　Microsoft Access 对话框

⑩打开画图程序,单击"主页"选项卡的"剪贴板"组中的"粘贴来源"按钮,如图 8-14 所示。

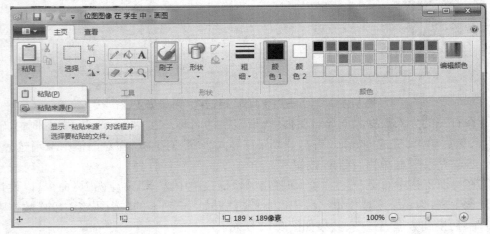

图 8-14　画图程序界面

在弹出的"粘贴来源"对话框中,在素材文件夹中选择照片,单击"确定"按钮。完成粘贴,适当调整图片的大小,如图 8-15 所示,关闭画图程序窗口。

图 8-15　通过"粘贴来源"粘贴照片

⑪照片添加完毕后，在照片单元格中显示为"Bitmap Image"，最后效果如图 8-16 所示。

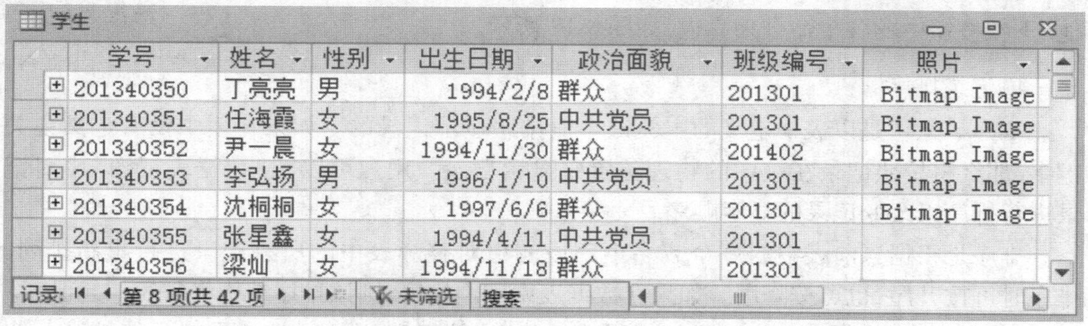

| | 学号 | 姓名 | 性别 | 出生日期 | 政治面貌 | 班级编号 | 照片 |
|---|---|---|---|---|---|---|---|
| ⊞ | 201340350 | 丁亮亮 | 男 | 1994/2/8 | 群众 | 201301 | Bitmap Image |
| ⊞ | 201340351 | 任海霞 | 女 | 1995/8/25 | 中共党员 | 201301 | Bitmap Image |
| ⊞ | 201340352 | 尹一晨 | 女 | 1994/11/30 | 群众 | 201402 | Bitmap Image |
| ⊞ | 201340353 | 李弘扬 | 男 | 1996/1/10 | 中共党员 | 201301 | Bitmap Image |
| ⊞ | 201340354 | 沈桐桐 | 女 | 1997/6/6 | 群众 | 201301 | Bitmap Image |
| ⊞ | 201340355 | 张星鑫 | 女 | 1994/4/11 | 中共党员 | 201301 | |
| ⊞ | 201340356 | 梁灿 | 女 | 1994/11/18 | 群众 | 201301 | |

记录: ◄ ◄ 第8项(共42项) ► ►I ►* ▼ 未筛选 搜索

图 8-16　学生表数据表视图

⑫依照相同的方法，为其他同学插入照片信息。若照片插入有误，则单击该照片单元格，按 del 键，删除照片。

## 8.2.4　表的操作

1）修改表结构

用户在创建表之后，如果对表的结构不满意，可以对它进行修改。修改表结构在表的设计视图中进行。

●插入新字段：选择要插入新字段的下一行，单击右键，在弹出的快捷菜单中选择"插入行"命令，就会在选定行前插入新的行，然后输入字段名即可。

●删除字段：选中要删除的行，单击右键，在弹出的快捷菜单中选择"删除行"命令即可。

●修改字段名称和属性：单击字段，然后修改字段名称、数据类型或字段属性。

●移动字段位置：拖动字段名称前的小方框到目标位置即可。

2）维护表中的内容

维护表中内容的操作是在数据表视图下进行。主要包括添加新记录、删除记录和修改记录。

●添加记录：由于表中的记录与先后顺序无关，只能在表的末尾添加新记录。

●删除记录：选择一行或多行记录，单击"开始"选项卡"记录"组中的"删除"按钮即可。

●修改记录：可在数据表中直接修改。

3）表的美化

表的美化主要包括调整表中文字的字体、字号、颜色、行的背景色、行高、列宽、隐藏或显示列等。

表中数据的文本格式，主要通过"开始"选项卡的"文本格式"组中的按钮来完成。单击"文本格式"组中的对话框启动器，打开"设置数据表格式"对话框，可以设置单元格效果、背景色、网格线颜色等，如图 8-17 所示。

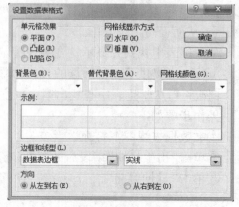

图 8-17　"设置数据表格式"对话框

表的行高、字段宽度、列的隐藏及冻结,都可以通过"开始"选项卡的"记录"组中的"其他"下拉按钮中的各个命令来完成,如图8-18所示。

4)记录排序

Access默认是以表中定义的主关键字值排序显示记录的。如果在表中没有定义主关键字,那么将按照记录在表中的物理位置来显示记录。用户可以在"数据表视图"中对记录进行排序以改变记录的显示顺序。

排序是根据当前表中的一个或多个字段的值对整个表中的所有记录进行重新排列。排序时可按升序,也可按降序。如果在数据表中应用排序,则该排序结构将与表一起保存。

"开始"选项卡的"排序和筛选"组中的"升序"按钮和"降序"按钮同时只能按某一个字段排序。若要同时按多个字段来排序,则必须使用"高级"中的"高级筛选与排序"按钮,如图8-19所示。

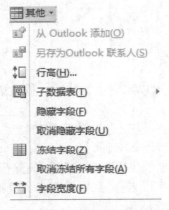

图8-18 "其他"下拉按钮中的各项命令　　　　　图8-19 "排序和筛选"组

5)筛选

大多数时候,用户并不是对数据表中所有的数据都感兴趣,经常要在有几百万条记录的数据表中查找几个感兴趣的记录,如果用手工的方式一个一个地查找,那工作量是巨大的。在Access中,可以利用数据的筛选功能,过滤掉用户不关心的数据,只显示用户感兴趣的记录,从而提高工作效率。

从数据表中找到并显示符合某种特定条件的所有记录,隐藏不符合条件的记录称为筛选。Access中提供了多种筛选的方式,如按选择内容查找、使用各种筛选器等。

[例8-4]从学生表中查找出第二季度出生的所有学生信息。

操作步骤如下:

①在数据表视图下打开学生表。

②单击"出生日期"字段后的筛选按钮,弹出筛选菜单。

③单击"日期筛选器"下一级"期间的所有日期"中的"第二季度"命令,如图8-20所示。

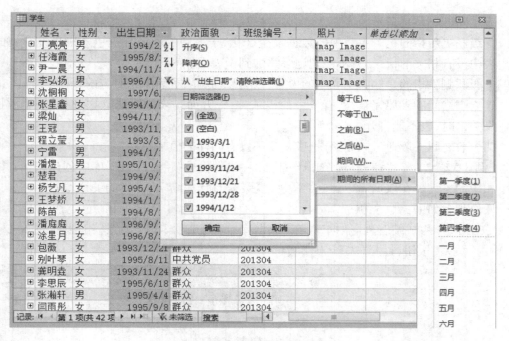

图 8-20　日期筛选器的使用

④学生表中就只显示所有第二季度出生的学生信息,结果如图 8-21 所示。

⑤单击"开始"选项卡的"排序和筛选"组中的"切换筛选"按钮,可以取消筛选。

| | 学号 | 姓名 | 性别 | 出生日期 | 政治面貌 | 班级编号 | 照片 |
|---|---|---|---|---|---|---|---|
| | 201440112 | 叶茂 | 男 | 1995/5/26 | | 201404 | |
| | 201440113 | 张末 | 女 | 1995/6/23 | 群众 | 201404 | |
| | 201440117 | 李亚成 | 男 | 1994/5/1 | 群众 | 201404 | |
| | 201440107 | 姚露露 | 女 | 1995/5/30 | 群众 | 201403 | |
| | 201440108 | 周梦 | 女 | 1995/5/6 | 群众 | 201403 | |
| | 201440104 | 李晓庆 | 女 | 1994/6/25 | 群众 | 201402 | |
| | 201440084 | 刘慧 | 女 | 1995/5/27 | 中共党员 | 201401 | |
| | 201340638 | 李思辰 | 女 | 1995/6/18 | 群众 | 201304 | |
| | 201341297 | 张瀚轩 | 男 | 1995/4/4 | 群众 | 201304 | |
| | 201340364 | 杨艺凡 | 女 | 1995/4/15 | 群众 | 201303 | |
| | 201340354 | 沈桐桐 | 女 | 1997/6/6 | 群众 | 201301 | Bitmap Image |
| | 201340355 | 张星鑫 | 女 | 1994/4/11 | 中共党员 | 201301 | |

记录：第 1 项(共 12 项)　已筛选　搜索

图 8-21　学生表筛选结果

## 8.2.5　建立表之间的关系

数据库中的多个表一般都是有联系的,有些字段会出现在多个表中。例如,学生成绩管理数据库中,"学号"字段在"学生"表和"成绩"表中都出现了。假设某个学生因为特殊原因要修改学号信息,是否需要在学生表和成绩表中都修改呢? 会不会因为失误,学生表中修改了学号,而成绩表中没有修改呢? 为了杜绝上述情况的发生,最好在表之间建立关系,确保数据的一致性。

表之间的关系具有参照完整性。它包含级联更新和级联删除两种。

●级联更新指的是若主表中的数据发生变化,子表中的相应数据也会出生变化;如果在主表中没有相关的记录,就不能把记录添加到子表中。

●级联删除指的是删除主表中的内容,则会自动删除子表中相对应的数据。

建立表之间的参照完整性,有 2 个前提条件:一方面是表中要建立主键;另一个方面,在建设关系时,表不能打开。

两个表之间一般通过同名字段,或 2 个字段有同样的值来建立关系。

[例 8-5]"学生"、"课程"和"成绩"都已经在"学生成绩管理"数据库中创建完毕,并设置了相应的主键。在数据库中建立"学生"、"课程"和"成绩"表之间的关系。

操作步骤如下:

①打开"学生成绩管理"数据库,在"数据库工具"选项卡的"关系"组中,如图 8-22 所示,单击"关系"按钮,打开"关系"窗口。

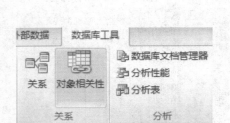

图 8-22　数据库工具选项卡　　　　　图 8-23　"显示表"对话框

②在"关系"组中,单击"显示表"按钮,打开"显示表"对话框,如图 8-23 所示。

③在"显示表"对话框中,列出当前数据库中所有的表,用鼠标分别双击"学生""课程"和"成绩"表,将 3 个表添加到关系窗口中。

④在"学生"表中,选中"学号"字段,按住左键不松开,拖到"成绩"表的"学号"字段上,放开左键,这时打开"编辑关系"对话框,勾选"实施参照完整性""级联更新相关字段"和"级联删除相关记录"复选框,如图 8-24 所示。

⑤然后单击"创建"按钮,关闭"编辑关系"对话框,返回到"关系"窗口。Access 自动确定两个表之间链接关系类型的功能。在建立关系后,可以看到在两个表的相同字段之间出现了一条关系线,并且在"学生"表的一方显示"1",在"成绩"表的一方显示"∞",表示一对多关系,即"学生"表中一条记录关联"成绩"表中多条记录,如图 8-25 所示。

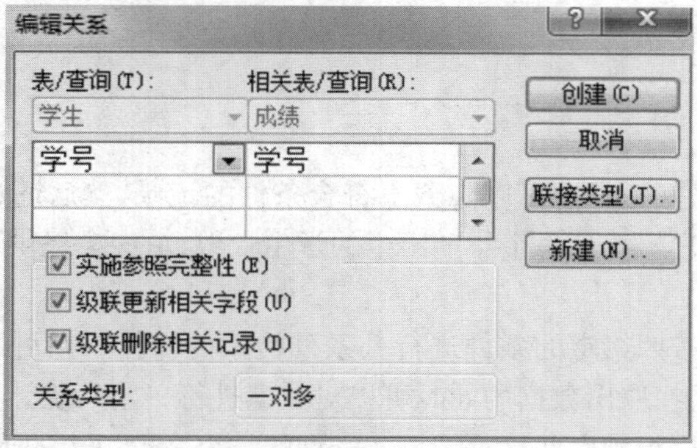

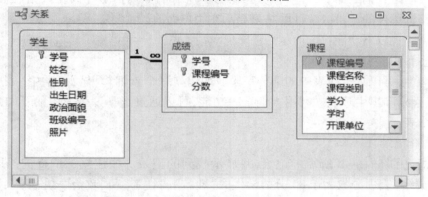

图 8-24　"编辑关系"对话框

图 8-25　"学生"表和"成绩"表建立关系

⑥用同样的方法建立"课程"表和"成绩"表的关系,建立关系后的结果,如图 8-26 所示。

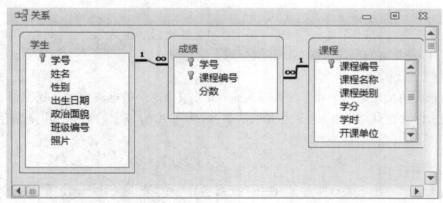

图 8-26　"课程"表和"成绩"表关系窗口

⑦保存关系。

⑧打开学生表,将学号"201340350"改为"201540101",然后打开成绩表,观察成绩表中学号是否变成了"201540101"。接着删除学生表中学号为"201440112"的记录,观察成绩表中是否还有学号为"201440112"的成绩记录。

### 8.2.6　查询对象

1）查询概述

通过前面的学习,知道筛选可以隐藏不符合条件的记录,然后通过状态栏知道符合条件的记录数量。若用户想统计每个年度出生的学生人数,Access 提供了查询功能来帮助解决此问题。

查询是对数据源按照给定的条件进行一系列检索的操作。它可以从表中按照一定的规则取出特定的信息,在取出数据的同时可以对数据进行一定的统计、分析和计算,然后按照用户的要求对数据进行排序并显示结果。查询的结果一般以表的形式呈现,但要说明的是查询保存的是查询的命令,并不是数据本身。所有的数据仍然存储在数据表中,查询只是让表中符合条件的记录或统计的结果显示在用户面前。

查询可实现以下功能:

（1）选择字段

在查询中,可以只选择表中的部分字段。如建立一个查询,只显示"学生"表中每名学生的姓名、性别和出生日期。利用查询这一功能,可以通过选择一个表中的不同字段生成所需的多个表。

（2）选择记录

根据指定的条件查找所需的记录,并显示找到的记录。如建立一个查询,只显示"学生"表和"成绩"表中分数大于 85 分的学生的"姓名"、"性别"和"政治面貌"。

（3）数据更新

数据更新主要包括添加记录、修改记录和删除记录等。在 Access 中,可以利用查询追加、修改和删除表中的记录。如将"计算机基础"不及格的学生从"学生"表中删除。

（4）实现计算

在建立查询时可以实现一系列的计算,例如统计班级学生人数,计算每个学生的平均分等,还可以建立新的字段来保存计算的结果。

（5）建立新表

因为查询的结果是一个动态的数据集合,如果想让这个数据集合永久保留,可以建立一个新表来保存查询结果。如将"计算机基础"成绩在 90 分以上的学生找出来并存放在一个新表中。

2）选择查询

建立查询的方法主要有两种,即使用"查询向导"和"查询设计"。使用"查询向导"操作比较简单,用户可以在向导的指示下逐步完成查询创建工作,但"查询向导"只能创建不带条件的查询。

（1）创建不带条件的查询

［**例 8-6**］利用查询向导查询每名学生公选课成绩,并显示"学号""姓名""课程名称"和"分数"字段信息。

操作步骤如下：

①打开"学生成绩管理"数据库，在"创建"选项卡的"查询"分组中，单击"查询向导"按钮。

②弹出"新建查询"对话框，如图 8-27 所示。在弹出"新建查询"对话框中选择"简单查询向导"选项，然后单击"确定"按钮，打开"简单查询向导"对话框，如图 8-28 所示。

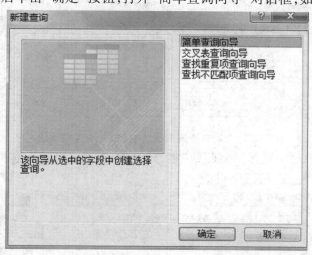

图 8-27　新建查询对话框

图 8-28　"简单查询向导"对话框

③在弹出的"简单查询向导"对话框中，单击"表/查询"下拉列表框右侧的下拉按钮，从下拉列表框中选择"表:学生"，这时"学生"表中的全部字段均显示在"可用字段"列表框中，如图 8-28 所示。然后分别双击"学号""姓名"字段。

④重复上一步，将"课程"表中选择的"课程名称"字段和"成绩"表中的"分数"字段添加到"选定字段"列表框中，如图 8-29 所示。将所需字段选定后，单击"下一步"按钮。

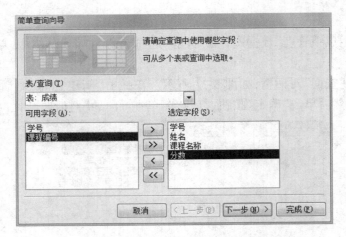

图 8-29 "简单查询向导"对话框——选中字段

⑤在弹出的对话框中选择"明细"或"汇总"选项,在此选择默认选项"明细",如图 8-30 所示。然后单击"下一步"按钮。

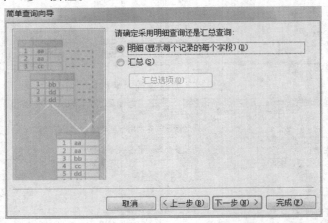

图 8-30 "简单查询向导"对话框——确定采用明细查询

⑥在弹出的对话框中为新建的查询取名为"查询1",选择"打开查询查看信息",如图 8-31,单击"完成"按钮,会显示"查询1"的结果数据,如图 8-32 所示。此时会创建一个新的查询。

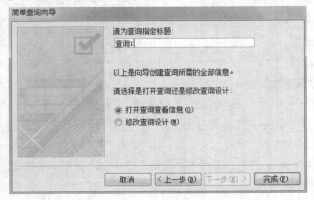

图 8-31 在"简单查询向导"中指定标题

图 8-32 查询 1 结果

（2）使用"查询设计"创建带条件的查询

在设计视图中由用户自主设计查询比采用查找向导建立查询更加灵活。查询的设计视图的窗口，如图 8-33 所示。上半部分是表或查询显示区，排列着在"显示表"对话框中选择的表或查询，以及这些表之间的关系；下半部分用于指定查询所用的字段、排序方式、是否显示、汇总计算和查询条件等。各行的具体作用如表 8-4 所示。

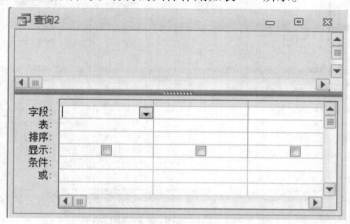

**图 8-33　查询设计视图窗口**

**表 8-4　查询"设计网格"中行的作用**

| 行的名称 | 作　　用 |
| --- | --- |
| 字段 | 可以在此输入或添加字段名 |
| 表 | 字段所在的表或查询的名称 |
| 总计 | 用于确定字段在查询中的运算方法 |
| 排序 | 用于选择查询所采用的排序方法 |
| 显示 | 利用复选框来确定字段是否在数据表（查询结果）中显示 |
| 条件 | 用于输入一个准则来限定记录的选择 |
| 或 | 用于输入准则或条件来限定记录的选择 |

［例 8-7］查询选课分数大于 80 的学生信息，在结果中显示"学号"、"姓名"、"课程名称"和"分数"字段信息。

①打开"学生成绩管理"数据库，单击"创建"选项卡的"查询"组中的"查询设计"按钮，弹出"选择查询"设计视图窗口和"显示表"对话框。

②在"显示表"对话框中单击"表"选项卡，双击"学生"、"课程"、"成绩"表，关闭"显示表"对话框，进入如图 8-34 所示"选择查询"设计视图窗口。

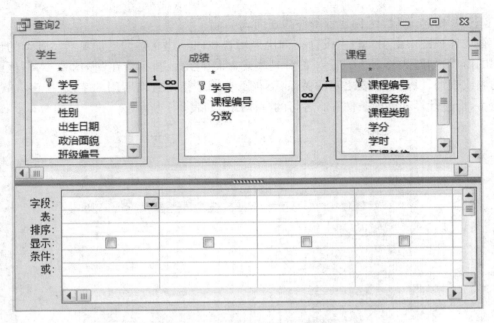

**图 8-34　"选择查询"设计视图窗口**

③双击"学生"表中的"学号"和"姓名"两个字段,然后双击"课程"表中的"课程名称"字段,再双击"成绩"表中的"分数"字段,此时这 4 个字段显示在"设计视图"下面"字段"行的相应列中,在"表"行显示出这 4 个字段所在的表名,在"分数"字段列的"条件"行输入查询条件" >80",如图 8-35 所示。

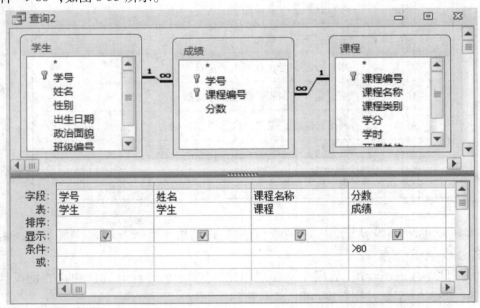

**图 8-35　设置查询所需字段和条件**

④单击"开始"选项卡的"视图"组中的"数据表视图"按钮,切换到数据表视图查看查询结果,如图 8-36 所示。

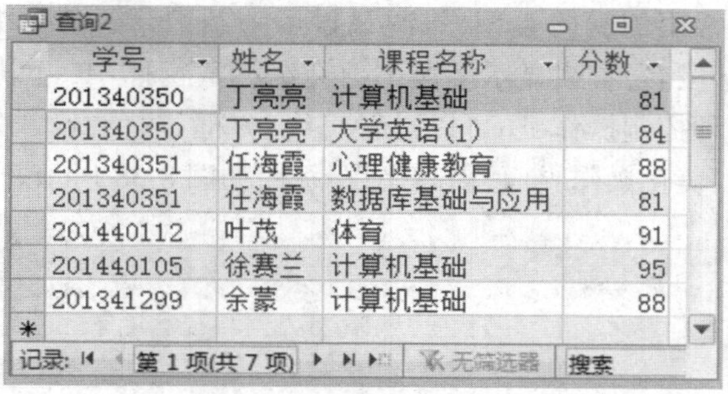

查询2

| 学号 | 姓名 | 课程名称 | 分数 |
|---|---|---|---|
| 201340350 | 丁亮亮 | 计算机基础 | 81 |
| 201340350 | 丁亮亮 | 大学英语(1) | 84 |
| 201340351 | 任海霞 | 心理健康教育 | 88 |
| 201340351 | 任海霞 | 数据库基础与应用 | 81 |
| 201440112 | 叶茂 | 体育 | 91 |
| 201440105 | 徐赛兰 | 计算机基础 | 95 |
| 201341299 | 余蒙 | 计算机基础 | 88 |

记录: 第 1 项(共 7 项) 无筛选器 搜索

图 8-36　查询 2 的结果

⑤单击快速访问工具栏上的"保存"按钮，弹出一个"另存为"对话框，在"查询名称"文本框中输入"查询 2"，然后单击"确定"按钮即可生成一个新的查询，试将结果与例 8-6 的结果进行比较，看看有何不同。

## 8.2.7　窗体

窗体(form)是用户和程序的交互界面，它是 Access 数据库重要的交互式对象之一，为用户提供了编辑数据、接收数据、查看数据、显示信息、控制应用程序流程等灵活的方式。使用窗体，可以进行有效的数据交换，如浏览数据、修改数据等。

1)窗体的样式

窗体的样式有纵栏式和表格式两大类。

表格式窗体在一个窗体中一次显示多条记录的信息。如果要浏览更多的记录，可以通过垂直滚动条进行浏览。当拖动滚动条浏览后面记录，窗体上方的字段名称信息固定不动，滚动的只是记录信息，如图 8-37 所示。

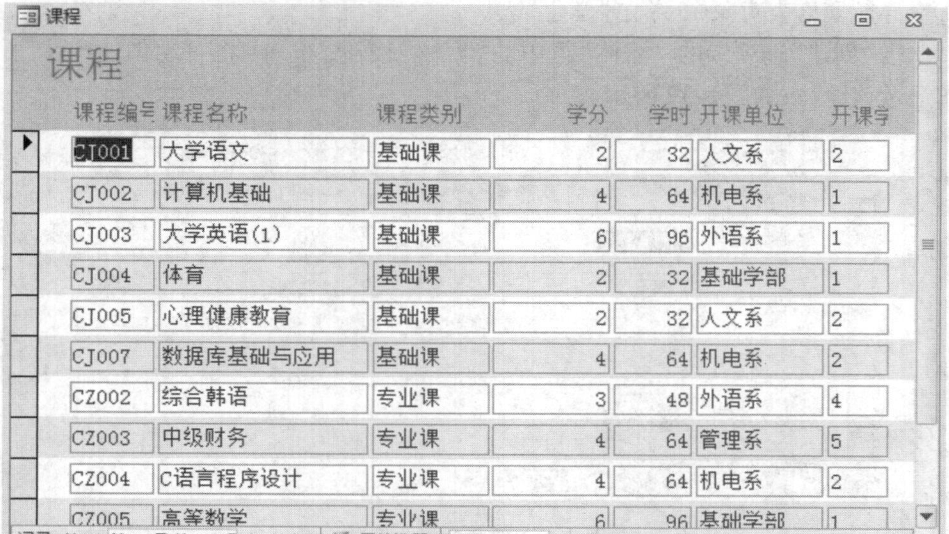

课程

| 课程编号 | 课程名称 | 课程类别 | 学分 | 学时 | 开课单位 | 开课学 |
|---|---|---|---|---|---|---|
| CJ001 | 大学语文 | 基础课 | 2 | 32 | 人文系 | 2 |
| CJ002 | 计算机基础 | 基础课 | 4 | 64 | 机电系 | 1 |
| CJ003 | 大学英语(1) | 基础课 | 6 | 96 | 外语系 | 1 |
| CJ004 | 体育 | 基础课 | 2 | 32 | 基础学部 | 1 |
| CJ005 | 心理健康教育 | 基础课 | 2 | 32 | 人文系 | 2 |
| CJ007 | 数据库基础与应用 | 基础课 | 4 | 64 | 机电系 | 2 |
| CZ002 | 综合韩语 | 专业课 | 3 | 48 | 外语系 | 4 |
| CZ003 | 中级财务 | 专业课 | 4 | 64 | 管理系 | 5 |
| CZ004 | C语言程序设计 | 专业课 | 4 | 64 | 机电系 | 2 |
| CZ005 | 高等数学 | 专业课 | 6 | 96 | 基础学部 | 1 |

记录: 第 1 项(共 10 项 无筛选器 搜索

图 8-37　表格式窗体样式

纵栏式窗体是最常用的窗体类型,每次只显示一条记录。窗体中显示的记录按列分割,每列的左边显示字段名,右边显示字段的值在纵栏式窗体中,可以随意地安排字段、可以使用 Windows 的多种控制操作,还可以设置直线、方框、颜色、特殊效果等。通过建立和使用纵栏式窗体,可以美化操作界面,提高操作效率,如图 8-38 所示。

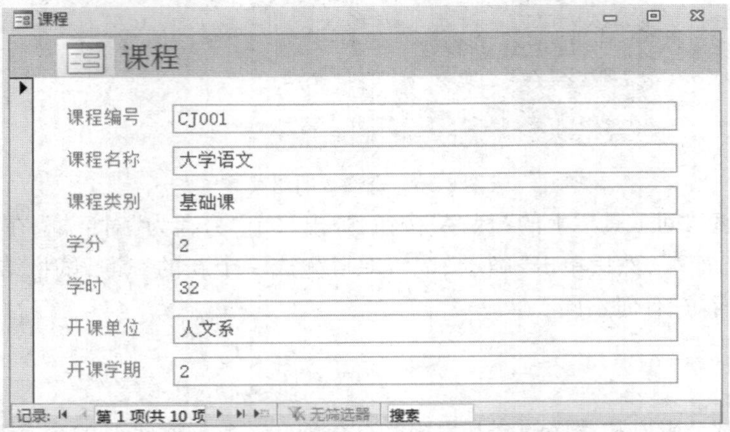

图 8-38　纵栏式窗体样式

2)窗体的创建

创建窗体分自动创建和使用向导创建两种,下面分别进行介绍。

(1) 自动创建窗体

自动创建只能创建一个简单的纵栏式窗体。

[例 8-8]创建纵栏式学生窗体。

操作步骤如下:

①在导航窗格表对象中,单击"学生"表。

②单击"创建"选项卡的"窗体"组中的"窗体"按钮,Access 将自动创建窗体,并以布局视图显示该窗体,如图 8-39 所示。

图 8-39　纵栏式学生窗体

③单击窗体下方的导航栏中的"前一条记录""下一条记录"可以查看后面的记录信息。

（2）利用窗体向导创建表格式窗体

利用窗体向导既可以创建纵栏式窗体,也可以创建表格式窗体。

[例8-9]创建表格式学生窗体

操作步骤如下:

①单击"创建"选项卡的"窗体"组中的"窗体向导"按钮,弹出"窗体向导"对话框,如图8-40所示。

图8-40 "窗体向导"对话框——选择字段

②在"窗体向导"对话框中,选择"学生"表,然后单击 >> 按钮,将"学生"表中的所有字段添加到"选定字段"列表中。单击"下一步"按钮。

③在"窗体向导"对话框中,选择窗体的布局,单击"表格"单选按钮,如图8-41所示。然后单击"下一步"按钮。

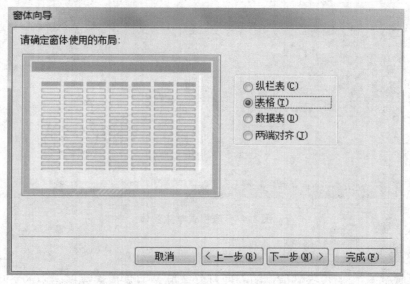

图8-41 "窗体向导"对话框——确定窗体布局

④在"窗体向导"对话框中,在标题行中输入"学生1",如图 8-42 所示。然后单击"完成"按钮。

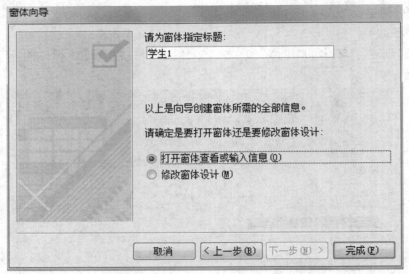

图 8-42　"窗体向导"对话框——指定窗体标题

⑤可以直接查看表格式学生窗体,并保存该窗体,如图 8-43 所示。

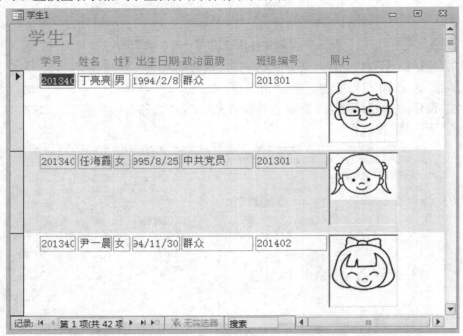

图 8-43　表格式学生窗体

## 8.2.8　报表

报表是 Access 向用户提供信息的一种对象。报表主要是将数据库中的数据以格式化的形式显示和打印出来,供用户分析或存档。报表不仅可以提供详细信息,还可以提供综合性信息、各种汇总信息等;可以转换成 PDF、XPS 等格式的文件。

1)报表的类型

报表主要分为 4 种类型:纵栏式报表、表格式报表、图表报表和标签报表。

(1)纵栏式报表

纵栏式报表也称为窗体报表,报表中每个字段占一行,左边是字段的名称,右边是字段的值。纵栏式报表适合记录较少、字段较多的情况。

(2)表格式报表

表格式报表是以整齐的行、列形式显示记录数据,一行显示一条记录,一页显示多行记录。字段的名称显示在每页的顶端。表格式报表适合记录较多、字段较少的情况。

(3)图表报表

图表报表是指包含图表显示的报表类型。在报表中使用图表,可以更直观地表示数据之间的关系,适合综合、归纳、比较和进一步分析数据等。

(4)标签报表

标签报表是一种特殊类型的报表,将报表数据源中少量的数据组织在一个卡片似的小区域。标签报表通常用于显示名片、书签、学生证等信息,如图 8-44 所示。

图 8-44 标签报表样例

2)创建报表

创建报表的方法有很多种,常见的有自动创建报表和利用报表向导创建。自动创建报表只能创建表格式报表。而报表向导不仅能创建表格式报表,还能对数据分组或统计,让报表分组显示。

(1)自动创建报表

[例 8-10]创建表格式学生报表。

操作步骤如下:

①打开学生成绩管理数据库。

②在导航窗格中,选择"学生"表,单击"创建"选项卡的"报表"组中的"报表"按钮,Access 将自动创建表格式,并以布局视图显示该报表,单击"视图"组中的"打印预览"按钮,效果如图 8-45 所示。

图 8-45  学生报表

③单击快速访问栏的"保存"按钮,保存为"学生报表"。

(2)利用报表向导创建报表

[**例 8-11**]使用报表向导创建学生的成绩报表,要求显示学号、姓名、课程名称和分数,并且要计算出每个学生的平均成绩。

①打开学生成绩管理数据库,单击"创建"选项卡的"报表"组中的"报表向导"命令,弹出"报表向导"对话框。

②在"表/查询"下拉列表框中指定报表的数据源,这里分别选择"学生""课程""成绩"表作为数据源,添加"学号"、"姓名"、"课程名称"、"分数"4 个字段,如图 8-46 所示。单击"下一步"按钮。

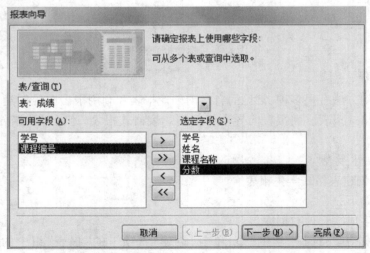

图 8-46  报表向导对话框——选择字段

③在"报表向导"对话框中,指定数据查看方式。由于该报表涉及多个表,需要指定以哪个表为主表。此次选择"通过学生",如图8-47所示。单击"下一步"按钮。

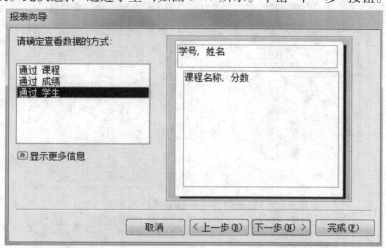

图8-47　报表向导——指定查看数据方式

④在"报表向导"对话框中,指定分组级别,即是否要分组,若要分组就需要指定分组的字段。在本题中,我们已经在前一步中指定了数据查看方式,已经按学号分组,如图8-48所示。单击"下一步"按钮。

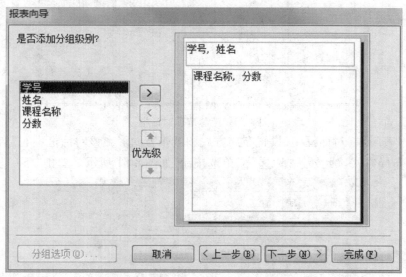

图8-48　报表向导——添加分组

⑤在"报表向导"对话框中,指定排序次序和汇总信息,如图8-49所示。单击"汇总选项"按钮,弹出"汇总选项"对话框。在该对话框中可以指定汇总的方式,有汇总(求和)、平均、最大和最小4种方式。此处勾选"平均"复选框,如图8-50所示。单击"确定"按钮,返回报表向导对话框,单击"下一步"按钮。

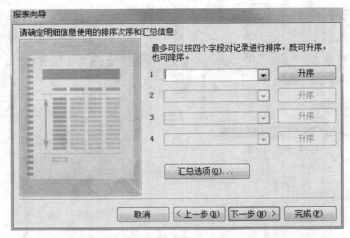

图 8-49　报表向导——设置排序和汇总方式

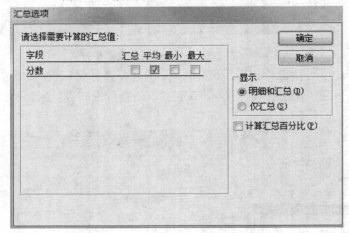

图 8-50　汇总选项对话框

⑥在"报表向导"对话框中,设置布局方式和纸张方向。在该对话框中有"递阶"、"块""大纲"3 种布局方式。此处选择"递阶"单选按钮,如图 8-51 所示。单击"下一步"按钮。

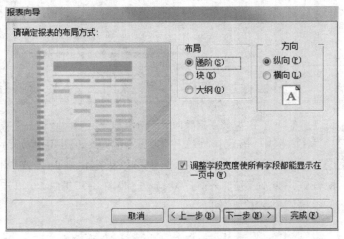

图 8-51　报表向导——设置布局方式

⑦在报表向导对话框中，设置报表的标题，如图 8-52 所示。单击"完成"按钮，预览效果，如图 8-53 所示。

⑧保存学生成绩报表。

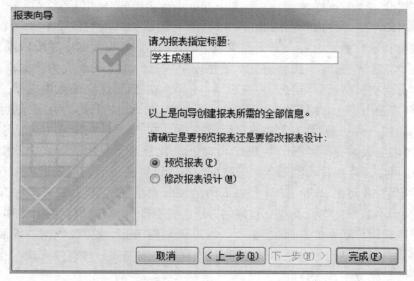

图 8-52　报表向导——指定报表标题

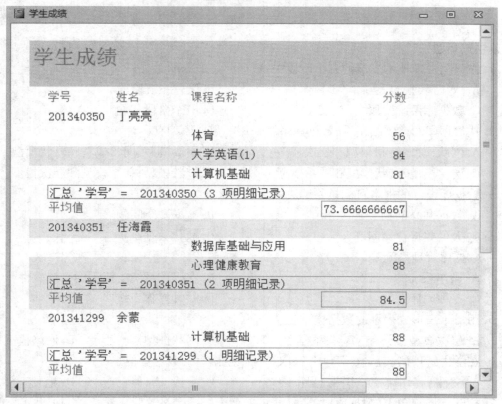

图 8-53　学生成绩报表

# 本章小结

本章主要介绍了数据库系统的基础知识和 Access 2010 的使用方法。

数据库可以理解为存放数据的仓库，数据库管理系统则是一种用于管理数据库的系统软件。数据管理技术经历了人工管理阶段、文件系统阶段和数据库系统阶段，越往后数据管理的技术就越先进，共享性就越好。数据库中数据的相互关系成为数据模型，数据库的数据模型有层次模型、网状模型、关系模型。依据关系模型建立的数据库就是关系数据库，关系数据库是由多个二维表组成。在关系模型中，二维表的行称为元组，列称为属性。

Access 2010 是一个关系型数据库的管理软件。在 Access 数据库中包括表、查询、窗体、报表等对象。表是存储数据的基础对象，表由表结构和数据组成。表中不仅可以存储文本数据，还可以保存照片、音频、视频等数据。查询可以从一个表或多个表中查找出满足特定条件的记录，并对记录进行统计。查询的结果以表格形式呈现，但查询保存的是查询的命令语句，而不是数据本身。建立查询的方法主要有 2 种，即使用查询向导和设计视图。窗体是数据库和用户联系的界面，提供了一种方便浏览、输入及更改数据的界面。报表用于将选定的数据以特定的版式显示或打印，是表现用户数据的一种有效方式。报表能对数据进行多重的数据分组和统计。

# 习　题

一、单项选择题

1. 在数据管理技术发展的三个阶段中，数据共享最好的是(　　　)。

　　A. 人工管理阶段　　　　　　　　　　B. 文件系统阶段

　　C. 数据库系统阶段　　　　　　　　　D. 三个阶段相同

2. 从数据库的整体结构看，数据库系统采用的数据模型有(　　　)。

　　A. 网状模型、链状模型和层次模型　　B. 层次模型、网状模型和环状模型

　　C. 层次模型、网状模型和关系模型　　D. 链状模型、关系模型和层次模型

3. 数据库设计的根本目标是要解决(　　　)。

　　A. 数据共享问题　　　　　　　　　　B. 数据安全问题

　　C. 大量数据存储问题　　　　　　　　D. 简化数据维护

4. 数据库管理系统是(　　　)。

　　A. 操作系统的一部分　　　　　　　　B. 在操作系统支持下的系统软件

　　C. 一种编译系统　　　　　　　　　　D. 一种操作系统

5. 用二维表形式表示的数据模型是(　　　)。

　　A. 层次模型　　　B. 关系模型　　　C. 网状模型　　　D. 网络模型

6. 在学生管理的关系数据库中，存取一个学生信息的数据单位是(　　　)。

　　A. 文件　　　　　B. 数据库　　　　C. 字段　　　　　D. 记录

7. 打开 Access 2010 数据库时，应打开扩展名为(　　　)的文件。

　　A. accdb　　　　B. mdb　　　　　C. mde　　　　　D. DBF

8.（　　）是数据库的核心与基础,存放着数据库中的全部数据。

    A. 查询　　　　　　　　B. 报表　　　　　　　　C. 窗体　　　　　　　　D. 表

9. 学生表中的照片字段,应该设置为(　　)数据类型。

    A. 文本　　　　　　　　B. OLE 对象　　　　　　C. 多媒体　　　　　　　D. 图片

10. 查询的结果是数据表,查询保存的是(　　)。

    A. 数据　　　　　　　　B. 查询命令　　　　　　C. 数据表

11. 创建窗体的数据来源不能是(　　)。

    A. 一个表　　　　　　　　　　　　　　　B. 任意

    C. 一个单表创建的查询　　　　　　　　D. 一个多表创建的查询

12. 利用"报表"能创建出(　　)形式的报表。

    A. 纵栏式　　　　　　　B. 数据表　　　　　　　C. 表格　　　　　　　　D. 调整表

二、简答题

    1. 数据库管理技术的发展经历了哪几个阶段?

    2. 数据库中数据模型有哪几类? 它们的主要特征是什么?

    3. 什么是关系数据库? 其特点是什么?

    4. 数据库设计的基本步骤是什么?

    5. 表之间的参照完整性包含哪些内容? 如何设置表之间的关系?

    6. 查询有哪些功能?

    7. 简述并比较窗体和报表的形式和用途。

# 附　录

## ASCII 码表对照表

ASCII 码对照表

| 代码 | 字符 | 代码 | 字符 | 代码 | 字符 | 代码 | 字符 |
|---|---|---|---|---|---|---|---|
| 0 | NUL | 32 | （space） | 64 | @ | 96 | 、 |
| 1 | SOH | 33 | ！ | 65 | A | 97 | a |
| 2 | STX | 34 | ” | 66 | B | 98 | b |
| 3 | ETX | 35 | # | 67 | C | 99 | c |
| 4 | EOT | 36 | $ | 68 | D | 100 | d |
| 5 | ENQ | 37 | % | 69 | E | 101 | e |
| 6 | ACK | 38 | & | 70 | F | 102 | f |
| 7 | BEL | 39 | , | 71 | G | 103 | g |
| 8 | BS | 40 | ( | 72 | H | 104 | h |
| 9 | HT | 41 | ) | 73 | I | 105 | i |
| 10 | LF | 42 | * | 74 | J | 106 | j |
| 11 | VT | 43 | + | 75 | K | 107 | k |
| 12 | FF | 44 | , | 76 | L | 108 | l |
| 13 | CR | 45 | － | 77 | M | 109 | m |
| 14 | SO | 46 | . | 78 | N | 110 | n |
| 15 | SI | 47 | / | 79 | O | 111 | o |
| 16 | DLE | 48 | 0 | 80 | P | 112 | p |
| 17 | DCI | 49 | 1 | 81 | Q | 113 | q |
| 18 | DC2 | 50 | 2 | 82 | R | 114 | r |
| 19 | DC3 | 51 | 3 | 83 | X | 115 | s |
| 20 | DC4 | 52 | 4 | 84 | T | 116 | t |
| 21 | NAK | 53 | 5 | 85 | U | 117 | u |
| 22 | SYN | 54 | 6 | 86 | V | 118 | v |
| 23 | TB | 55 | 7 | 87 | W | 119 | w |
| 24 | CAN | 56 | 8 | 88 | X | 120 | x |
| 25 | EM | 57 | 9 | 89 | Y | 121 | y |
| 26 | SUB | 58 | : | 90 | Z | 122 | z |
| 27 | ESC | 59 | ; | 91 | [ | 123 | ｝ |
| 28 | FS | 60 | < | 92 | / | 124 | ｜ |
| 29 | GS | 61 | = | 93 | ] | 125 | ｝ |
| 30 | RS | 62 | > | 94 | ^ | 126 | ~ |
| 31 | US | 63 | ? | 95 | — | 127 | DEL |